개정

주거 인간 공학

안옥희 · 정준현 · 김순경 공저

技文堂

머리말

인간공학적 배려는 공간디자인에 있어 가장 기본적으로 갖추어야 할 요소이다. 그럼에도 불구하고 인간공학의 중요성을 강조하거나 인간공학적 기초 지식에 대하여 언급하고 있는 공간디자인 관련 저서가 너무도 부족하여 5년 전에 본 저자들은 공간계획시의 인간에 대한 배려에 초점을 맞춘 인간공학 입문서를 엮어 관련 분야에 종사하거나 공부하는 사람들에게 소개하였다. 그 때 공간 중에도 특히 주거공간에 주목하였는데, 그 이유는 우리가 일생을 살아가는 동안 가장 많이 경험하는 공간이며, 주거 속에는 개인적 특성이 크게 다른 인간, 즉 일정 수 이상의 가족원이 같이 살아가며 다양한 목적의 공간이 포함되어 있기 때문이다. 따라서 공간과 연관시킨 인간공학의 입문서로는 주거공간을 대상으로 하는 것이 적당하겠다는 생각에서이다.

그러나 주거공간과 인간공학을 연관시키는 이러한 시도는 아직 초보적 단계이었기에 부족한 점이 많다는 것을 느꼈다. 그래서 5년 동안의 강의 경험을 덧붙여 이번에 개정을 하게 되었다. 이번 개정 작업에 있어서 가장 중요하게 생각한 점은 인간공학의 기초 영역을 다룬 부분을 좀더 상세하게 설명하여 인간에 대한 이해를 높이고자 한 점이다. 또 실내건축기사 공부를 위하여 본 서적을 대하는 많은 사람들에게 도움이 되는 부분을 좀더 보강하였다. 물론 이런 노력에도 불구하고 아직 부족함이 많음을 안다. 따라서 앞으로 계속 이 분야에 대한 연구로 부족함을 채우도록 노력하겠으며, 관련분야의 많은 선배, 동료의 충고를 부탁드린다.

본 저서는 많은 선배 학자님들의 가르침을 바탕으로 이루어진 것이다. 본 저서를 저술하는데 사용하였거나 참조한 원자료 제공자들의 높은 업적에 경의를 표한다. 그리고 저자들의 의견을 받아들여 개정판을 내는 것을 허락해 준 기문당의 강해작 사장님께 감사드리며, 번거러움을 마다하지 않으신 편집실 여러분께도 감사드린다. 또한 늘 든든한 힘이 되어 주는 연구실의 제자들과 사랑하는 가족에게도 고마움을 전한다.

2002년 여름

저자 일동

차 례

제1장 주거인간공학이란 9

1. 인간공학의 소개 9
2. 주거와 인간공학의 관련성 16

제2장 인체의 구조와 생리, 그리고 지각 25

1. 감각계 26
2. 신경계 38
3. 운동계 39
4. 에너지 대사와 생체리듬 44
5. 지각 50

제3장 주거인간공학의 방법론 61

1. 생리학적 연구방법 61
2. 심리학적 연구방법 91
3. 작업평가 연구방법 95

제4장 실내환경과 인간공학 101

1. 빛환경 101
2. 음환경 113
3. 공기환경 120
4. 열환경 125

제5장 주거공간과 인간공학 133

1. 인체치수와 주거공간계획 133
2. 비례와 주거계획 138
3. 주거공간의 각실 치수 결정 151

제6장 가구와 인간공학 167

1. 가구와 인체동작 167
2. 가구의 기본조건과 기능 169
3. 가구 디자인과 인간공학 170
4. 장치와 도구 180

제7장 인간을 고려한 주거계획 ··························· 189

1. 어린이를 위한 주거계획 ··························· 189
2. 고령자를 위한 주거 ··························· 203
3. 장애인을 위한 주거 ··························· 226

참고문헌 ··························· 253

제1장 주거인간공학이란

1. 인간공학의 소개

1) 인간공학의 개념

인간공학은 그 명칭으로 생각해 보면 인간과 공학이라는 전혀 어울리지 않는 단어의 결합이라는 것을 알 수 있다. 원래 인간이라는 유기체에 주목한 학문은 인간학으로 인문계열의 분석학에 포함되어 있는 것이다. 즉 인간학은 철학으로 볼 수 있으며 신이라는 절대적인 힘에 가치를 두다가 그 가치관을 인간 측면으로 이행시킨 16~17세기에 등장하였다. 아무튼 인간학이라는 인문계열 학문과 공학이라는 자연계열 학문이 제2차 세계대전을 전후한 20세기 중엽에 인간공학이라는 학문으로 결합하게 된 것이다. 그 발생배경에 대해서는 인간공학의 역사에서 서술하고 있으나 공업화, 산업화가 진행되면서 자연요소보다 많아진 기계요소와 인간이 조화를 이루면서 살아가고자 하는 노력의 결과 인간공학이라는 학문이 생겨났다고 볼 수 있다. 인간공학 연구의 발생원인은 제2차 세계대전 때 급속하게 개발, 발전되는 군사 기계에 병사들을 적용시키기 위해서라고 할 수 있다.

즉 인간공학이란 인간이 사용할 수 있도록 환경을 설계하는 과정으로, 이 때 인간에 의한 생활의 여러 국면에서 사용하는 도구, 체계 혹은 환경을 설계하는 과정에서 인간을 고려하는데 목적이 있다. 구체적으로 인간공학은 제품 개발비 절감, 사고의 방지, 효율적인 사용효과, 성능의 향상, 훈련비용의 절감, 사고 및 오용으로부터의 손실 감소 등을 목적으로 하고 있다. 따라서 인간과 기계체계(자연이 아닌 인공물이나 그 체계로 이해하는 것이 좋을 듯하다)의 상호관계에 초점을 두고 인간과 기계체계 중 인간에 보다 중점을 두면서 인간과 기계가 상호 접촉하는 부분(interface)에 포인터를 두고 있는 것이다. 이러한 기본 개념을 가지고 여러 학자들이 인간공학에 대한 다양한 정의를 내리고 있다.

뭐렐(K. F. H. Murrell)은 "인간공학은 인간과 작업환경과의 관계에 관한 과학적 연구이다. 이 때 환경은 단순한 주위의 물리적 환경뿐만 아니라 도구나 작업방식 등이 포함된 것이다"라고 하였다.

그랜드진(E. Grandjean)은 "인간공학은 경계영역을 통합하는 새로운 생물과학이며 새로운 과학은 인간 작업활동의 과학적 연구를 위한 생물학 분야로서 생리학 · 심리학 · 해부학은 이 새로운 과학을 위한 기초 학문이다"라고 하였다.

우드슨(W. E. Woodson)은 "인간공학이란 인간을 사용하기 위한 공학으로서 인간의 작업, 인간기계 계통의 작업을 가장 능률적으로 행할 수 있도록 조작하는 장치의 각 요소를 설계하는 것을 말하는 것이고 인간의 감각에 호소하기 위한 정보의 표시방식, 인간에 의한 조작이나 복잡한 인간기계 계통의 제어방법 등도 포함되어 있다"고 하였다.

우드(charles C. Wood)는 "최고의 능률과 최적의 비용으로 하나의 계열을 조작하기 위해 객관적으로 양적인 인간의 행위에 대한 정보를 이 계열 및 그 각 부분의 설계에 적용하는 것"이 인간공학(Human Factors Engineering)이라고 하였다. 연구자료는 감각, 지각능력(시각, 청각, 촉각, 후각, 미각, 피부감각), 운동의 근력, 지적 능력, 기술적 능력, 신체 측정치, 작업환경에 대응하는 능력, 집단환경에 대한 적응능력, 인간의 관습, 민족의 차이, 성 차, 환경의 쾌적도와 관련성 등을 파악할 목적으로 사용된다고 하였다.

프로이드(W. F. Floyd)는 "인간공학은 인간과 기계와의 사이에 적합성을 구하기 위한 것이다"라고 하였으며 미드(L. C. Mead)는 "인간공학은 기계와 인간에 의한 산업이 쾌적 · 안전 · 능률적이 되게 기계와 인간을 적합하게 하는 것"이라고 하였다.

해치(T. Hatch)는 "인간의 외부 스트레스에 대한 반응을 지배하고 있는 원리, 법칙이나 양적 관계를 기계나 기기 설계에 적용하여 최적의 기계조건을 찾아내는 것"이 인간공학이라고 하였다.

채패니스(A. Chapanis)는 “인간이 용이하고 정확하게 기계를 사용하도록 설계하는 것”이 인간공학이라고 하였다.

매코믹(E. J. Macormmick)은 “인간공학은 하나의 의미에 있어서 인간 사용을 위한 공학이라고 할 수 있다. 보다 특정한 의미에서는 인간공학은 사람의 감각적, 정신적, 신체적 및 그 밖의 다른 속성에 대한 인간의 작업과 작업환경의 적합함으로 생각할 수 있다”라고 정의하고 있다. 매코믹의 정의는 우리 나라에서 인간공학을 연구하는 학자들간에 널리 인용되고 있는데 그는 한마디로 인간공학은 “인간이 사용할 수 있도록 설계하는 과정”으로 정의하면서 초점, 목표, 접근 방법에 대하여 다음과 같이 규정하고 있다.

첫째, 인간공학의 초점은 인간이 만들어 생활의 여러 국면에서 사용하는 물건, 기구 혹은 환경을 설계하는 과정에서 인간을 고려하는 데 있다.

둘째, 인간공학의 목표는 인간이 만든 물건, 기구 혹은 환경의 설계과정에서 두 가지를 들 수 있다. 우선 인간이 이런 것들을 잘 사용할 수 있도록 실용적 효능(functional effectiveness)을 높이고 그런 다음에 이러한 과정에서 건강, 안전, 만족 등과 같은 특정한 인생의 가치기준(human values)을 유지하거나 높이는 데 있으므로 인간공학의 두 번째 목표는 인간복지에 관한 것이다.

셋째, 인간공학의 접근방법은 인간이 만들어 사람이 사용하는 물건, 기구 혹은 환경을 설계하는 데 있어 인간의 특성이나 행동에 관한 적절한 정보를 체계적으로 적용하는 것이다.

이러한 내용을 도식화하면 그림 1-1과 같다.

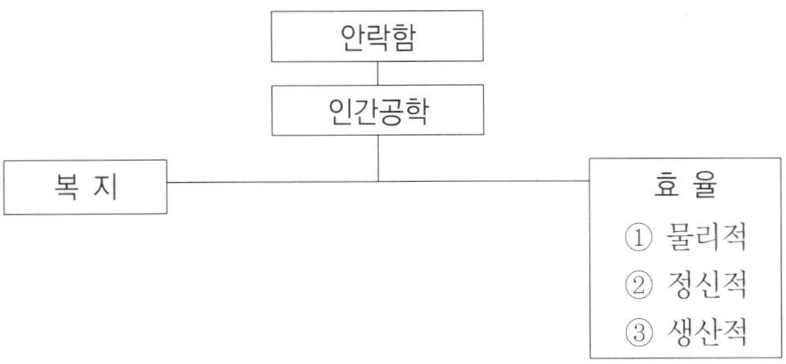

그림 1-1
인간공학의 목표
출처 : Industrial Ergonomics, A Practioner's Guide, 1985.

우리 나라 학자의 정의를 보면, 권영국은 "인간공학은 사람들이 사용하는 물건이 사람들의 능력과 한계 그리고 그들의 필요에 좀더 잘 맞도록 물건 자체나 그것이 사용되는 환경을 변화시키고자 시도하는 학문"이라고 정의하였다.

박근상과 김홍재는 "인간공학이란 인간과 직접 관련을 갖고 있는 시스템을 인간이 갖고 있는 각종 특성을 기초로 하여 설계 혹은 개선하기 위한 공학"이라고 정의하였다.

심부자는 국제인간공학협회의 설립목적을 근거로 하여 "인간공학은 인간에게 적합한 작업환경을 구하고 인간과 작업환경과의 관계를 인간의 형태와 기능의 생물학적 특성에서 연구하는 학문이다"라고 정의하였다.

이근희는 "인간의 작업능력과 그 한계를 올바르게 이해하여 그 작업에 대한 인간의 해부학, 생리학, 심리학적인 여러 특성에 맞추어 인간-기계 시스템을 형성해 나가는 과정"이 인간공학이라고 하였다.

임연웅은 "인간의 기능을 중심으로 기계, 환경과의 체계를 고려하여 인간이 쾌적하고 능률적으로 활동하게 하는 방도를 찾는 것이 인간공학이며, 인간의 기능을 위한 인간 쪽의 과학, 기계에 관한 기계 쪽의 과학, 환경에 관한 환경 쪽의 과학을 통합하여 인간, 기계, 환경을 하나의 시스템으로 연구하고 인간성을 지키고 인간의 편리함에 우선순위를 두면서 제품(기계)을 설계(디자인)하고 환경을 창조해 나가는 학문"이라고 정의하였다.

이상과 같은 여러 학자들의 정의를 종합하여 보면, 인간이 기계(인공물)를 사용하는 데 편리하도록 하기 위한 학문이 바로 인간공학이라는 점은 공통적으로 내포하고 있다. 그렇게 생각하면 모든 학문이 인간의 욕구를 충족시켜 주기 위하여 존재하므로 인간공학적인 기초를 가지고 있다고 할 수 있다. 그러나 우리가 특히 인간공학을 주목하는 분야는 새로운 환경을 창조하는 디자인 분야라고 할 수 있으며 주거인간공학도 그 중 한 분야로 볼 수 있을 것이다. 왜냐 하면, 인간공학은 인간과 기계와의 상호관계에 있어 인간의 특성을 잘 파악한 후에 기계 측면의 개발이나 개선을 통하여 인간과 기계의 관계를 합리화하는 학문이기 때문이다. 따라서 주거인간공학의 경우도 인간의 신체적, 심리 · 정서적, 사회적 특성을 잘 파악한 후에 인간이 주거를 사용함에 있어 공간과의 적합성을 가질 수 있도록 주거계획을 하는데 역점을 두고 있는 것으로 볼 수 있다.

2) 인간공학의 역사

인간공학적인 사고는 인류가 진화되어 오는 동안 끊임없이 진행되어 왔으며 어떻게 하면 보다 편리하고 안전하게 도구들을 사용할 수 있을까라는 생각은 우리가 생명을 유지하는 동안 계속되는 탐구일 것이다.

이러한 인간공학이 학문으로 인식되기 시작한 것은 1940년대부터이며, 산업계 전반에 인간공학이 본격적으로 도입되기 시작한 시기는 1950년대부터이다. 제1차 세계대전 후 최소의 생산비로 최대의 생산능력을 얻으려는 산업합리화 운동이 일어났다. 그 이전에는 풍부한 노동력과 값싼 임금으로 인해 작업장의 환경 개선이나 작업도구의 개선이 전혀 문제되지 않았으나 제1차 세계대전 이후 대량 생산화 되는 과정에서 작업의 단순화와 일관된 작업방식의 적용이 불가피해진 것이다. 이에 제2차 세계대전까지 인력을 절약하고 시간, 공간, 에너지 등의 측면에서 효율성을 높이기 위한 연구가 진행되었다. 한편, 제2차 세계대전 중 미국은 군사상 필요한 항공기나 병기의 설계에 인간공학적인 접근을 하기 시작하면서 인간공학이 본격적인 종합학문으로서 대두되기 시작하였다. 이는 그 전까지는 항공기의 성능을 높이는 것에만 신경을 써 왔으나 전쟁 중에 조종사가 오류를 범하지 않고 계기를 조작할 수 있도록 설계하는 것이 얼마나 중요한지 체험하였기 때문이다. 즉 비행기 조종사가 항공기 기기를 손쉽게 조정할 수 있게 함으로써 오류를 미연에 방지하고, 많은 시간과 투자가 필요한 조정사의 훈련기간을 단축시킬 수 있게 하는 인간공학적인 고려의 중요성을 알게 된 것이다.

제2차 세계대전 후에는 더욱 인력이 부족하고 산업구조는 대량화·공업화되었으며 인간이 조작하는 물건이나 환경시스템은 복잡해져 군사산업뿐만 아니라 모든 산업현장에서 인간공학적인 접근이 필요하게 되었다. 또한 20세기 후반에 들어 인권문제가 전세계적으로 문제시 되면서 작업현장 설계의 인간공학적 배려는 필수조건이 되었으며 생산현장이 아닌 주택이나 휴식공간 등에도 인간공학적 설계를 요구하게 되었다. 미래 사회에서는 지금보다도 훨씬 더 많은 부분에서 기계의 힘을 빌려야 하며 더욱 많은 분야에서 기계조작으로 환경 체계를 유지하게 될 것으로 전망되므로 다양한 분야에서 인간공학적 접근방법은 더욱 강조될 것으로 추측된다.

그림 1-2
항공기 조종실 내부

인간공학이라는 표현을 최초로 사용한 곳 또는 학자에 대해서는 여러 의견들이 있는데 그 중 하나가 오크너(J. O'Conner)가 1922년 보스톤에 설립한 인간공학연구소(Human Engineering Laboratory Inc.)로 그곳에서는 여러 작업능률에 대한 조사방법을 고안하였으며 지금도 현존하고 있는 연구소이다.

미국에서는 인간공학을 처음에는 Human Factors라고 부르고 실험심리학의 일부로 다루었으며, 기기 종류와 작동조절기기 종류에 대한 연구를 공학심리학이라 하였다. 그 후 인간공학은 Human Engineering이라고 불리다가 인간요소의 중요성을 강조하기 위하여 Human Factors Engineering이라고 명칭이 변하였으며 현재는 Human Factors라고 한다. 우리 나라에서는 현재 Human Engineering을 주로 사용하고 있다.

유럽에서는 희랍어인 ergon(노동)과 nomos(관리법칙), ics(학문)의 세 가지 용어를 조합하여 만든 신조어(新造語)인 Ergonomics를 인간공학의 의미로 사용하고 있다.

유럽에서 주로 사용하는 Ergonomics라는 명칭은 일에 대한 자연법칙, 힘의 적정화를 의미하는 것으로 응용심리학, 산업심리학, 환경

위생학, 노동과학, 노무관리학적 느낌이 강하다. 이에 반해 미국에서 사용하는 Human Factors에는 처음에는 경영공학적 측면이 강하여 작업연구나 시간연구 등 방법론적 측면에 공정설계 등을 덧붙여 생산을 높이기 위한 노동효율에 역점을 두고 있었다. 그러다가 1980년 이후부터 인간이 관여하는 기기, 작업 등 제2차 산업적인 것에서부터 정보처리, 사고, 신시스템 개발, 거대 시스템 개발과 관리 등 제3차 산업적인 것, 우주, 심해, 군사 등 첨단기술적인 것으로 그 내용이 변하고 있다. 즉 현재 미국의 인간공학에는 인간은 물론이고 인간의 행동, 사고 등이 모델화되어 응용되고 있으며 자율적 자동제어, 감각을 가진 지능 로봇 등도 인간공학의 한 부분으로 보고 연구분야에 포함시키고 있는 것이다.

이와 같이 인간공학은 선진국에서도 제2차 세계대전 이전까지는 일부 군사산업에 국한되어 발전해 오다가 전쟁 후 각종 산업분야에서 도입하기 시작하였으므로 학문적 체계를 갖춘 것은 그리 긴 역사가 아님을 알 수 있다.

인간공학회는 영국에서는 1950년, 미국 1957년, 독일 1958년, 일본 1964년에 설립되었으며 1959년에 국제인간공학협회(International Ergonomics Association; IEA)가 조직되었다. 우리나라에서는 1982년에 대한인간공학회가 설립되어 지금 활발하게 활동하고 있으며 1990년에 IEA에 가입하였고, 2000년에는 IEA가 한국에서 개최되었다.

이상 살펴 본 바와 같이 인간공학은 그 명칭이 사용지역이나 사용시기에 따라 다르나 그 근본적인 개념은 크게 달라지지 않았다. 즉 인간공학은 인간의 제 특성을 물적 시스템이나 정보시스템 설계시에 고려하는 것이다. 따라서 인간공학은 적합성, 안정성, 쾌적성을 목표로 삼고, 여러 학문의 각 분야에 인간적 요소에 관한 학문으로써 관여하고 있으며 각 분야에서는 그 분야에서 중요시하는 요소에 초점을 맞추어 나름대로 인간공학 분야의 범위를 한정하고 있다. 예를 들어 주거분야에서는 사용자의 신체치수, 연령, 사용상황, 행동 등에 맞는 가구의 크기나 형태, 설비의 크기, 위치, 색채, 공간의 크기와 배치 등을 인간과 유기적으로 결합하도록 하는 것을 주거인간공학의 범위로 보고 있다. 이에 대해서는 후술하는 주거와 인간공학의 관련성에서 자세히 살펴보기로 하자.

2. 주거와 인간공학의 관련성

1) 주거와 인간공학의 관련

현대사회는 기계 없이는 성립되지 않는다. 따라서 인간-기계시스템이 존재하는데 인간은 유기체이고 기계는 무기체이므로 이 이질적인 두 개의 시스템이 결합하기 위해서는 정보적 · 동력적으로 양자를 조절할 필요가 있다. 이것은 인간과 기계와의 유기적 결합시스템을 구성하기 위해 필요한 조건이 된다.

그런데 우리가 삶을 영위하는 동안 지속적으로 관계를 맺는 환경은 의 · 식 · 주거환경이다. 그 중 인간공학적 관점이 특히 요구되는 것은 새로운 환경을 창조하는 역할이 큰 피복환경과 주거환경이라고 할 수 있다. 피복환경은 우리가 신체에 걸치는 모든 인공물을 피복으로 보고 있어 인체에 가장 밀접한 환경이므로 피복인간공학에서는 인체구조나 생리적 측면의 중요성을 강조하고 있다.

한편, 주거와 인간과의 관계를 생각해 보면 인간-주거시스템을 유기적으로 결합시키기 위해서는 주거인간공학이 필요하다. 인간-주거시스템을 생각할 때 "인간이 생활하기 편리하게 주거환경을 계획함에 있어 인간의 신체적 · 심리적 · 사회적 특성을 파악하여 이들 특성에 적합한 주거계획을 하는 학문"이 주거인간공학이라고 할 수 있다. 인간과 주거의 적합성은 인간 측면과 주거 측면의 조합에 의해 얻을 수 있다.

인간 측면에서는 인간의 신체치수, 체중, 형태라는 인체의 정적 요소와 동작영역의 동적 요소를 기초로 하여 인간이 주거 속에서 생활하는데 인간공학의 3대 추구목표라고 할 수 있는 안전성, 편리성(효율성 혹은 적합성), 쾌적성을 얻을 수 있어야 하며, 주거 측면에서는 공간의 크기, 배치, 높이 뿐만 아니라 그 속에서의 생활행위 등을 고려해야만 얻을 수 있다. 예를 들어 가구의 경우에는 가구 자체를 디자인할 때에도 인간공학적인 배려가 필요하고 그 가구를 생활의 장인 주거 속에 배치할 때에도 인간공학적인 고려가 요구된다. 이와 같이 주거인간공학에서는 피복인간공학과 같이 우리의 인체가 닿는 마감재 등도 대상이 되므로 생리적 반응이 중요시되는 물리적 측면의 주거환경을 포함하여 공간을 사용함에 있어 인간의 행동특성, 인간의 심리특성에 따른 디자인 선호 등 인간에 대한 고려가 이중삼중으로 요구되고 있다.

따라서 주거인간공학은 인간-기계시스템에서 더욱 확장되어 인간-주거시스템까지를 고려하여 생활환경에서 용이하고 능률적이고 만족한 활동이 영위되도록 하는 것이다.

현대는 인간과 기계가 단순히 공동으로 존재하는 사회에서 공생하는 사회로 이행되어 가고 있는 시대이다. 그러므로 주거공간을 계획할 때에도 기계 측면의 성능뿐만 아니라 이를 사용하는 인간 측면을 반드시 고려해야 한다. 이러한 인간중심의 주거계획을 이루어 나가는 것이 주거인간공학의 목표인 것이다.

2) 주거인간공학의 연구

인간공학의 연구는 요구, 제한의 확인과정을 거쳐 내용을 확인하고, 기존설비 특성을 정립하고 동작환경을 정립하여 실시하는 것이 일반적이다. 그리고 인간공학의 연구영역은 그 발달과정상 다음과 같은 6가지 분야로 볼 수 있다.

(1) 실험심리학적 측면

인체의 자극에 대한 오감 등을 관측하고 적성검사 및 성격검사 등의 심리를 측정한다. 이는 제2차 세계대전 후 군사상의 목적과 결합하여 공학적인 설계에 적극 이용된 영역이다.

(2) 의학 및 생리학적 측면

해부학, 신경생리학, 생체(生體), 인체측정, 에너지 대사 등을 다룬다. 이 분야는 인체의 메커니즘을 연구하고 인체측정을 통한 많은 기초자료를 제공하는 영역이다.

(3) 작업연구 측면

시간연구, 동작연구, 작업공간 및 작업영역의 설계, 직무설계 등을 연구한다. 이 분야는 인간이 행하는 작업에 대한 표준시간과 표준작업방법에 관한 자료의 산출에 유용한 방법이며 이를 근거로 넓은 의미의 방법연구로 발전되고 있는 영역이다.

(4) 환경공학적 측면

산업위생, 공중위생, 소음, 조명, 색채, 온도, 습도, 분진 등을 연구한다. 이 영역은 인간의 작업수행에 영향을 미치는 인자를 분석하고 조정하는 분야로써 주로 인간에 대한 재해 감소를 위한 안전공학, 피로 및 노동의 에너지 소비 문제를 다루는 노동과학, 의학적 입장의 산업위생 및 공중위생 등이 포함된다.

(5) 제어공학적 측면

정보이론, 인간-기계시스템, 인간-컴퓨터, 인터페이스 등을 다룬다. 이 분야는 인간공학 분야 중에서 가장 공학적 색채가 강한 영역으로 기계설비에 제어장치를 하여 자동화를 꾀하는 분야이다.

(6) 산업디자인적 측면

작업 및 주거공간, 의자, 가구, 의복, 신발, 실내장식, 레저 · 스포츠용구, 각종 산업생산기기, 유통기기, 공공환경 시설물, 정보통신시스템에 따른 설비용품 등의 디자인을 연구한다. 주거인간공학은 이 분야와 가장 밀접한 관계가 있는데 주거는 산업디자인적 측면에서 다루는 기계시스템 중 규모가 크고 그 속에 가구나 실내장식 등 소규모의 기계시스템을 포함하고 있으므로 별도의 독립된 영역으로 보는 것이 타당할 것이다.

이외에 최근에는 인간의 심리적 · 정서적 측면을 강조한 감성공학이 인간공학의 영역으로 자리잡고 있다.

한편, 대한인간공학회에서는 인간공학의 학문분야를 ① 실험심리학, ② 의학 및 생리학, ③ 광의의 작업연구, ④ 환경공학, ⑤ 제어공학, ⑥ 안전공학, ⑦ 산업디자인, ⑧ VDT(Visual Display Terminals)작업, ⑨ 감성공학의 9가지로 구분하고 있다. 이 구분을 보면 인간공학의 초기 발달과정의 특성을 나타낸 연구영역과 최근 산업사회에서 요구도가 높아진 안전공학과 더욱 증가하는 VDT작업을 위한 분야가 독립된 분야로 자리잡고 있으며 인간-기계시스템에서 인간의 생리적 특성보다 심리적 · 정서적 특성을 더욱 강조하여 기계문명 속에서의 인간성 회복에 더욱 주목한 감성공학이 독립된 영역으로 자리잡고 있음을 알 수 있다. 이 구분에 따르면 주거인간공학이 산업디자인 분야에 속하면서 그 외 모든 분야와 밀접한 관계를 가지고 있다. 따라서 앞으로 주거인간공학의 연구가 활발해지고 주거계획에서의 인간존중 사상이 확대되면 인간공학 속에서 주거인간공학은 독립된 분야로 확립될 것으로 확신한다.

메스터(D. Meister)는 기계장치 등을 사용할 때 효율성 등과 같은 인간공학의 목표에 가장 영향을 끼치는 중요 요인을 기계장치, 환경, 업무특성, 개별특성이라고 하였다. 이 기계장치(machine)는 인간이 기계장치를 사용할 때 인간의 감성에 대한 기계 등의 물리적 특성을 말하는데 예를 들어 계기 등의 배치나 보기쉬운 계기 등을 말한다. 즉 계기의 배치를 좌측으로부터 우측방향의 순서로 하거나 위로부터 아래방향의 순서가 되게 하는 것이 바람직하다. 환경(environment)은 기계장치 등을 운전하거나 보수할 때의 물리적 환경으로 예를 들어 온·습도, 소음 등의 물리적 환경과 작업역, 기계 등의 배치를 말한다. 업무특성(tasks)은 목적을 달성하기 위한 업무상의 특성으로, 예를 들어 작업방법 등을 말한다. 개별특성(personnel)은 작업수행에 대한 능력과 한계로서 시력, 청력, 근력, 지적능력, 경험, 훈련 등을 말한다. 그런데 기계장치의 설계, 운전, 보수 등의 문제가 발생했을 때 단순히 하나의 항목만을 보면 되는 것이 아니고 표 1-1과 같은 인간-기계시스템(man-machine system : ms법)으로써 생각해야만 한다(그림 1-3). ms법에서 인간은 기계보다 감시작업, 융통성 있는 개념에서 결론을 내야 하는 일, 판단이 요구되는 일, 창조적인 일을 더 잘 하며, 기계가 인간보다 더 잘하는 것은 정보의 신속한 처리능력, 정해진 일을 같은 정밀도를 가지고 일정하게 하는 일, 긴 시간의 작업수행, 상당히 큰 물리적 힘을 균등하게 발휘하는 것이다. 이러한 인간-기계시스템은 인간의 감정을 파악하는데 매우 유효한 실용적인 방법이다. 인간-기계시스템의 기본 기능으로 다음의 4가지를 들 수 있다.

① 감지, 감각 기능(sensing) : 인간에 의한 감지(시각, 청각 등의 감각기관 이용), 기계에 의한 감지(사진, 전자 등의 기계적 감지장치 이용)
② 정보저장 기능(information storage)
③ 정보처리 및 의사결정 기능(information processing and decision)

④ 행동(활동) 기능: 의사 결정된 내용의 조작행위

한편, 표 1-1의 체크항목은 인간-주거시스템에서도 그대로 적용된다고 볼 수 있다. 그리고 주거인간공학은 인간과 주거시스템의 접점 부분에 대해서 주목하는데 이러한 인간-주거시스템의 인터페이스를 좌우하는 요인은 표 1-2와 같다.

표 1-1
인간-기계시스템으로서의 체크항목

기계장치	환경	업무특성	개별특성
계기류 표시류 크기(치수) 기계의 구성부품 (보수시의 체크포인트)	온도 조명 진동 소음 환기	작업방법 단순성 피드백 응답빈도 정밀도 속도	지적 필요도 감각 정밀도의 필요도 육체적 노동 부담 훈련 경험 동기 부여(motivation)

출처 : 人間工學敎育硏究會, 人間工學入門, 1983.

표 1-2
인간-주거시스템의 인터페이스에 영향을 끼치는 요인

항목	구체적 내용
기계 측면	· 편리한 것인가, 만족한 것인가 · 기능적인가, 2차적(사회적 신분성, 가격상승 등) 기능인가 · 편리성, 신뢰성, 품질, 가격 등
인간 측면	· 연령, 성별, 학력, 지식, 가치관 · 습관 정도, 경험 정도, 감정 정도, 감각 정도
공간환경	· 온도, 소음, 습도, 조명 · 분위기, 공간 크기
거주환경	· 거주자의 수, 거주자의 구성특성, 인간관계 · 거주형태, 생활행위, 생활양식
사회환경	· 지역특성, 문화적 수준, 유행 · 라이프스타일, 경제수준
민족성	· 생활습관, 민족성, 자연환경, 전통성

인터페이스를 검토할 때에는 생리·형태적 측면, 지적 측면, 감성적 측면에서 실시해야 한다(그림 1-4).

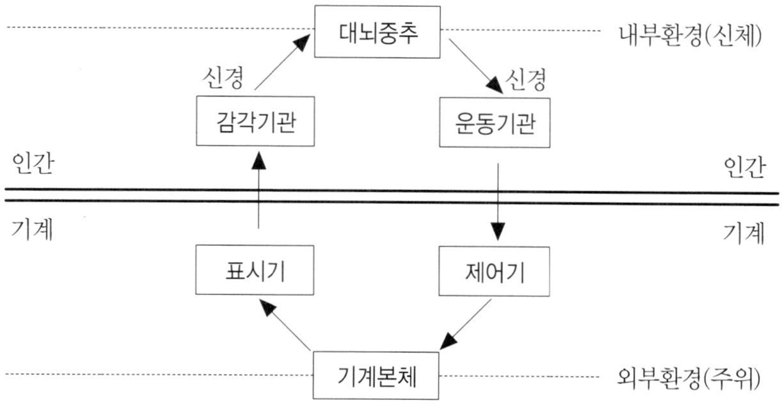

그림 1-3
인간-기계시스템

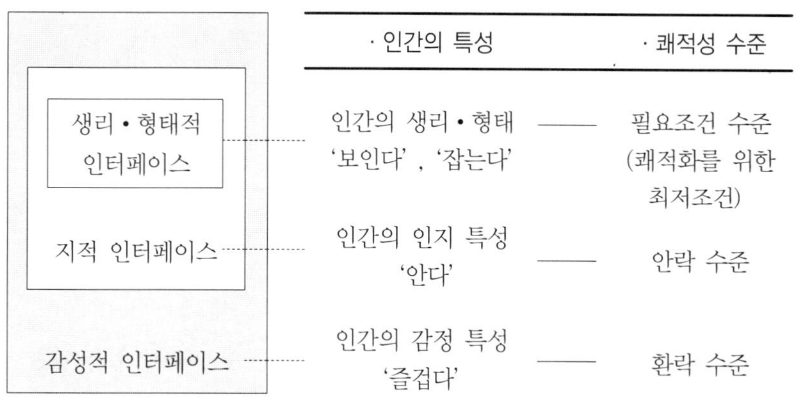

그림 1-4
인터페이스 검토의 세 가지 수준
출처 : 임연웅, 디자인 인간공학, 1994, 재인용.

주거인간공학에 이용되는 구체적인 연구방법은 제3장에서 자세히 설명하고 있으므로 여기에서는 연구진행에 있어 전반적으로 고려할 점에 대하여 간단히 언급하기로 하자.

인간공학의 확립방법은 물리적 원칙의 적용, 인간과학의 적용, 신체적인 경험분석과 그 결과의 적용, 작업 및 환경분석과 그 결과의 적용에 의해 이루어지는데 주거인간공학의 연구는 크게 실험실연구(experimental study)와 현장연구(field study)로 수행된다.

인간의 생리적 · 심리적 반응에 대하여 실험을 통하여 측정하고 주거환경을 이루고 있는 제조건의 물리적 특성이 어떠한지를 파악하기 위해서는 실험실연구를, 주거조건이 인간에게 어떠한 반응을 하게 하는지는 현장연구에 의해 이루어지는 것이 보통이며 이 때 우리의 경험이 반영되기도 한다. 실험실연구와 현장연구는 연구목적에 따라 다르게 선택되는데 변수의 관리, 실제감, 피실험자의 동기, 피실험자의 안전, 기타 연구조건을 고려하여 어떤 연구방법을 택할 것인지 결정해야 한다. 어떤 작업이나 절차, 혹은 어떤 환경을 현실감 있게 대신 나타내기 위해서는 모의실험(simulation)이 이용되는데 이것은 보통 현장상황에서 연구를 수행하는 것이 비현실적이거나 불가능할 때 이용된다. 모의실험 장치는 실물 크기 모형이나 축소·확대 모형 등이 이용되며 근래에는 컴퓨터에 의한 모의실험(computer simulation)이 많이 이용되기도 한다.

어떤 연구방법을 택하든 거의 모든 연구에서와 마찬가지로 주거인간공학의 연구에서도 어떤 이론적 모 집단(母集團)으로부터 표본을 추출하여 그 집단의 대상을 연구한다. 이 때 모 집단으로부터 추출한 표본에서 나온 자료는 모 집단에 관해서 외삽(extrapolate)하거나 추정(inference)하는 기초가 된다. 그러므로 표본은 모 집단을 대표할 수 있을 만큼의 크기와 특성을 가져야 하므로 표본 추출에 유의해야 한다.

연구에 필요한 자료가 수집되면 연구자는 적절한 통계분석을 이용하여 독립변수와 종속변수간에 어떤 관계가 있는지 알아보기 위해 자료분석을 한다. 이 때 사용되는 통계 프로그램은 패키지화 되어 있는 SPSS프로그램(Statistical Package for Social Science)이나 SAS프로그램(Statistical Analysis System)이 가장 많이 이용되고 있으며 경우에 따라서는 연구자에 의해 제작된 통계 프로그램을 이용하기도 한다.

실험을 할 때는 어떤 기준을 가지고 수행하게 되는데 연구에 사용되는 기준(criterion : 종속변수)이란 독립변수(factor : 즉 연구 중인 인자)가 끼치는 가능한 '효과'의 척도를 말한다. 일반적으로 우리가 다루는 기준은 크게 체계(주거)에 관련된 것과 인간의 특성에 관련된 것으로 구분된다. 체계기준(system criteria)은 체계의 성능이나 산출물에 관련된 기준으로 체계가 원래 의도한 바를 얼마나 달성하는 것을 반영하는 기준이다. 주거체계의 기준은 인간이 얼마나 주거환경 속에서 쾌적하게 느끼는가에 의해 평가할 수 있을 것이다. 이는 다른 기계체계의 기준보다 불명확한 기준, 즉 인간기준 쪽에 치우친 경향을 보이고 있다. 예를 들어 컴퓨터의 자판은 단위시간당 입력

된 자료의 양과 정확도에 의해 평가할 수 있으나 주거환경은 주생활을 영위하는 거주자의 각종 행위에 쾌적성을 부여할 수 있는 구조, 재료, 크기, 디자인 등을 얼마나 갖추었느냐에 따라 그 체계기준을 평가할 수 있으므로 대단히 복합적인 성능평가가 요구되는 것이다.

인간기준에는 인간성능(human performance) 척도, 생리학적(physiological) 지표, 주관적 반응(subjective response), 사고빈도(accident frequency)라는 서로 다른 네 가지 유형이 있다. 인간성능은 여러 가지 감각활동, 정신활동, 근육활동에 의해서만 판단되어야 하나 보통은 사용되는 물리적 장비의 성능특성과 상관관계를 가진다. 생체 계측치는 인간공학의 기초 연구에 반드시 필요한 인간성능 척도이다. 생리학적 지표는 생리학적 상태의 적절한 기준이 되며 심박 수, 혈압, 혈액의 성분, 전기피부 반응, 뇌파, 분당 호흡수, 피부온도, 혈당량 등의 척도가 있다. 또한 사람들의 주관적인 반응과 사고나 상해발생 빈도가 적절한 기준이 되기도 한다.

이러한 기준에는 일반적으로 적절성과 독립성, 신뢰성이 갖추어져야 한다. 적절성은 기준이 의도된 목적에 적당하다고 판단되는 정도를 말한다. 독립성은 기준척도가 측정하고자 하는 변수 외의 다른 변수들의 영향을 받지 않는 정도를 말한다. 신뢰성은 사용되는 척도의 신뢰성으로 반복성을 말한다. 즉 비슷한 환경에서 기준척도로 실험을 하였을 때 기준값이 비슷하게 나오면 그 척도는 신뢰성이 있는 것으로 본다. 그리고 신뢰성은 이외에 체계나 개인이 의도된 기능을 수행하는 성능의 신뢰도로 요구되기도 하며, 인간의 절대 판단에 의한 정보처리 능력에 한계(2~3 bite)가 있음이 감안되기도 한다.

제2장 인체의 구조와 생리, 그리고 지각

인간은 형태적으로 3차원의 복잡한 형태를 갖추고 있으며, 신체의 각 부위는 관절로 연결되어 회전과 각도변화를 할 수 있다. 그러나 각 기능은 한계가 있으므로 주거환경 설계시에는 신체의 움직임이 가능한 범위내에서 공간 사용이 가능하도록 인간의 형태적인 면을 고려해야 한다. 근력 면에서도 인간의 근력은 개인에 따라 차이를 보이며, 힘이 작용하는 방향과 각도, 회전력 등도 한계가 있다. 그러므로 생활행위에 사용되는 근력은 여러 가지 조건하에서 적정한 능력을 발휘할 수 있도록 공간계획이 이루어져야 한다.

한편, 인간과 주거환경시스템 사이에 흐르는 정보는 여러 경로를 거치게 되는데 이러한 정보의 종류로는 시각, 청각, 촉각 등 여러 가지가 있다. 주거환경시스템에서 발생되는 정보는 인간의 감각기로 전달되어 중추신경계로 접수되며 그곳에서 분석, 변환, 종합화되어 인간의 반응이 나타나게 된다. 이 때 인간이 수용할 수 있는 정보용량과 경로, 정보유지의 지속시간 등을 고려하여 적정한 시스템 설계가 이루어지도록 해야 한다. 또한 주어진 환경조건도 인간-주거시스템에 중요한 영향을 미치므로 환경조건이 인간의 정상적인 적응 한계내에 포함되도록 고려해야 한다.

즉 인간의 특성에 대한 기본적인 이해를 해야만 인간 측면을 고려한 주거계획을 할 수 있는 것이다. 따라서 본장에서는 특히 주거계획과 관계가 깊은 인체의 구조와 생리, 그리고 지각에 대해서 살펴보기로 한다.

1. 감각계

1) 감각

우리들은 생체 내 · 외의 상황에 대한 모든 정보를 감각(sensation)과 지각(perception)에 의해 얻고 있다. 눈이나 귀와 같은 여러 감각기관(sense organs)에 있는 수용기에서 검출된 자극이 감각수용기로부터 중추신경계로 정보를 입력하는 계통인 구심성 신경을 거쳐 대뇌의 중추과정에 이르러 감각을 일으키는 것이다. 지각은 감각보다 고차원적인 것으로 알려져 있으며 자극대상을 식별하는 행동을 말한다. 예를 들면, 시각의 경우 빛 에너지를 감각하고 그 물체의 속성을 지각하는 것이다. 더 나아가 이들을 통합한 고차원적인 정신기능으로서 인지(cognition)가 있다.

감각의 종류에 대해서는 몇 가지 분류방법이 있다. 자극원과 수용기의 기능에 따라 촉각, 압각, 온도감각, 시각, 청각 및 후각 등으로 분류되며, 깁슨(Gibson)은 시각계, 청각계, 미각-후각계, 기본방향계(basic orientating), 피부감각체계로 분류하였으며, 호크버그(Hochberg)는 거리감각, 피부감각, 내밀감각으로, 그리고 홀(Edward T. Hall)은 원거리 감각기관(눈, 코, 귀)과 근거리 감각기관(피부감각, 근육)으로 분류하고 있다.

표 2-1
대표적인 수용기

감각의 종류	수용기	적응자극
시각	눈	광파
청각	귀	음파
후각	후점막(코)	주로 기체의 화학적 성질
미각	미뢰(혀)	주로 물체의 화학적 성질
촉각	마이스너 소체(피부)	주로 물체의 물리적 특성
압각	파치니 소체(피부)	주로 물체의 물리적 특성
온각	루피니 소체(피부)	주로 물체의 물리적 특성
냉각	글라우제 소체(피부)	주로 물체의 물리적 특성

각 수용기는 특정자극에 대해서만 응답한다. 즉 모든 감각기관은 여러 종류의 자극으로 흥분을 일으킬 수 있으나 감각기관마다 특히 예민하게 반응할 수 있는 특정자극이 하나씩 있는데, 이 같은 자극을 적당자극(adequate stimulus)이라고 부른다. 예를 들면 시각 수용기에 대한 적당자극은 빛이며, 청각 수용기에 대한 적당자극은 소리이다

한편, 동일 자극이 같은 크기로 계속될 때 일정한 범위내에서는 이에 적응이 되어 수용기의 감수성은 고유의 감각을 잃게 되기 쉽다. 이러한 현상을 감각의 순응(adaptation)이라 한다. 순응의 시간경과는 감각의 종류에 따라 상당히 다른데, 일반적으로 촉각이나 후각은 순응이 빠르고 통각은 늦다.

표 2-2
오감의 자극경계

감각양상	감각경계
시각	양초의 빛은 맑게 개인 날 밤 어둠 속에서 30마일(48km) 떨어진 곳에서 볼 수 있다.(약 10광양자)
청각	시계의 초침소리는 주위가 조용한 경우 약 60m 떨어진 곳에서 들을 수 있다.(약 0.0002dyne/cm^2)
미각	설탕 1티스푼을 약 9*l*의 물에 녹인 경우 비로소 맛을 느낄 수 있다.
후각	한 방울의 향수는 3DK(1DK=10m^2)의 면적공간에서 비로소 냄새를 느낄 수 있다.
촉각	벌의 날개 정도라면 1cm의 높이에서 어깨로 떨어진 경우 비로소 촉감을 느낀다.

출처 : 橋本邦衛, 疲勞と安全-企業における人間工學-, 1965.

심리현상으로서의 감각을 양적으로 측정하려고 하는 시도가 100년 전부터 이루어져 왔으며 이러한 흐름이 정신물리학(Psychophysics)이라는 분야로서 현재까지 이어지고 있다. 1834년에 베버(Weber)는 중량을 변별하는 실험을 통하여 감각의 강도가 상대적으로 계량화될 수 있다는 것을 발견하였다. 비교해 보고서 그 차이를 구별할 수 있는 자극의 최소 변화량(변별력)을 ΔR, 원자극의 강도를 R라고 하면 $\frac{\Delta R}{R}$ = 일정 k(변화율)의 관계가 있다. 이 때 k의 값은 감각의 종류

나 질에 따라 다르다. 실례로 소리의 경우 k는 1/10, 피부압력은 1/7, 밝기의 경우 1/60이다. k가 작을수록 그 감각은 예민한 것을 나타내는데 이것을 베버의 법칙(Weber's law)이라고 한다.

2) 시각

시각(visual perception)은 빛이 감각기관인 눈으로 들어옴으로써 생긴다. 시각은 우리들에게 물체의 모양, 색, 밝기와 움직임을 알려주며 우리들이 지닌 지식의 80% 이상이 시각에 의해 얻어진다고 추정된다(예 : 책, 그림, 영화).

최근 컴퓨터의 진보와 발전에 따른 직장과 가정의 ME(micro electronics)화는 인간을 둘러싼 시환경(視環境)을 크게 변화시켜 가고 있다. 특히 자동화에 의해 작업형태가 변화되면서 오늘날 많은 직장에서 시각기능에 부담을 주는 비율이 증가되고 있으며, 컴퓨터 단말기의 디스플레이나 입력장치를 작업상 하루종일 보고 있는 사람들이 많이 있다. 따라서 공간을 디자인하는 디자이너들은 인간의 시각특성을 잘 이해하여 사람들의 기능특성에 맞는 시환경을 설계해야 한다.

(1) 눈의 구조와 시각과정

시각계는 감각기관으로서의 안구와 대뇌피질 후두엽에 있는 시각중추에 이르는 전도로로 구성된다. 안구는 직경이 약 24mm로 거의 구형으로서 수정체, 망막, 동공 등으로 구성되며 기능은 카메라에 비유된다. 즉 수정체는 렌즈, 망막은 필름, 동공은 조리개, 안검은 셔터에 해당한다고 볼 수 있다.

그림 2-1
눈의 단면도

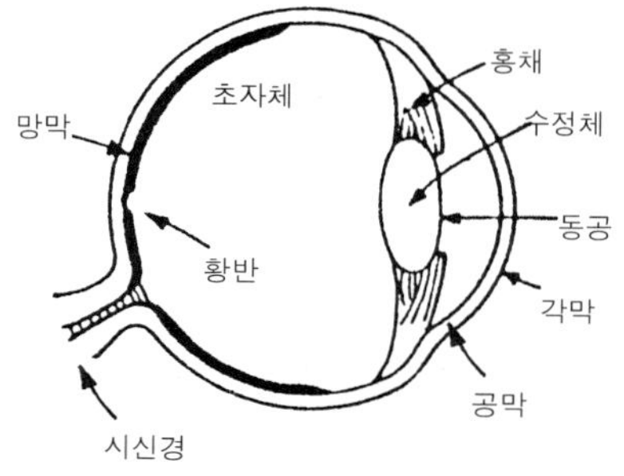

여기에서 각막은 빛을 받아들이는 부분이며, 홍채는 동공을 통해 들어오는 빛의 양을 조절한다. 수정체는 물체의 거리에 따라 두께가 달라져서 망막에 분명한 상이 맺히도록 하며, 초자체는 수정체와 망막 사이에서 안구의 형태를 구형으로 유지하는 액체이다. 망막은 안구의 가장 안쪽에서 추상체와 간상체에 의하여 빛에너지를 흡수한다. 이때 추상체(lens)는 색채정보를 처리하며, 간상체(rod)는 명암정보를 처리한다.

시각과정은 물체가 방사하거나 반사하는 빛으로부터 시작되는데, 몸 밖에 있는 광원으로부터 눈에 들어오는 광원은 결막→각막→동공

→수정체→초자체를 지나 굴절(refraction, 상이 렌즈를 통과하면서 일어나는 현상)되어 망막에 상하가 거꾸로 된 상이 맺게 된다. 이 때 시각체가 반응할 수 있는 전자 스펙트럼의 범위는 가시광선으로서 380nm(보라색)~780nm(빨강)의 범위이다. 따라서 시각의 구성요소는 광선감각, 형태, 색, 원근 간격 등에 의해서 형성된다. 이 때 형태는 망막에 분포되는 빛에너지의 분포 차이, 투과된 에너지의 양과 패턴에 관계되며 색상은 빛의 파장에 의해 결정된다. 정립자세에서 시각 전면의 수평축을 중심으로 색을 식별할 수 있는 한계각은 위로 30°, 아래로 40°이다. 일반적으로 형태를 구별할 수 있는 시각은 복안을 갖는 곤충류에서 비롯되나, 확실한 형태의 인식은 척추동물로부터 비롯되며, 색채에 대한 인식력은 곤충류에게도 있다.

밝은 곳에 있다가 어두운 장소를 들어가면 처음에는 아무 것도 보이지 않다가 차차 주위가 보이기 시작하는데 이 때 처음 7~8분 동안은 추상체가 작용하여 어두운 곳의 대상을 보게 되며, 그 다음 약 40분 정도까지 간상체가 작용하여 대상들을 분명하게 식별하게 된다. 이를 암순응(dark adaptation)이라 한다. 반대의 경우인 명순응(light adaptation)은 어두운 곳에서 밝은 곳으로 나갈 때 눈이 부시고 잘 보이지 않다가 약 40초~1분이 지나면 잘 보이게 되는 현상이다. 다시 말하면, 순응(adaptation)이란 안구의 내부에 입사하는 빛의 양에 따라 망막의 감도가 변화하는 현상과 변화하는 상태를 말한다. 한편, 물체를 볼 수 있는 가장 짧은 시간은 1/10초이다. 명시와 암시가 이루어지는 조도의 범위는 0.1lx 이상~0.01lx 이하이다.

(2) 시력과 시야

시력이란 사물의 형태를 식별하거나 접근한 2개의 점이나 선을 구별하여 판별하는 능력, 즉 해상력을 말하는데, 시력에는 여러 종류가 있지만 이들은 모두 흑백세부의 해상력(시각적으로 구별할 수 있는 능력)에 관한 것이다. 여러 유형의 시력은 광선의 초점이 망막 위에 맺어지도록 수정체를 조절하는 눈의 조절작용에 주로 달려 있다. 정상적인 조절 하에서는 수정체를 변화시켜 멀리 있는 물체를 볼 때는 수정체가 얇아지고 가까이 있는 물체를 볼 때는 수정체가 두꺼워진다.

보통의 경우 수정체는 나이가 들어감에 따라 탄력성을 잃으므로 어릴 때에는 근점(近點, 눈으로 볼 수 있는 가장 가까운 점)이 60mm이

그림 2-2
수정체의 조절작용

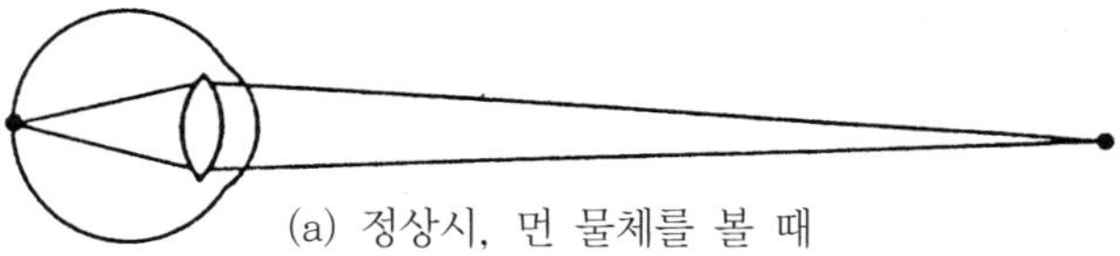
(a) 정상시, 먼 물체를 볼 때

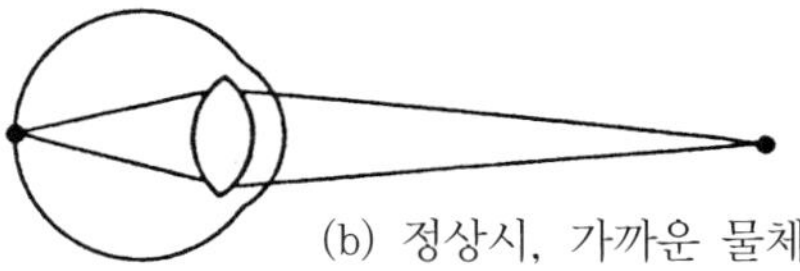
(b) 정상시, 가까운 물체를 볼 때

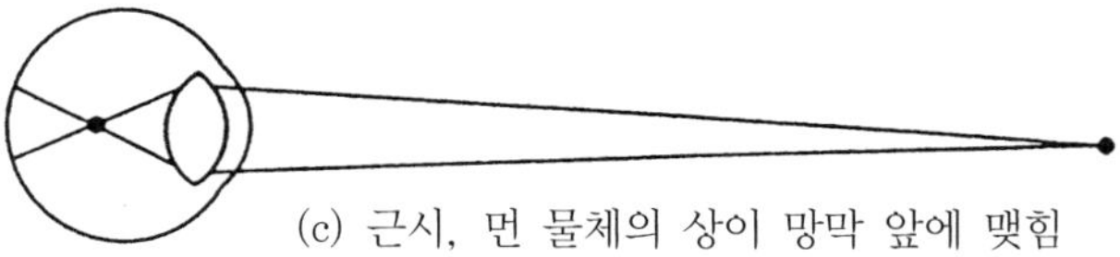
(c) 근시, 먼 물체의 상이 망막 앞에 맺힘

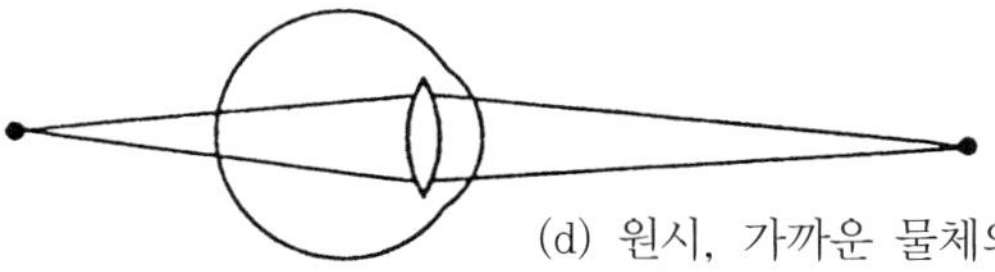
(d) 원시, 가까운 물체의 상이 망막 뒤에 맺힘

나 40세 정도가 되면 보통 150mm보다 가까운 거리에 있는 물체에는 초점을 맞출 수 없게 된다. 6m 이상 멀리 있는 것은 눈에 있어서는 무한대의 거리에 있는 것과 같아 초점을 맞추기 위한 조절이 필요없게 된다. 나이가 들면서 원근조절을 할 수 없는 것을 노안(老眼)이라 한다.

한편, 사람에 따라서는 눈의 조절작용이 불충분하여 우리가 근시 또는 원시라 부르는 상태가 되는 경우가 있다. 근시의 원인으로는 보통 유전, 환경, 질병을 들고 있는데 이 중 유전은 각막, 수정체, 안축장이 유전으로 결정하므로 근시발생의 큰 원인으로 보고 있다. 원시는 안구의 길이가 짧아서 상이 망막 뒤에 맺히는 현상으로 볼록렌즈로 교정하며, 근시는 안구의 길이가 길어서 상이 망막 앞에 맺히는 현상으로 오목렌즈로 교정한다. 또한 각막 면이 바른 구면이 아닌 경우 각막의 만곡도가 눈의 경도에 따라 달라서 부분적으로 흐리게 되는 눈을 난시라 하는데 이는 운추형 렌즈로 교정한다. 이들 이상(異象)을 굴절이상이라 하는데 이는 적당한 렌즈의 안경을 쓰면 교정된다. 이 때 렌즈의 도수(diopter)를 나타낸 것이 눈의 조근력(시력)이 된다. 사람 눈의 굴절률은 59D이며, 젊은이는 59D～70D까지 굴절률을 증가시킬 수 있다.

시야란 어느 한 점에 눈을 돌렸을 때 보이는 범위를 시각으로 나타낸 것으로, 눈을 움직이지 않고 볼 수 있는 범위이다. 일반적으로 인간의 시야는 시선방향에서 상향 60°, 수평 180°의 범위를 감지할 수 있다. 즉 시야영역은 수평영역이 수직영역보다 크다. 그러나 아주 작은 물체를 감각하는 부분은 시선과 거의 평행한 매우 작은 각도(2° 이내)에서 이루어진다. 정밀한 지각이 일어나는 중심시계의 외주에는 감각이 민감하지 못한 주변시계가 있다. 이곳의 중심부는 시선에서 상 · 하 30°되는 부분과 좌우로 30°되는 원추체 모양을 이루고 있다. 적정 상하시야는 상 30°, 하 30°이며, 서 있을 때의 정상 시선은 눈높이 아래 10°, 앉았을 때는 약 15° 아래이다. 그리고 두 눈의 최대 시야각은 188°, 한쪽 눈의 최대 시각은 65°이다.

한편, 시야의 중앙부 근처에 보이지 않는 부위가 있는데, 이를 암점(bind spot) 또는 시야결손 부위라고 하며, 이곳에 맺히는 상은 시각을 일으킬 수 없다. 또한 두 눈으로 한 개의 점을 보게 하면 두 시야는 대부분 겹치게 되는데, 이러한 두 시야가 겹친 영역을 두 눈 보기 시야(Field of Binocular Vision) 또는 폭주작용이라고 한다. 이때 두 눈과 대상점 사이에서 이루어지는 시각차(parallex)가 대상점의 원근을 따라 이동하므로 한 눈 보기보다 깊이의 지각, 즉 입체감이 뚜렷하며 원근감이 파악된다. 폭주작용은 안근과 수정체의 협동에 의해 이루어진다. 먼 곳에 있는 한 점에서 다른 점으로 시선을 옮겨 초점을 맞추는 데 필요한 시간은 156mm/sec이며, 30cm 떨어진 곳에서는 15∼20mm/sec이다. 그리고 암실내의 고정된 빛을 응시하고 있으면 움직이는 것처럼 보이는 가현운동 현상이 일어난다.

(3) 명시의 조건

시대상이 보기 쉽고 잘 보이는 것을 명시라고 하며, 명시의 조건은 크기(시각), 밝기, 대비, 시간 등이다. 일반적으로 시대상의 크기가 큰 상대일수록 보기 쉬우며, 보통 3∼4mm의 활자를 읽기 위하여 25∼30cm 정도의 거리를 두는 것이 가장 바람직하다. 시대상의 휘도 역시 클수록 보기 쉬우므로 시대상의 조도를 크게 하면 보기가 쉬워지나 너무 밝으면 눈이 부셔 잘 보이지 않게 되는 경우도 있다. 대비에 있어서는 주로 휘도대비를 말하며, 시대상과 그 배경의 휘도 차이로 표시된다. 배경의 휘도(輝度)가 시대상의 휘도보다 클 때에는 휘도대비가 클수록(흰 종이의 검은 글씨), 또 일반적으로 배경의 휘도가 클수록 보기 쉽다. 색대비도 있으나 잘 보이도록 하는 데에는 휘도대비보다 영향이 적다. 시대상을 보는 시간은 시대상이 어두울수록 길고, 같은 밝기이면 시간이 길수록 잘 보인다. 움직이고 있는 시대상의 경우, 움직임이 느릴수록 잘 보인다.

3) 청각

청각(hearing)은 지식을 얻는 데 있어 시각 다음으로 중요한 감각이다. 청각은 청각계와 음향계로 구성되며, 청각계는 귀와 이에 관련된 신경계통을 말하고, 음향계는 진동체의 음원에서 귀까지 진동을 전달하는 매체를 말한다.

(1) 귀의 구조와 청각과정

인간의 청각기관은 귀 · 청신경 · 청각중추로 구성되며, 해부학적으로는 외이 · 중이 · 내이로 구분된다.

소리는 외이도에서 고막, 중이의 고실소실, 임피액을 거친 다음 청신경을 통해 뇌에 도달한다. 외이는 귀바퀴(耳介)와 귓구멍(外耳道) 및 고막으로 이루어져 있으며, 주로 소리를 모아주는 역할을 하며 소리를 고막으로 유도한다. 외이의 안쪽에는 고막을 경계로 하여 중이

그림 2-3
귀의 구조

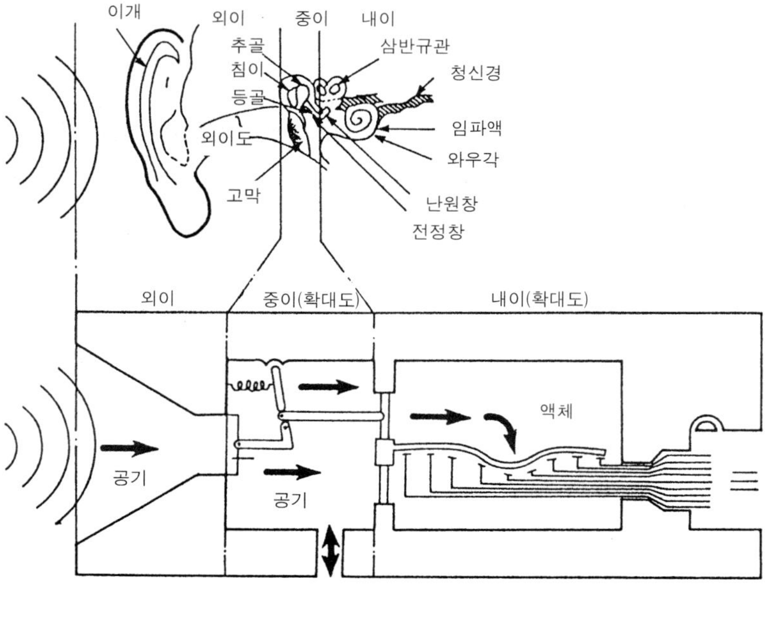

난원창은 중이와 내이의 경계에 있다. 기저막은 그림 속 화살표가 있는 최후에 해당하는 부분

가 있다. 고막은 0.5~0.9cm^2 넓이의 얇고 튼튼하며 약간 가운데 부분이 약간 오목한 막으로 얇고 떨리기 쉬워서 밖에서 들어온 소리 압력의 변화에 따라 진동하여 이를 중이에 있는 중이소골이라는 3개의 작은 뼈로 된 기구로 전달하며, 이는 다시 내이의 난원창에 전달된다. 이 전달과정에서 고막에 가해지는 미세한 압력변화는 22~30배로 증폭되어 내이의 임파액에 도달한다.

한편, 중이는 1~2cc의 뼈로 둘러싸인 공간이며 아래부분에는 3cm 길이의 이관(耳管)이 있으며, 이는 목과 코로 연결되어 있다. 보통 이관은 공기가 자유롭게 통하므로 고막 내외의 기압이 평형을 유지하고 있다. 감기가 걸리게 되면 이관이 막혀 공기가 통하지 않으므로 고막 내·외의 기압이 서로 다르게 되어 고막을 제동하기 때문에 잘 안 들리는 경우가 생기게 된다. 또한 하강하는 비행기 안에서 음폭이 낮은 소리는 제대로 안 들리는 경우가 있는데 이는 급격히 증가한 외부 기압 때문에 이관의 아래가 압력을 받아 공기의 유통이 방해되고 중이 내부의 기압이 외부에 비해 낮아지기 때문이다.

내이는 달팽이 모양의 관을 지니고 있다. 여기서는 신체의 위치 및 운동의 감각을 느낄 뿐 아니라 소리를 청신경 중추에 보내는 역할을 한다. 달팽이관 내부는 임파액으로 가득 차 있으며, 이것이 소리를 유도하여 기저막이라는 얇은 막을 진동시킨다. 기저막 위에 작은 모상세포(毛常細胞)가 청각의 주된 감각기관이 되어 있다. 여기서 받은 소리는 신경 충동을 일으켜 청신경을 통해 뇌에 전달된다.

(2) 청각능력

우리가 소리로써 듣는 것은 물리적인 소리의 강도와 선형관계에 있지 않으므로 물리적인 면과 주관적인 면의 양쪽 계통으로 나누어 생각할 필요가 있다. 즉 소리라고 하는 것은 물리학자들이 정의하고 측정한 음의 순수한 물리적 의미만을 지칭하고, 청각이란 소리에 대한 청각계통의 반응 등의 주관적 부분을 말한다. 따라서 소리의 주관적인 면을 논할 때에는 물리적으로 정확하게 측정된 소리에 대한 사람의 청각을 조사해야 한다.

인간의 청각 특성은 다음과 같다.

① 어떤 때이든, 어떤 방향에서의 음이라도 들을 수 있다.

② 대단히 감도가 좋고, 넓은 범위의 음을 들을 수 있으며, 그 음을 구분할 수 있다.
③ 매우 정확하게 음원의 위치를 알 수 있다.
④ 많은 음을 한꺼번에 들을 수 있고, 또 잡음 속에서 음의 강도, 높이, 굵기, 리듬, 방향 등을 이용하여 필요한 음을 구분할 수 있다.
⑤ 지각시간은 오감 중 가장 짧다.

인간이 들을 수 있는 최저 음압을 최소 가청치라 부르며, 귀에 이상이 없는 젊은 사람의 최소 가청치를 기준으로 한다. 한편, 기준에서 몇 dB을 올려야만 들리는가를 측정하여 이를 그 사람의 청력 손실도로 한다. 일반적으로 음에 대한 감도는 나이가 듦에 따라 고음에 대해서 감퇴하는 경향이 있는데 이를 노인성 난청이라 한다. 제련소와 같이 소음이 특히 심한 장소에서 일하는 사람들의 청력이 현저하게 감퇴되고 퇴화하는 예가 많이 보고되고 있는데 이를 직업성 난청이라 한다.

사람이 들을 수 있는 범위는 보통 그림 2-4에서 보는 바와 같이 20~20,000Hz의 주파수 범위이다. 그러나 주파수보다는 소리의 강도가 가청 주파수의 범위를 정하는 주된 요소이다. 그러므로 가청 주파수의 범위를 보편적으로 결정할 수는 없다.

소리의 3요소는 진폭, 파형, 진동수인데 소리의 강도를 크게 증가시키면 보통 상한, 하한선이라고 생각되는 주파수 범위를 넘어서도 소리가 들린다. 그러나 이 소리는 들을 수는 있다 해도 그 높이는 느끼지 못한다. 이처럼 강한 소리가 들려오면 놀랍게도 귀의 내부가 변형되어 들어온 에너지를 분해하여 그 일부가 소리로서 들리는 것이다. 이런 방법에 의하여 100,000Hz에서 5Hz까지 들렸다고 하는 보고도 있다. 그리고 귀에 들어오는 음이 여러 가지일 때 어떤 음이 다른 음을 들리지 않게 하는 지폐작용이 일어난다.

그림 2-4를 보면 사람의 귀는 2,000Hz에서 3,000Hz 사이의 주파수에서 가장 민감함을 알 수 있다. 또 최대 가청역을 넘어서면 귀가 통증을 느끼게 된다. 보통의 청각범위에서는 가청 자극역이 개인간에 약 20dB의 차이가 있다. 그리고 한 개인에게 있어서 짧은 시간내에서도 약 5%의 차이가 생긴다고 한다. 그러므로 가청 자극역을 정해도 그다지 확실성은 보장할 수 없게 된다. 보통 대화의 음압레벨은

40dB인데, 소리가 120dB에 달하면 불쾌감을 느끼며 140dB을 넘으면 귀가 아픔을 느끼게 된다.

소리의 강도 I를 바꿀 때에 느낄 수 있는 최소의 변화량 ΔI를 소리의 강도에 대한 변별력이라고 한다. 변별력은 소리의 주파수와 강도에 따라 다르게 나타난다. 특히 소리의 주파수에 대한 변별력은 개인간의 차이가 많이 나는데 이는 음악의 재능과 관계가 깊으므로 이에 대한 변별력의 측정이 음악재능 검사에 이용된다.

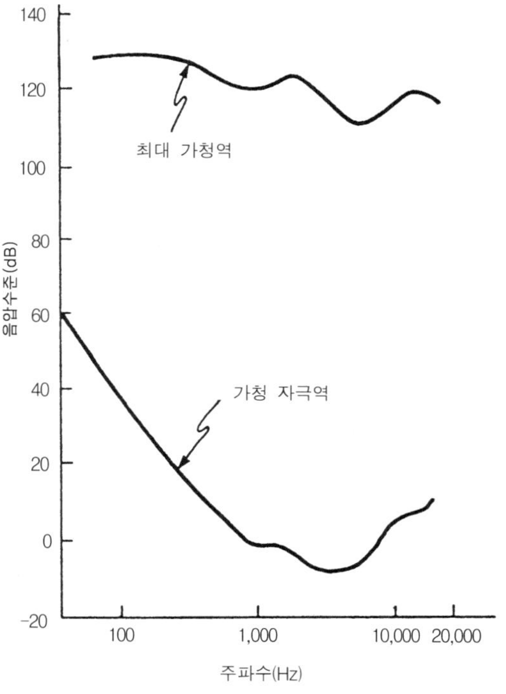

그림 2-4
가청범위

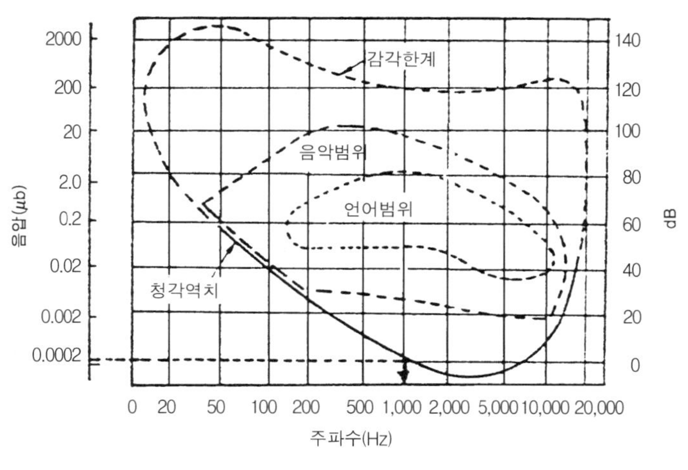

그림 2-5
청야(聽野)

감각의 강도가 20dB 이하일 때 귀는 급격하게 소리의 높이 차이를 구별하는 능력을 잃게 된다. 소리의 차이를 분별하는 힘도 소리의 강도와 주파수에 의하여 달라진다. 감각의 강도가 20dB 또는 그 이하일 때 소리의 크기 변화를 느끼는 강도의 증가는 매우 크고 500～10,000Hz 사이에서는 소리의 크기 차이를 구별하는 능력이 증대된다. 나이가 많아짐에 따라 낮은 소리에 대한 감도가 떨어진다.

청각과 관련된 인간-기계시스템의 관계를 보면 정보의 출입에 따라 기계에서 인간에게 정보가 직접 전달되는 경우와 인간과 인간과의 정보 전송을 기계를 거쳐 수행되는 경우로 나누어 볼 수 있다.

4) 그 외의 감각

에드워드(Edward T. Hall)는 원거리 감각기관은 눈, 코, 귀이며 근거리 감각기관은 피부감각, 근육이라고 하였다. 앞에서 인간이 정보를 수용하는 기관으로서 시각과 청각에 대해서 기능상의 특징과 인간공학적인 의미를 살펴보았다. 본절에서는 시각, 청각의 보조가 되는 감각기관으로서의 기타 감각기관에 대해서 살펴본다.

(1) 피부감각

피부감각은 오감 중 판단동작이 가장 확실하다. 신체 표면의 피부는 총면적이 약 1.5평방미터에 달한다. 생체를 물리·화학적으로 보호함과 동시에 열 방출 등 체온조절 역할을 수행하고 있다. 피부에는 촉각(觸覺), 압각(壓覺), 온각(溫覺), 냉각(冷覺), 통각(痛覺)의 수용기가 있다(그림 2-6). 이것들은 피부상에 감각적으로 분포하고 있고, 감각을 느끼는 부위와 느끼지 못하는 부위가 있다. 그 중에서도 통점의 밀도가 가장 높아 손등에는 1cm^{2}당 100개 정도가 있다.

통점은 피부 표면에 가장 넓게 분포되어 있으며 기계적, 화학적, 열적, 전기적 자극은 모두 통각을 느끼게 한다. 통점이 가장 많은 신체부위는 무릎(232개/cm^2)이다. 압점은 입술이나 손가락 끝에 가장 많이 분포되어 있고 어깨나 허벅지에는 적다. 압각은 촉각에 비교하여 피부심부의 감각이다. 온각과 냉각은 별도의 수용기에서 검출된다. 냉점은 온점보다 분포밀도가 훨씬 높다. 주위 온도가 10～40°의 범위에서는 쉽게 순응이 되어 온도감각을 잃어버린다. 온·냉각이 동시에 온도변화에 대해 반응하는 구조로 되어 있다. 신경 수는 통점→

압점→냉점→온점의 순으로 많다. 한편, 피부의 어느 부분이 외부온도에 순응할 때 피부는 생리학적 영점에 있다고 한다. 피부의 각 부분이 여러 가지 온도의 공기와 닿으면 이들 전부의 온도순응은 동시에 이루어진다. 정상적인 피부표면은 섭씨 32.5°에서 33.5°이다.

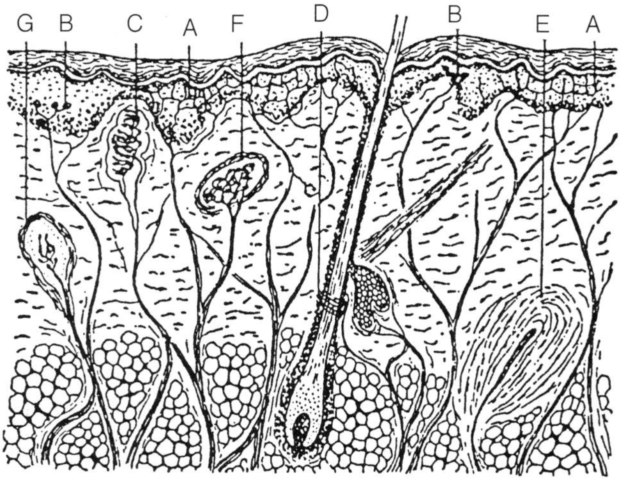

A : 자유신경말단, B : 메루캐드 촉판, C : 마이스너 소체,
D : 모근발달(毛根終末), E : 파치니 소체, F : 글라우재 소체,
G : 루피니 소체

그림 2-6
피부의 수용기

(2) 미각과 후각

미각(味覺)과 후각(嗅覺)은 모두 화학적 감각이다. 인체의 소화기계와 호흡기계의 입구에 갖춰진 감각으로 유해물질이 체내에 침입하는 것을 방지하는 역할도 한다. 맛이나 냄새에 대한 기호는 쾌 또는 불쾌라는 정동행동을 수반하는 것이 특징이다.

미각은 오감 중 지각시간이 가장 긴 감각으로 그 수용기는 혀 끝에 있는 미뢰(味蕾)이다. 성인은 12,000개의 미뢰가 있으나, 20세부터 감소하여 80세가 되면 소아의 1/3수준이 된다. 맛의 분류에 대해서는 많은 의논이 있으나 단맛, 신맛, 짠맛, 쓴맛이 4가지의 기본 맛이라고 알려져 있다. 단맛은 혀 끝부분에서 민감하다. 자당과 같이 달고 영양가가 높은 당은 인간을 비롯해서 곤충까지 광범위하게 즐겨 섭취된다. 짠맛은 혀 끝, 양옆에서 민감하며, 신맛은 혀의 양옆, 쓴맛은 혀의 가장 안쪽에서 민감하다.

후각의 수용기에 있는 후각 세포는 하나의 냄새에 대해 단시간에 반응한 뒤 감각이 없어지는 것이 특징이며, 그 감도는 매우 높다. 후각 세포는 코 점막의 내부에 2.4~6.4cm^2의 면적으로 존재하는데 냄새의 분류는 극히 다양하여 아직 확립되어 있지 않다.

(3) 평형감각

사람의 몸은 머리의 위치나 운동에 관계없이 청력과는 별도로 내이의 미로로부터 자극이 발생한다. 이 미로에서는 근육운동 지각과 함께 몸이 정지하고 있을 때와 운동시의 평형에 필요한 평형감각이 생긴다. 몸이 어느 방향으로 기울어져 있을 때 1~14°범위가 최소 지각범위이다. 움직이지 않을 때의 평형은 몸의 자세를 유지하는데 필요하고 동적일 때의 평형은 몸의 평형이 무너지려고 할 때 평형으로 회복하기 위한 조정이 필요하다. 이처럼 신체의 위치나 운동에 관계된 감각이 평형감각이다. 여기에는 근육이나 관절로부터의 정보에 입각한 심부감각이나 시각이 관여한다.

예를 들어 어두운 곳에서의 동작은 같은 동작을 밝은 곳에서 할 때만큼 유연하지 않다. 그러나 평형감각에 가장 중요한 역할을 수용하고 있는 것은 내이의 전정과 반규관이다. 머리의 기울임이나 직선적인 움직임은 전정의 수용기에서, 회전운동의 가속도는 반규관의 중심에 있는 수용기에서 각각 검출된다. 이들 정보는 외안근에 피드백되어 머리운동을 보상하는 안구운동을 반사적으로 일으켜 운동을 할 때에도 시선을 고정시키는 역할을 한다. 평형감각기가 이상흥분하거나 실제의 신체운동과 평형감각과의 사이에 모순이나 불일치가 있을 때 현기증(vertigo)이 일어난다. 차멀미나 배멀미 등이 그 예이다.

2. 신경계

근육은 신경의 통제를 받으므로 신경계에 대해 간단히 알아보자. 신경계를 모두 통칭한다면 뇌와 척추신경과 이로부터 온몸으로 퍼져나간 신경망을 지칭한다. 신경세포는 본체와 하나의 긴 신경섬유로 연결되어 신경의 최소단위를 이룬다. 보통 이를 뉴런(neuron)이라고 한다. 신경섬유는 수많은 신경충동을 전달한다. 전달방향은 왕복의 양방향으로 일어나며 전기적이거나 화학적인 상태의 변화에 의해 전달된다. 골격의 근육을 조절하는 신경은 감각신경과 운동신경의 두 종류로 분류된다. 운동신경은 운동의 명령을 근육에 전달하여 근육의 수축을 일으키게 한다.

운동신경은 근육 안에서 여러 개로 나뉘어져 주요 근육섬유와 연결되어 있고 각각의 근육섬유 다발을 조절한다. 감각신경은 감각정보를 신경을 통해 반대로 척추신경으로 보내어 뇌에 전달하게 한다. 근육의 조절에 이용되는 감각신경은 여러 종류가 있다. 예를 들어 근육이나 힘줄, 관절에 있는 근육지각 신경은 신체의 팔이나 다리의 위치에 관한 정보를 뇌에 전달한다. 이러한 감각신경은 인간에게 정보의 전달을 통해 근육을 움직이게 하여 자신의 업무를 수행할 수 있게 한다.

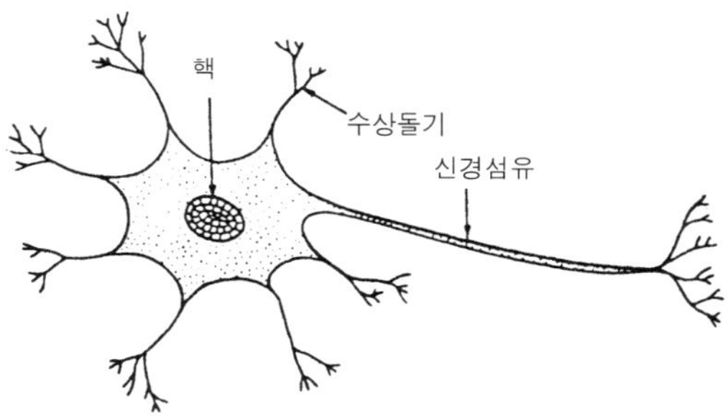

그림 2-7
신경세포

3. 운동계

사람은 걷고 뛰고 말하고 글을 쓰며 음식을 먹는데, 이와 같은 움직임은 운동기관에 의하여 이루어지며 운동기관은 동작상태뿐만 아니라 오랜 시간 동안 서 있는 경우에도 주도적 역할을 한다. 이와 같은 움직임에 관여하는 기관은 골격계통, 관절계통 및 근육계통으로 구분된다.

1) 골격계

뼈, 연골, 관절 등이 이에 속하며 인체의 지지와 내부기관을 보호하고 사지 및 구간의 피동적 운동에 관여한다. 성인의 뼈는 모두 206개의 뼈로 구성되어 신체의 기본적인 구조를 이루고 있으며 이것들은 주로 관절에 의하여 연결되어 사람 특유의 체격을 만들며 골격근의 작용에 의하여 각종 운동이 이루어지고 있다. 이러한 뼈는 골부의 편의상 두 부분으로 나누어진다.

(1) 몸통골격

머리, 목, 몸체의 장기를 지지하고 보호하는 뼈와 연골부분으로 되어 있다.

- 몸통골격
  - 두개골
    - 뇌두개골 ······ 8개
    - 안면두개골 ······ 14개
  - 고실뼈 ······ 3×2개=6개
  - 설골 ······ 1개
  - 척추골 ······ 26개
  - 늑골 ······ 12×2개=24개
  - 흉골 ······ 1개

(2) 사지골격

사지를 몸통골격에 부착시키는 뼈와 사지의 뼈들로 이루어져 있다.

- 사지골격
  - 상지뼈
    - 상지 지지대 —— 2×2개=4개
    - 자유 상지골 —— 30×2개=60개
  - 하지뼈
    - 하지 지지대 —— 1×2개=2개
    - 자유 하지골 —— 30×2개=60개

소아의 경우 천골이 3~5개의 천추골로 구성되고 관골은 장골, 좌골, 치골의 3개로 분리되며 미골도 3~5개의 작은 미추골로 되어 있어 그 총수가 성인의 경우보다 많다.

이상의 골격들을 연결하는 관절은 크게 혈액관절과 연골관절로 나누어진다. 혈액관절은 손가락이나 무릎의 관절, 팔꿈치관절, 그리고 어깨와 대퇴부의 관절처럼 비교적 회전이나 굽히고 펴는 것이 자유로운 관절이다. 연골관절은 척추관절과 같이 어느 정도 굽히거나 회전을 할 수 있는 관절이다.

그림 2-8
인체의 골격계

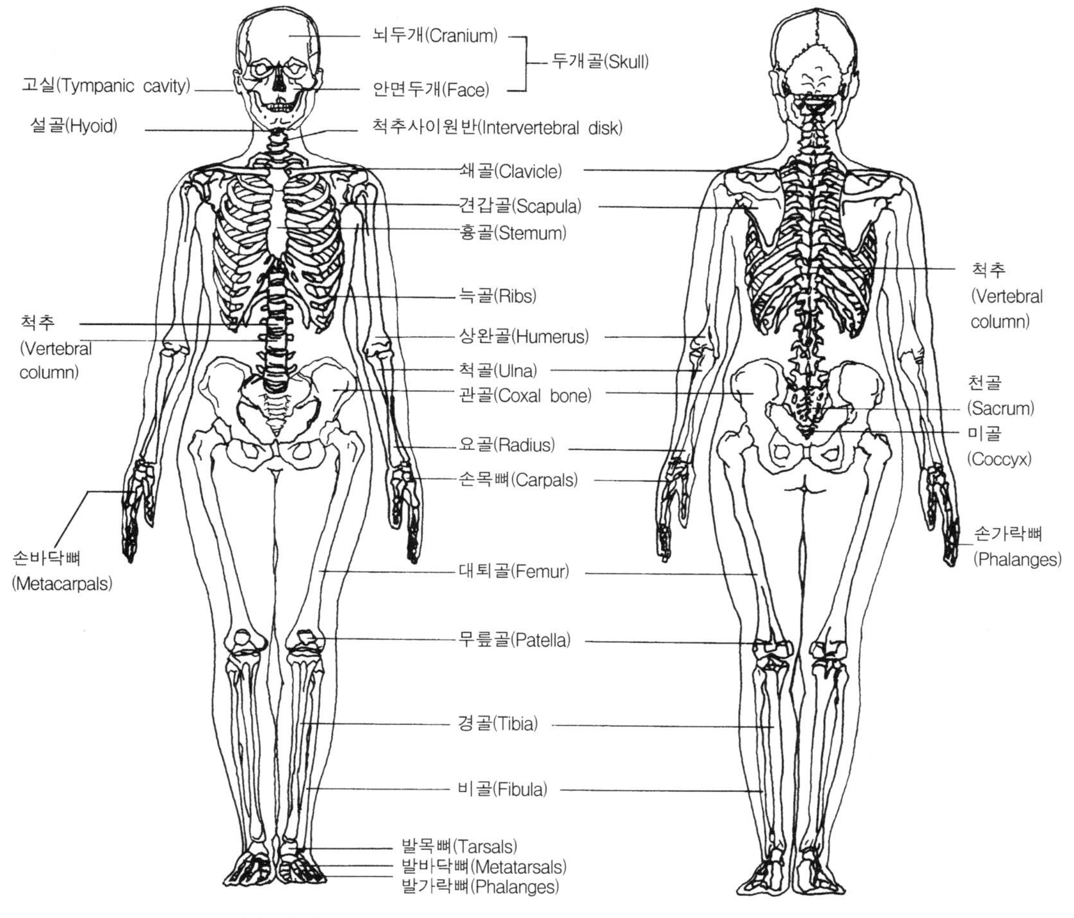

(a) 앞면 (b) 뒷면

2) 근육계

(1) 근육의 종류

신체의 원만한 운동은 뼈, 관절, 근육의 협동으로 일어나지만 주역은 근육이 맡고 있다. 우리 몸의 운동은 근육이 수축하는 힘에 의해서 이루어진다. 근세포가 자극을 받게되면 흥분하고 그 자극이 근세포막을 따라서 전달되며 그에 따라 화학적 변화를 일으켜 근섬유가 수축하게 된다. 근육은 뼈에 부착되어 있는 골격근, 심장을 구성하는 심근, 소화계, 호흡계, 생식계, 순환계를 구성하는 평활근이 있으며, 약 600개의 근육이 인체에 있다.

근육은 화학에너지를 직접 기계적 에너지와 열로 전환시킬 수 있는 기계, 즉 에너지의 형태를 바꿀 수 있는 일종의 에너지 변환기라고 말할 수 있다. 근 수축시 발생되는 열은 체외로 내보내지는 것이 아니라 체온조절에 매우 유효하게 이용되고 있다. 복부비만은 허리둘레 대 엉덩이둘레 비율(waist hip ratio)로 자가진단할 수 있다. 남성은 1 이상, 여성은 0.85 이상이 복부비만이다.

(2) 골격근의 구조와 기능

골격근육은 인체에서 체중의 약 40%를 차지한다. 골격근은 근육의 기본단위인 근섬유와 이를 결합하는 결합조직으로 구성되어 있으며, 인체조직 중 가장 수축성이 강하며 운동신경의 지배를 받아 의지적으로 움직일 수 있다. 조직학적으로 매우 섬세하며 명대와 암대가 교대로 배열되어 횡무늬(가로무늬)근 또는 수의근이라고 한다. 주로 골격에 부착되어 있으며 신체를 움직여서 이동하거나 자세의 변동, 중력에 대항하거나 체중을 지탱하는 역할을 한다.

근이 수축하여 뼈와 뼈를 서로 접근시키므로 근은 능동적 운동기관이 된다. 근의 작용은 수축의 결과 일어나는 골격의 운동에 따라 명령되는 것이고 근 자체는 어떤 운동을 하더라도 수축이 있을 뿐이다.

골격근의 일반적 기능은 다음과 같다.

① 운동 : 골격근은 수축과 이완에 의하여 신체의 전체 혹은 그 일부를 움직여서 운동을 한다.

② 자세 : 부분적인 수축을 계속하여 서기, 눕기, 앉기, 기대기 등의 신체의 자세를 유지시킨다.

③ 열생산 : 모든 세포들은 신진대사에 의한 이화작용을 통해 열을 생산하여 체온을 유지하는 기능을 갖고 있다.

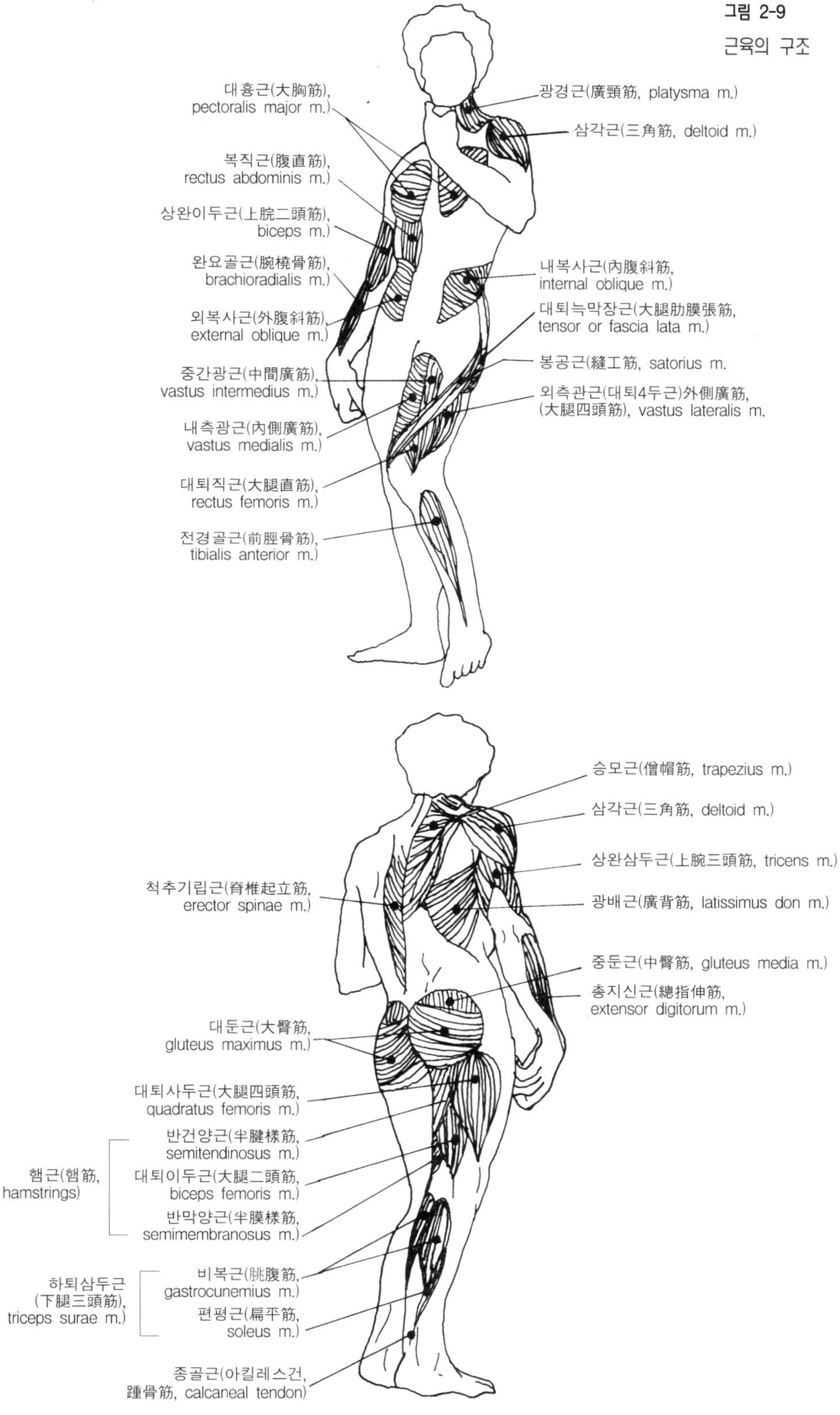
대흉근(大胸筋), pectoralis major m.)
복직근(腹直筋), rectus abdominis m.)
상완이두근(上腕二頭筋), biceps m.)
완요골근(腕橈骨筋), brachioradialis m.)
외복사근(外腹斜筋), external oblique m.)
중간광근(中間廣筋), vastus intermedius m.)
내측광근(內側廣筋), vastus medialis m.)
대퇴직근(大腿直筋), rectus femoris m.)
전경골근(前脛骨筋), tibialis anterior m.)
광경근(廣頸筋, platysma m.)
삼각근(三角筋, deltoid m.)
내복사근(內腹斜筋, internal oblique m.)
대퇴늑막장근(大腿肋膜張筋, tensor or fascia lata m.)
봉공근(縫工筋, satorius m.)
외측관근(대퇴4두근)外側廣筋, (大腿四頭筋), vastus lateralis m.
승모근(僧帽筋, trapezius m.)
삼각근(三角筋, deltoid m.)
상완삼두근(上腕三頭筋, tricens m.)
광배근(廣背筋, latissimus don m.)
중둔근(中臀筋, gluteus media m.)
총지신근(總指伸筋, extensor digitorum m.)
척추기립근(脊椎起立筋, erector spinae m.)
대둔근(大臀筋, gluteus maximus m.)
대퇴사두근(大腿四頭筋, quadratus femoris m.)
햄근(햄筋, hamstrings)
반건양근(半腱樣筋, semitendinosus m.)
대퇴이두근(大腿二頭筋, biceps femoris m.)
반막양근(半膜樣筋, semimembranosus m.)
하퇴삼두근 (下腿三頭筋), triceps surae m.)
비복근(腓腹筋, gastrocunemius m.)
편평근(扁平筋, soleus m.)
종골근(아킬레스건, 踵骨筋, calcaneal tendon)

그림 2-9

근육의 구조

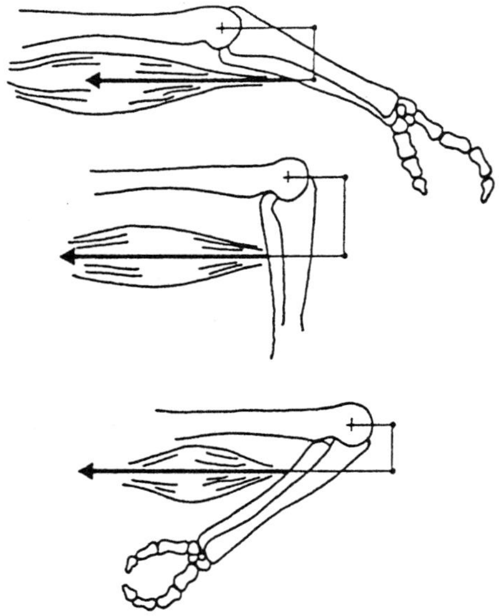

그림 2-10
근육섬유의 작용

4. 에너지 대사와 생체리듬

(1) 에너지 대사

에너지 대사란 생물이 에너지를 획득하고 소비하는 과정으로, 물질대사를 통해 이루어진다. 에너지 대사율(relative metabolic rate : RMR)은 작업을 실시할 때 작업자에게 주는 부하의 강도를 나타내며, 예를 들면 스탬프(stamp)를 찍는 작업처럼 손 끝만을 주로 사용하는 작업에서는 1.0 이하, 전기드릴 작업처럼 주로 전완(前腕)만을 사용하는 동작이 들어가는 경우에는 약 1.0~2.0, 유리 닦는 작업 등 상지 전체를 사용하는 작업에서는 약 4.0~5.0, 톱질과 같은 전신작업에서는 그 이상이 되고 곡괭이를 사용하여 콘크리트를 깨는 작업처럼 전신에 힘을 집중하지 않으면 작업을 할 수 없는 심한 노동에서는 20.0 이상이 된다.

RMR는 비교적 큰 근력을 필요로 하는 육체적 작업의 경우에는 평가척도로서 유효하지만 근력을 거의 필요로 하지 않는 정신작업(RMR 1.0 이하) 등의 경우에는 부담평가의 지표로서 사용하기 어렵다. 또한 에너지 실측치는 동일 작업자의 경우에는 에너지 소비량이 큰 작업쪽이 작은 작업보다도 심신 부담은 당연히 커지지만 복수작업자의 비교를 행하는 경우에는 각 사람의 체격, 성, 연령, 체중 등이 서로 다름에 따라 기초대사도 달라지므로 일률적으로 비교할 수가 없어 부적당하게 된다. 그래서 일본에서는 에너지 대사율이란 지표를 다음 식에 의해서 산출하며, 노동강도를 비교하는 데 이용한다.

$$R = \frac{(\text{작업시 소비 에너지량}) - (\text{안정시 소비 에너지량})}{\text{기초대사량}}$$

이 경우의 소비에너지는 산소(O_2)와 탄산가스(CO_2)의 측정으로 주로 계산되는데, 특정 작업에 의하여 소비되는 에너지와 안정에 필요한 에너지를 비교하는 경우 산소 소비량으로 비교해도 거의 같은 값이 나오므로 이것이 이용된다.

생체가 소화관에서 영양소를 흡수 · 운반 후 일정장소에서 화학반응을 일으켜 에너지나 여러 가지 합성물을 생산하고 노폐물을 제거하는 과정을 물질대사 또는 신진대사라고 한다. 영양소를 산화하는 데 필요한 산소는 호흡기로부터 들어오며 순환계에 의해 온몸으로 보내진다. 여기서 체내로 들여보내진 물질을 합성하는 과정을 동화, 연소 · 분해하는 과정을 이화라고 한다. 대사는 영양소가 동화 · 이화되어지는 화학적 변화과정에 착안하여 영양소 출납으로부터 얻어진 것을 중간대사라고 말하며, 전체적인 에너지 출납으로부터 얻어진 것을 에너지 대사라고 한다.

에너지 대사율(RMR)은(운동시 산소 소모량-안정시 산소 소모량)/기초대사 산소 소모량으로 구할 수 있다. 안정시 대사량은 기초대사량의 약 1.2배이다. 하루 동안에 사람이 낼 수 있는 에너지는 약 4,300kcal이다. 성인의 기초대사율은 1,500~1,800kcal이며, 기초대사(basal metabolism)와 여가를 위해 필요한 에너지는 2,300kcal이므로 2,000kcal정도가 하루 작업을 통해 사용 가능한 에너지이다. 하루 8시간 작업한다고 할 경우 분당 4kcal의 에너지를 소모하게 된다. 작업시의 휴식시간 산정은 다음의 식을 따른다.

휴식시간 R(분) = {60(E−5)}/E−1.5

이때, E는 작업 평균 에너지값

5는 작업에 대한 평균 에너지값의 상한

1.5는 휴식시간 중의 에너지 소비량의 추산치이다.

표 2-3 에너지 대사율 추정법

동작부위	움직이는 방법	피험자의 호소	에너지 대사율
손 끝	· 기계적으로 움직인다. · 의식적으로 움직인다.	손목이 피곤함. 장시간이면 손 끝이 피곤함.	0~0.5 0.5~1.0
손 끝이 팔 전체에 미치는 부위	· 손 끝의 움직임이 전완까지 · 손 끝의 움직임이 상완까지	피곤하지 않다. 때때로 쉬고 싶다.	1.0~2.0 2.0~3.0
팔	· 보통의 움직임 · 비교적 큰 힘이 든다.	익숙하지 않으면 괴롭다. 국소적으로 피로하다.	3.0~4.0 4.0~5.5
전신 (가벼운 노동)	· 보통의 움직임 · 큰 힘이 평균적으로 듦. · 순간적으로 전신에 힘을 집중한다.	30~40분마다 한번 휴식 20분 이상이면 가슴이 아프다. 5~6분 이상이면 그 후 어떤 작업도 할 수 없다.	5.5~6.5 6.5~8.0 8.0~9.5
전신 (힘든 노동)	· 격심한 작업이지만 어느 정도 여유가 있다. · 전신에 힘을 집중하여 1분 이상 지탱할 수 없다.	때때로 말하지만 5분 이상 지속되지 않는다. 여유가 조금도 없고 정신없이 일을 해야 함.	10.0~12.0 12.0~

그림 2-11
에너지 대사율 약산치

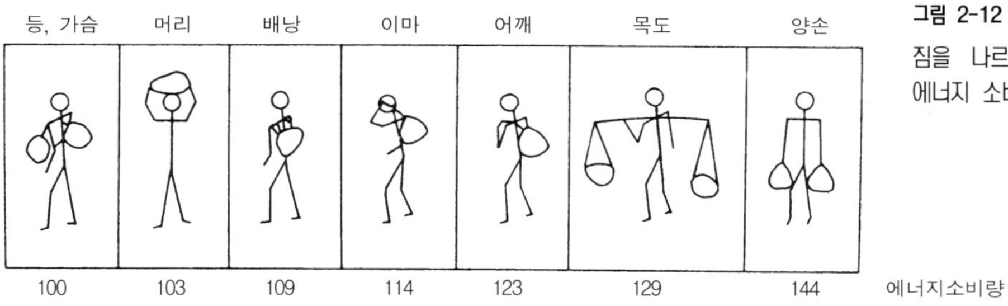

그림 2-12
짐을 나르는 방법에 따른 에너지 소비량

한편, 인간의 식물성 기능에 관련된 기관계 중에서 체내와 외부 사이에서 가스교환을 수행하는 것이 호흡계, 체외로부터 영양소를 흡수하는 것이 소화계이며, 체내에서 이들을 운반하는 것이 순환계이다.

대사과정은 매우 복잡한 메커니즘을 거치므로 이를 다 설명할 수 없으므로 여기에서는 생략하고 중요한 몇 가지의 과정만 다루어 보자.

영양소는 포도당, 지방, 단백질의 세 가지로 나누어 볼 수 있다. 이러한 요소들이 에너지로 변환되는 화학적 반응이 일어나고, 결국 젖산이 생성되면서 반응이 종결된다. 그러나 젖산은 물과 이산화탄소로 분해되는데 두 단계의 과정을 거친다. 첫 번째 과정은 당원을 젖산으로 분해하는 과정인데 이 때에는 산소가 필요하지 않으므로 무기과정이라고 한다. 두 번째 과정은 젖산을 물과 이산화탄소로 분해하는 과정인데 이 때는 산소가 필요하므로 유기과정이라고 한다.

신체를 움직일 때 근육은 이미 확보된 당원을 어용한다. 그러나 그 양이 충분하지 않으므로 계속 운동을 하자고 할 때 당원을 산소와 함께 혈액으로부터 공급을 받아야 한다. 이것이 젖산이 분해되는 과정이다. 산소의 공급이 충분할 때에는 젖산이 거의 축적되지 않는다. 그러나 움직임이 어느 정도의 수준을 초과하면 근육에 공급되는 산소량이 부족해지고 혈액 중에 젖산이 축적된다. 신체활동이 계속되면 젖산이 누적되어 결국에는 근육의 반응이 없어지게 된다. 신체에 더욱 많은 산소를 공급하기 위해서 심장이 빠르게 박동하여 폐에서 유입된 산소를 혈액에 실어 각 근육에 공급한다. 작업이나 운동이 적절한 수준을 유지한다면 심장의 박동 수나 호흡의 수는 보통의 수준을 유지한다. 그러나 근육에 공급되는 산소가 필요량보다 적게 될 정도로 신체의 움직임이 과도하게 된다면 젖산의 축적으로 인해 산소 빚이라는 현상이 나타난다.

산소 빚은 젖산의 제거속도가 생성속도보다 느리게 되면 나타난다. 즉 활동이 끝난 후에도 남아 있는 젖산을 제거하기 위해 산소가 필요하며 그 양만큼이 산소의 빚이 된다. 이 빚을 갚기 위해서 맥박과 호흡수도 작업이 시작되기 전의 평상 수준으로 돌아오기까지 시간이 소요된다.

그림 2-13은 평상시 작업에 대한 산소 빚의 이론적인 형태를 나타낸다. 실제의 형태는 이와는 다르다. 특히 작업이 시간에 따라 움직이는 양이 다를수록 차이가 커진다. 그러나 결국 산소는 작업시작 전과 작업 중에서 빌려온 것이므로 나중에는 되돌려 주어야 하므로 '빚'이라고 말한다.

그림 2-13
평상작업의 산소 빚

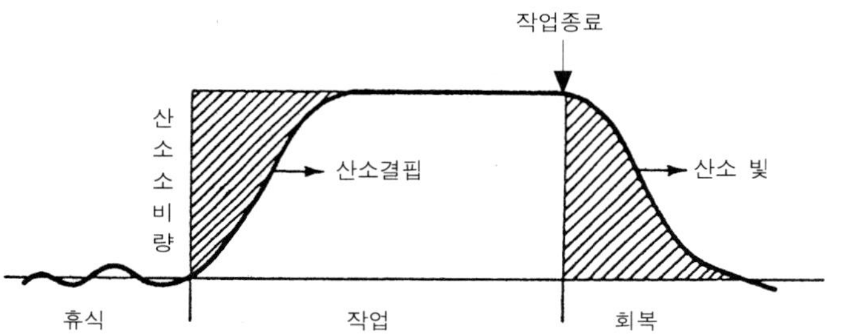

2) 생체리듬

생체는 시간의 경과와 함께 계속 변동하고 있다. 이를 생리적 리듬 혹은 생체리듬이라고 한다. 생체리듬 중 가장 잘 알려져 있는 것이 일주리듬(circadian rhythm)이다. 일주리듬은 24시간을 주기로 하는데, 이는 우리의 활동주기이며 체온, 맥박, 혈압, 혈액조성 등에서도 일주리듬이 보인다. 예를 들어 체온은 저녁부터 서서히 내려가기 시작하여 밤중에 가장 저하하며 새벽이 되면서 차츰 상승한다. 이 현상은 밤새워 일을 해도 나타난다. 24시간 리듬은 빛, 온도, 습도 등의 환경조건을 일정하게 한 항상환경(恒常環境) 하에서도 소멸되지 않으므로 생체가 갖는 고유의 리듬으로 볼 수 있다. 생체리듬은 작업량에 변동을 주므로 생리적 리듬에 맞춘 작업환경 설정이 중요하다.

표 2-4
시간별 생체리듬

행위	최고 생체리듬 시간
기억력	13~15시
덧셈	14~16시
체온	16~19시
여성 호로몬	24~ 6시
수축기 혈압	16~19시
이완기 혈압	12~19시
혈중 인슐린	16~18시
적혈구 수	10~12시
백혈구 수	22~24시
혈중 콜레스테롤	13~21시
남성 호르몬	4~12시
달리기	14~17시

생체리듬에서 또 한 가지 생각해야 하는 것이 성에 따른 생리기능의 차이이다. 남녀의 신체적 특성을 비교해 보면, 여성이 남성보다 기초대사량이 적은데, 이는 여성의 몸에 지방조직이 많고 근육 발달이 남성에 비해 뒤떨어지기 때문이다. 근력이나 폐활량, 체내의 순환혈액량 등도 남성에 비해 낮다. 즉 여성은 체격, 근력, 호흡, 순환기능에 있어서 남성보다 뒤떨어진다. 따라서 공간계획시에 이러한 점이 고려되어야 한다.

표 2-5
여성의 유리, 불리한 기능

유리한 기능	불리한 기능
· 촉각적 지각 · 기계적 기억 · 한정된 단일 연합작용 · 문자말초 등의 연소적 주의 작업 · 연합내용은 부분적, 구체적 주관적	· 중량의 변별 · 단일 반응시간의 속도 · 연동(타구검사 등) 속도 · 동시에 다른 작업에 대한 주의분배 · 단 시간내의 일시적 주의집중 · 수학, 논리적 사고, 구성적 고찰, 추리 등 · 연합내용은 일반적, 추상적, 객관적

5. 지각

지각(perception)이란 우리를 둘러싸고 있는 것들에 대한 정보를 수집하고 해석하는 방법이다. 이러한 지각은 단편적이거나 애매한 감각정보를 집단화하고 그 의미를 결정하며 의식적으로 대상을 인식하도록 하는 매우 복잡한 일련의 정신과정들로 구성되어 있다.

1) 지각의 특징

기억이나 추리, 사고 등의 인지과정은 정신적 노력의 요구가 많거나 오류가 발생하는 빈도가 높은 것에 비해 지각은 대부분 대상의 의미나 해석이 명백하며 정확하다는 특징을 가지고 있다. 이러한 특징 외에 록(Rock, 1975)이 지적한 지각의 일반적 특징은 다음과 같다.

① 지각은 집단화 과정을 거쳐 장면을 도형과 배경(figure and ground)으로 체계화한다.
② 지각체계는 객관적이고 안정된 지각표상의 구성을 목표로 한다.
③ 특정한 지각을 유발시키는 중추과정들은 무의식적이다.
④ 대상의 속성과 일치하지는 않으며 부적절하거나 그릇된 행동을 유발하는 착시와는 달리, 주관적으로 경험되는 지각의 내용은 진실성이 있다.

즉 지각은 초기의 감각자료에만 좌우되지 않고, 구성적이고 지능적이며 진실성이 있고 고차원적이며 거의 자동적으로 진행된다.

2) 지각의 접근방법

지각의 연구는 매우 오래 전부터 행해졌는데, 여기에서는 대표적인 방법을 소개하기로 하자.

(1) 경험주의적 접근방법

버클리와 헬름홀츠(G. Berkeley & Helmholtz)에 의해 주도되었으며, 모든 정보가 감각적 지각과 경험에서 얻어진다는 것에서 출발한다. 즉 인간은 태어날 때 깊이를 지각하는 방법을 모르기 때문에 학습에 의해 깊이 지각능력을 습득해야 한다는 것이다. 따라서 모든 정보는 감각적 지각과 경험에서 추론된다는 것이다.

(2) 구성주의적 접근방법

영국의 경험주의 철학에 바탕을 두며 지각의 근본요소를 감각으로 가정하고, 감각자료가 애매 모호하고 단편적이므로 기억과 같은 비감각적 요소와의 통합이나 추리 등을 통해서 가능한 한 정확한 지각표상이 형성되고 대상의 의미가 결정된다고 주장하는 것이다. 따라서 지각에서 판단, 추리, 해석과 같은 인지적 측면을 강조한다.

(3) 게슈탈트 접근방법

게슈탈트(Gestalt)란 형, 형태를 의미하는 독일어로 사용된 사물의 추상적인 형태, 형상을 뜻하는 대상 자체를 뜻한다. 사물의 개념이란 독자적으로 존재하는 것이 아니라 반드시 형태를 취하고 있으며 형태 속에는 반드시 개념이 있다는 것이다. 따라서 게슈탈트 접근법은 지각의 단위가 감각이 아닌 형태이고, 지각은 과거 경험과는 비교적 독립적으로 그 자체의 법칙에 따라 형성되며, 총체적 구조의 지각이 감각의 인식에 선행한다고 가정한다. 또한 개별적인 부분 대신에 조직된 물체 전체로서 물체를 지각하며, 이들의 형태지각은 선천적이며 그 학습은 상대적으로 중요하지 않고, 이 타고난 경향은 학습과 경험을 위한 기초로서 필요한 것이라고 주장한다. 그리고 경험주의 방법이 자극의 다양한 부분간의 관계에 충분히 주목하지 않았음을 지적한다. 예를 들어, 사각형은 네 개의 개별적인 선의 단순한 조합 이상의 의미를 갖는다는 것으로 "전체는 부분의 합보다 크다"를 강조한다.

(4) 깁슨의 접근방법

깁슨(J. Gibson)은 깊이 지각, 크기 지각, 항상성 그리고 다른 지각현상들이 어떤 자극의 특징들에 의해 설명될 수 있다는 것을 주장했다. 예를 들어 물체의 표면재질을 알 경우 물체가 멀리 떨어져 있어도 짐작할 수 있다는 것이다. 이 접근방법은 환경에서의 자극이 정보로 가득 차 있다는 것을 강조했다. 그러므로 지각 심리학자들은 우리가 보는 물체, 듣는 소리 등 우리가 지각에 직접적으로 원인이 되는 특징들을 탐구해야 한다는 것이다.

3) 지각의 성질

우리는 움직이는 물체에 대해 안정된 표상을 가지고 있다. 2차원의 이미지를 보더라도 3차원의 이미지를 경험하는데, 이는 물체의 형태나 움직임 등에 대한 정보를 재빨리 수집하고 이에 대한 적절한 추리나 반응을 한 결과이다. 그렇다면 안정된 지각표상, 운동지각 및 3차원 지각이 어떻게 가능한지 알아보자.

(1) 지각의 항상성

사람이 살아가는 데 있어 우리 몸은 환경의 변화와 개방된 체제 아래에서 외부로부터 신체에 가해지는 각종 자극을 받아들이고 이에 대하여 적절하게 반응을 나타낸다. 몸의 구성은 체내·외가 복잡하게 이루어진 기관의 모임체이지만 체내·외의 변화에 대하여 상호협력 아래 조절함으로써 신체의 전체적인 기능을 이렇게 유지해 나가는 기구를 갖추고 있다. 이와 같은 기구를 총칭하여 조절기구(Coordination Mechanism)라 한다. 이 조절기구는 자율신경계에 있는 신경성 조절과 체액성 조절로 나눌 수 있다. 신경성 조절은 무의식중에 심장, 혈압, 호흡, 소화기계 등의 기능을 조절하게 되는데 시간적으로 매우 짧은 시간에 활발하게 조절되어진다. 한편, 체액성 조절은 내분비기관에서 생성되는 특수한 화학물질인 호르몬에 의하여 혈액이나 림프액을 통하여 이루어지는 조절로서 대사, 발육, 성장 등의 작용이 지속적이고 장기적으로 이루어진다.

이와 같이 사람의 신체는 체내의 환경을 외부환경의 변동으로부터 보호하고 내부환경 변화가 생길 경우 즉시 정상적인 상태로 되돌리려는 작용을 한다. 이것을 항상성이라고 한다. 즉 항상성이란 생체에 생리적 긴장을 일으키는 순환요인 영향을 감소시키기 위한 변화를 지칭하며, 적응이라고도 하며 버나드(Claude Bernad)의 내부환경 유지설이라고 한다. 또한 이러한 자율적 적응에 의한 내부환경의 항상성 유지를 호모스타시스(homostasis)라고 하며 혈당치 조절, 체온조절 등이 있다.

이러한 항상성은 크게 세 가지 유형으로 구분된다. 시각적 대상에 관계되는 크기 항상성과 모양 항상성, 시각적 대성의 속성과 관계되는 색조 항상성과 색채 항상성, 그리고 시각적 대상들간의 관계에 관한 것으로 위치 항상성과 방향 항상성이 있다. 각각의 특성은 다음과 같다.

① 크기의 항상성 : 대상이 위치한 거리에 관계없이 그 크기가 같게 보인다.
② 모양의 항상성 : 대상의 위치, 관찰자의 시각방향에 관계없이 그 모양이 같아 보인 다. 예를 들어 문이 열렸다가 닫히기까지 여러 모양으로 변하나 문은 같은 모양을 가진 것으로 지각한다.
③ 색조의 항상성 : 조도의 변화에 관계없이 물체 표면의 색이 같게 보인다.
④ 색채의 항상성 : 조명조건에 관계없이 같은 색으로 보인다.
⑤ 위치의 항상성 : 관찰자의 움직임에 관계없이 대상은 움직임이 없는 것으로 보인다.
⑥ 방향의 항상성 : 대상을 바라볼 때 응시하는 방향에 관계없이 대상이 있는 방향이 일정하게 보인다.

(2) 지각의 애매함

우리는 대부분의 경우 사물을 볼 때 하나의 대상에 대해 하나의 분명한 지각적 해석을 내린다. 그러나 한 대상에 대해 둘 이상의 지각적 해석이 가능한 경우가 있다. 예를 들면, 애매한 방향의 정삼각형을 보자. 그림 2-15에서 볼 수 있는 정삼각형은 11이나 3 또는 7의 방향 중 하나를 가리키는 것으로 지각된다. 이러한 경우 정삼각형의 방향에 대한 지각적 해석은 하나로 유지되는 것이 아니라 보는 순간에 따라 해석이 다르게 나타날 수 있는데, 이것은 여러 가지 해석 중 상황에 다른 추리와 대상 주변의 자극을 통해 그 상황에 맞는 해석이 내려지게 된다는 것이다. 이렇게 주변 자극에 따라 해석이 다르게 나타나는 것을 지각의 애매함(맥락효과)이라 한다.

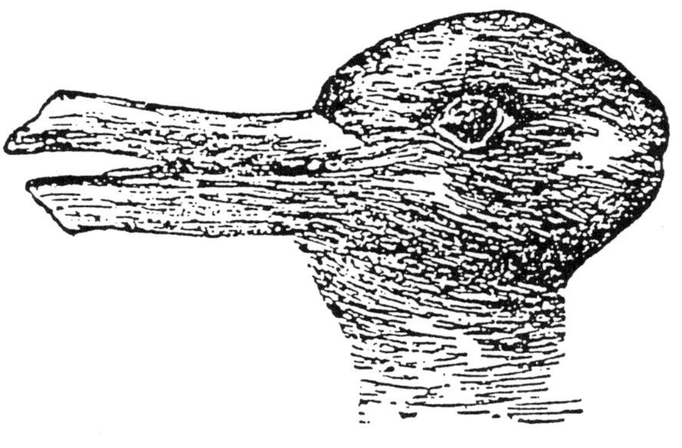

그림 2-14
지각의 애매함(모양)

그림 2-15
지각의 애매함(방향)

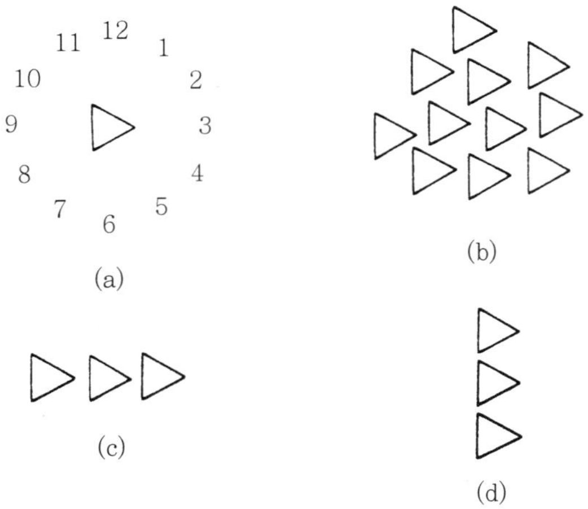

(3) 지각의 착각

도형이나 색채의 지각시 일어나는 착각을 착시라고 하며, 이는 지각의 항상성과 반대되는 개념으로 원격자극을 왜곡해서 지각하는 것이다. 착시의 대표적인 예로서 방향(각도)의 착시, 길이(분할)의 착시, 동화 · 대비의 착시가 있다.

① 방향의 착시

고층 빌딩을 볼 경우 빌딩의 기둥선과 창의 횡선 교차가 위층에 이르면 예각을 이루므로 건물이 오른쪽으로 기울어져 보인다.

그림 2-16
방향의 착시 예

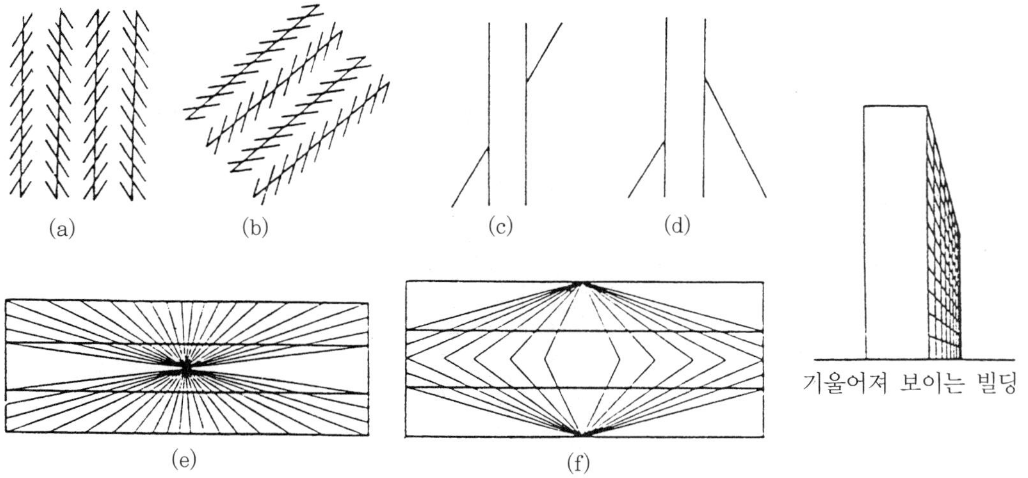

② 길이의 착시

단순한 선보다 분할선이 많은 선이 길게 보인다. 고층건물의 창이나 외벽의 분할선을 확실하게 표시하는 편이 평범하고 매끄러운 건물보다 높게 보인다.

그림 2-17
길이의 착시 예

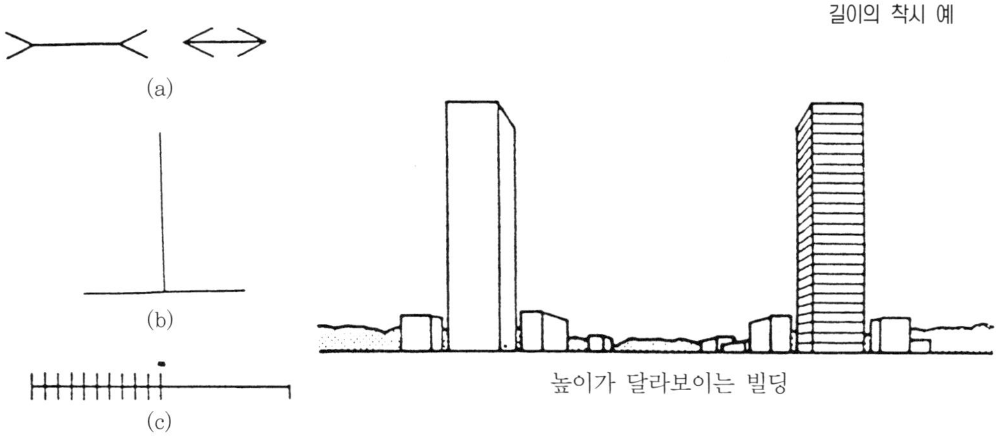

③ 동화 · 대비의 착시

동화작용에 의하여 왼쪽의 안쪽 원은 크고, 오른쪽 바깥쪽 원은 작게 보인다. 또한 대비작용에 의하여 왼쪽의 안쪽 원보다 오른쪽 안쪽 원이 크게 보인다.

그림 2-18
동화 · 대비의 착시 예

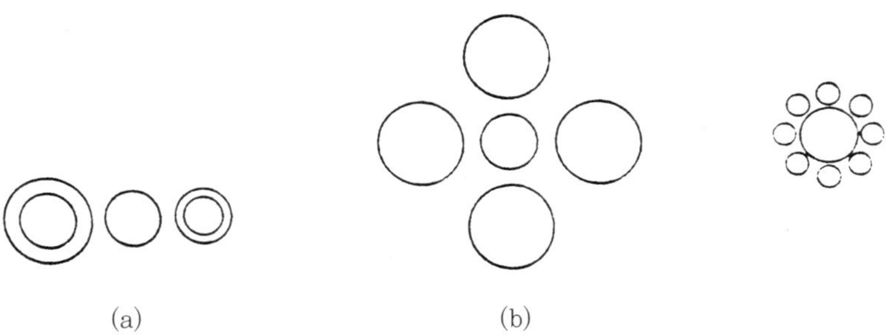

4) 형태지각

우리는 실생활에서 어떤 대상을 볼 때 직선이나 곡선 등 그 물체를 이루고 있는 부분적인 요소들로 구분하여 그 물체를 지각하는 것이 아니라 일정한 크기와 형태, 그리고 높이가 있는 정지된 물체로 지각하며, 이어 그 물체를 어떤 기능적 의미가 있는 것으로 지각한다. 이와 같은 대상의 지각적 의미는 윤곽 형성, 집단화, 체제화 등의 복잡한 과정을 거쳐 형성된다.

(1) 윤곽 형성

사물이나 자극을 독립적으로 인지한다는 것은 그 자극의 윤곽을 지각한다는 것을 뜻한다. 윤곽을 지각해야만 그 자극과 다른 자극을 구별할 수 있기 때문이다. 만약 윤곽이 없다면 우리는 표면의 결이 전혀 없고 밝기가 일정한 시야만을 경험하게 될 것이다. 밝고 어두운 부분의 경계를 더 뚜렷이 강조하는 외측억제에 의해 형성되는 윤곽은 물체와 배경 또는 물체와 다른 물체간의 구별을 가능하게 하며, 물체에 형체를 부여한다. 즉 윤곽이 형성된다는 것은 전경(그림, figure)과 배경(바탕, ground)이 분리되는 처음 단계이다. 책상 위의 흰 종이의 윤곽이 책상과 분리됨으로써 흰 종이가 지각되는 것이다. 이 때 흰 종이는 그림이고 책상은 바탕이다. 그림이 되기 쉬운 조건은 다음과 같다.

① 면적이 큰 부분보다 작은 부분
② 주위와 밝기 차이가 큰 부분
③ 어두운 부분보다 밝은 부분
④ 차가운 색보다 따뜻한 색상을 가진 부분
⑤ 경사방향으로 펼쳐진 부분보다 수직 · 수평방향으로 펼쳐진 부분
⑥ 비대칭의 형태를 가진 부분보다 대칭형태
⑦ 불규칙한 폭보다 균등한 폭을 가진 부분
⑧ 위에서 늘어진 부분보다 아래에서 연결된 부분

(2) 체제화 과정

감각자료에서 배경과 전경이 분리된 후 지각이 형성되기 위해서는 전경이 형태를 갖추어야 하는데, 전경자료들이 형태를 갖추는 과정이 지각의 체제화 과정이며 지각의 구조적 속성을 이루는 과정이다. 즉 지각체제화 과정이란 주어진 자료를 그대로 복사 재생하는 것이 아니

라, 일종의 창출과정으로 결손된 부분을 보완하는 충완법칙에 의하여 '좋은 형태'를 이루는 방향으로 지각이 체제화된다. 이러한 지각체제화의 원리로서 형태주의 심리학자들은 근접성(proximity), 유사성(similarity), 연속성(continuity), 그리고 완결성(closeness)을 제시하고 있다.

(3) 지각 체제화 원리(게슈탈트의 4법칙)

① 근접성의 원리

근접한 감각자료들이 한데 뭉쳐서 패턴이나 그룹으로 보여질 가능성이 크다는 법칙이다.

② 유사성의 원리

유동의 법칙이라고도 하며 형태, 규모, 색채, 질감 등에 있어서 유사한 요소들이 서로 연관되어 보이는 경향, 유사성은 근접성보다 지각의 그루핑(grouping)에 있어 더 강하게 나타난다.

③ 연속성의 원리

유사한 배열이 하나의 묶음으로 되는 것으로 공동운명의 법칙이라고도 한다. 영국국기의 연속성을 보면 십자와 X를 보는 것은 쉽다. 십자는 연속적이며 그것을 다른 것으로 본다는 것은 매우 어렵다. X는 비연속적이다. 그러나 시각적 선 요소들의 배열 때문에 그것은 비교적 시각적으로 보이기 쉽다.

④ 완결성의 원리

감각자료에서 얻어진 형태들이 완전하지 않을 때는 어떤 완전한 형태를 갖출 수 있는 방향으로 체제화가 이루어진다는 원리이다. 공백이나 결손된 부분을 보완함으로써 하나의 완결된 사물로 지각 체제화가 이루어진다.

그림 2-19
근접성의 예(좌)

그림 2-20
유사성의 예(우)

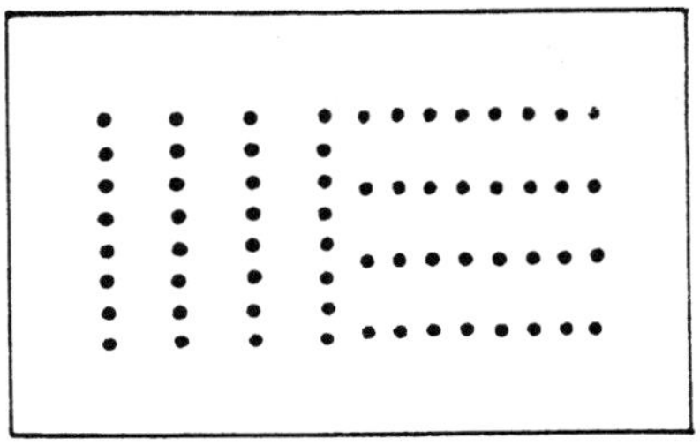

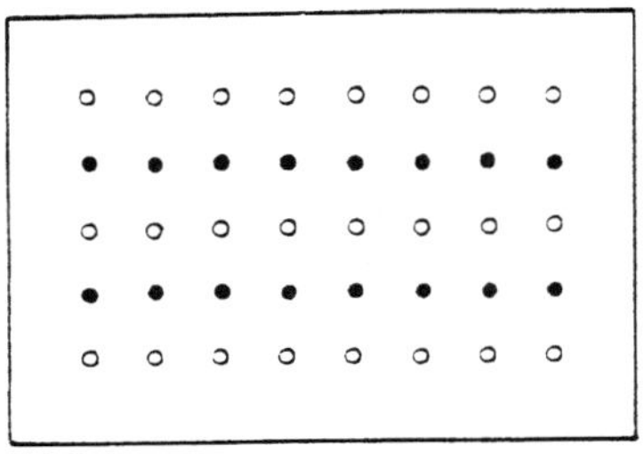

그림 2-21
연속성의 예(좌)

그림 2-22
완결성의 예(우)

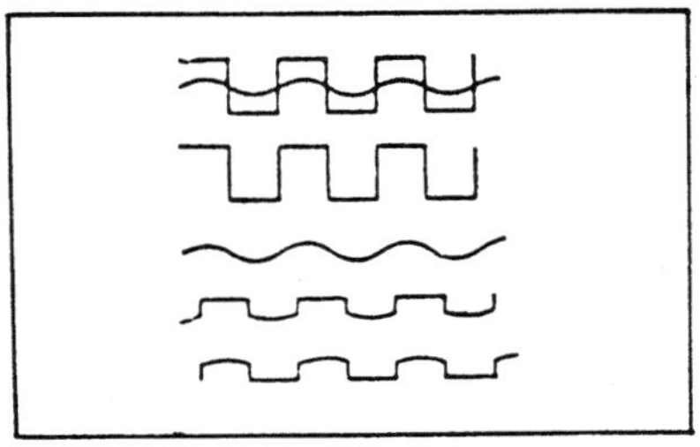

5) 공간지각

망막의 상은 좌 · 우 · 상 · 하의 2차원 정보만을 가지고 있지만, 현실지각에서는 공간이라는 하나의 차원이 더해서 지각되는데, 3차원 지각을 가능하게 하는 단서로서 단안단서(monocular cues)와 양안단서(binocular cues)가 있다.

(1) 단안단서

단안단서는 화가들이 거리감을 표시할 때 주로 사용하였는데, 회화에서 거리지각을 가능하게 하는 단서들은 겹침(superposition), 상대적 크기(relative size), 높이(height), 그리고 결(texture) 단서들이다.

① 겹침 단서 : 가려진 것은 먼 데 있는 것으로 보이고 가리고 있는 것은 가까이 보인다.

② 상대적 크기 단서 : 물체가 작을수록 더 멀리 떨어져 있다고 판단한다.

③ 수평면에서의 높이 단서 : 평면을 볼 때 멀리 떨어져 있는 물체들은 높은 곳에 위치해 있는 것으로 판단된다.

④ 결 단서 : 관찰자와의 거리에 따라 단위면적당 결이 판단된다. 가까운 곳은 결이 무성하지 않고, 거리가 멀수록 단위면적당 결

이 무성해진다.

(2) 양안단서

양안단서에는 양안부등 단서(binocular disparity), 이중 상(二重像), 수렴현상 등 3차원의 지각을 가능하게 하는 단서들이 있다.

① 양안부등 단서

두 눈이 어떤 대상을 바라 볼 경우 각각의 눈은 동일한 대상에 대해서 각각 다른 이미지를 갖게 된다는 것으로 공간의 거리지각의 단서가 된다.

② 이중 상

응시점에 따라 그보다 가까이 있는 것 또는 먼 곳에 있는 것은 망막에 이중 상을 맺는다. 즉 물건과 두 눈 사이에 손가락을 수직으로 세우면 손가락이 두 개로 보인다. 이러한 이중지각은 공간지각의 단서가 된다.

③ 수렴현상

시점을 고정하기 위하여 시점과 눈의 거리에 따라 두 눈이 한 곳에 모이는 현상이다. 물체가 가까이 있을수록 두 눈이 점점 서로를 향하게 되는데, 이것은 가능하면 각 눈이 망막의 중심부위에 물체의 상을 맺도록 하기 위해서 일어난다.

6) 운동지각

(1) 실제 운동지각

대상의 운동지각은 대상들 간의 관계에 의하여 결정되며, 우리는 이러한 대상들 중에서 큰 대상보다는 작은 대상이 움직이는 것으로 인식한다. 깁슨(Gibson)에 의하면 대상의 움직임에 대한 지각은 전경의 대상이 움직일 때 정지된 배경을 차례로 가리기 때문으로 가능한 것이라고 한다. 우리는 시각 정보를 통해 움직이는 것과 움직이지 않는 것을 구분할 수 있으나, 이는 시각정보에만 의존하는 것으로 부정확할 수도 있다. 따라서 물체의 운동에 대한 지각은 관찰자 자신에게 오는 정보, 대상 물체와 다른 물체 또는 배경들 간의 관계정보 등 여러 유형의 정보들이 종합되어 복잡한 판단과정을 거쳐 가능하다.

① 다람쥐 효과

배경에 따라 운동지각이 변하는데, 배경이 복잡하면 빠르게, 단순하면 느리게 움직이는 것처럼 지각되며, 또한 움직이는 물체가 작을수록 빨리 움직이는 것처럼 보인다. 이러한 현상을 다람쥐 효과라 한다.

② 운동의 잔상

움직이는 자극에 계속적으로 주목하면 운동의 잔상이 생기는데, 이는 실제 운동과는 반대방향으로 생긴다.

(2) 가현 운동지각

가현 운동지각은 지각의 항상성을 지나치게 고려한 착시현상과 유사한 것으로 실제로 움직일 때의 경험과 매우 유사한 지각표상을 경험한다는 것이다. 즉 일종의 운동착시인 가현 운동지각은 물체가 전혀 움직이지 않는데도 불구하고 움직임을 지각한 현상이다.

① 자동운동(autokinesis)

상대적인 위치를 확인할 참조준거(frame of reference)가 없기 때문에 발생하는 것으로, 캄캄한 방에서 조그만 불빛을 보면, 그 불빛은 정지된 것임에도 불구하고 움직이는 것처럼 보인다.

② 파이현상(phi phenomena)

고정된 위치에 있는 자극들이 시간적인 간격을 두고 제시될 때 일어나는 현상이다. 전광판을 예로 들면 시간적인 간격을 두고 교대로 불빛이 들어오면 우리의 지각은 그 자극들을 연속적으로 움직이는 것으로 받아들이기 때문에 운동지각이 경험되는 것이다.

③ 운동시차(parallax)

관찰자가 움직이면 가까운 것은 반대방향으로, 먼 것은 같은 방향으로 움직이는 것처럼 보인다. 타고 있는 기차가 움직일 때 가까운 산과 먼 산을 보면 이러한 현상이 나타난다.

④ 운동착각

서 있는 차 안에서 차가 반대방향으로 움직이면 자기가 탄 차가 움직이는 것 같은 착각을 한다. 또는 갑자기 밝아지거나 다른 지각단서가 없는 한 가까이 오는 것처럼 운동착각을 한다.

제3장 주거인간공학의 방법론

인간공학의 연구는 인간의 능력, 한계, 특성, 동기 등에 관한 정보에 기초하여 설계방향을 결정하고 여러 대안의 효과를 예측하는 것이다. 또한 인간공학의 연구에서는 사물이 의도한 목표대로 만족할 만하게 설계되었는지도 연구대상이 된다. 여기에는 많은 실험과 관찰을 필요로 하며, 어떤 연구에서든지 인간과 환경과의 관계에 있어 인간과 관련된 요소들을 수집하는 것이기 때문에 사용자의 개성별, 연령별, 성별, 인종별, 의욕도, 순응도 등의 항목을 고려해야 한다.

본장에서는 인간공학 연구방법으로 크게 세 가지, 즉 생리학적 연구방법(인체계측 및 생리학적 계측), 심리학적 연구방법(관능 검사), 작업평가 연구방법(작업 분석)으로 나누어서 살펴본다.

1. 생리학적 연구방법

인간공학의 연구목적은 사람의 입장에서 볼 때 피로가 적고 행동하기가 쉽고 실수할 확률이 낮으며 효율이 좋은 기계기구를 설계해야 하는 것이다. 이를 위해서는 가장 먼저 실행기관으로서 인간의 손발이 어느 정도의 크기인가, 또 인간에게 어떠한 부담을 주는가 등 조작에 따른 신체적 변화를 측정하여 객관적인 자료를 얻는 인체계측이 우선적 요소가 될 것이다.

본절에서는 생리학적 연구방법으로서 첫째, 인체의 물리적인 광폭을 측정하는 형태학적 측정법(morphological measurement), 둘째, 관절운동의 범위와 운동에 의한 치수변화 등의 기구운동학적 측정법(kinesiological measurement), 마지막으로 근력, 피로 등 신체의 생리적 변화를 측정하는 생리학적 측정법(physiological measurement)에 관해서 대표적인 것을 소개한다.

1) 인체의 형태학적 측정법

(1) 인체측정의 발전과정

인체의 형태학적 측정은 인간공학의 연구방법 중 가장 기초적인 것으로 인체계측(anthropometry)이라고도 하며, 생활공간의 설계뿐 아니라 인간이 조작하는 기계, 기구, 장치에 있어서도 기초적인 자료로 필요한 것이다. 이 때, 계측이란 측정에 의하여 얻어진 수치를 통계 처리하여 자료로 바꾸는 것을 의미한다.

예를 들어 사람이 기계를 조작할 때 손 또는 발을 사용하여 레버(lever)나 페달(pedal)을 조절하는 경우라면, 레버의 손잡이가 사람이 잡기 쉽게 되어 있는가, 페달의 위치가 발을 올려놓는 데 적당한가, 또 계기판은 눈(eye)의 범위내에 충분히 들어오는가 등이 문제가 된다. 또한 인체에 밀착하는 의복의 재단이나 의자 및 가구 등의 설계에 있어서는 관련하는 인체 각 부위의 물리적인 길이, 크기 등의 데이터가 준비되어야 한다. 즉 사람이 이용하기 쉬운 기구, 기계 등의 설계에는 인체계측이라는 기초적인 연구가 필요하게 될 것이다.

인체측정에 대한 최초의 기록으로는 약 14세 말경 마르코폴로가 자신의 여행을 통해 여러 종족과 민족의 다양한 체형에 관해 서술한 데서부터 시작한 것으로 간주된다. 그 후 19세기쯤 벨기에의 한 통계학자인 퀘틀렛(Quetelet)은 인체측정의 연구에서 얻은 데이터에 통계학적인 응용을 적용시켜 보았다.

이와 비슷한 때에 생체역학(Biomechanics)이라는 새로운 분야가 시작되면서 설계측면의 목적에서 볼 때 인간의 기능적인 역할을 위해 인체계측에 대한 데이터의 중요성이 더욱 강조된 계기가 되었다.

이러한 배경을 바탕으로 인체는 측정의 정확성을 위해 여러 부위별로 연구가 되었으며 인체의 골격을 측정의 기준으로 삼게 되었다. 인체측정의 기본이 된 것은 마르틴(R. Martin)의 저서이며, 현대에 들어서 발달된 통계적인 추론과 1980년대에 국제 표준기구(ISO)의 기술위원회의 표준화된 측정방법에 의해 더욱 정확한 측정 데이터를 얻을 수 있게 되었다. 그 후, 미국의 육군과 항공우주국(NASA)에서 컴퓨터 데이터를 이용한 응용 방법을 개발시켰으며 산업계에서도 많은 관심과 연구를 수행하였다.

(2) 인체측정 항목과 계측값

인체의 어느 부분을 잴 것인가는 그 이용목적이 무엇인가에 따라 달라지게 된다. 그러나 공통적인 측정항목을 정리하여 표준화하고자 하는 시도가 있어 왔다. 생체계측의 완전이라고도 할 수 있는 마르틴이 1928년에 쓴 《인류계측학》에서는 총 113항목을 설정하고 있다.

일본 인간공학회에서는 이 마르틴의 항목에 준거하면서 산업기계, 자동차, 항공기, 철도, 차량, 건축물, 가구, 작업영역 및 의복 등을 대상으로 한 공통 측정항목을 선정하여 1970년에 총 202개 항목의 표준화를 시도하였다. 최근에는 국제 표준화 기구의 인간공학전문위원회(ISO/TC-159)에서도 표준적 측정항목으로서 약 50항목을 제안하고 있다.

한편, 데이몬(A. Damon)은 인간공학적으로 한 집단을 설명하기 위해서는 키, 몸무게, 앉은 키, 엉덩이 끝에서 무릎까지의 길이, 엉덩이 끝에서 발바닥까지의 길이, 앉은 자세에서의 양팔꿈치 사이의 폭, 엉덩이 폭, 엉덩이 끝에서 뒷무릎까지의 길이, 무릎에서 발바닥까지의 길이 그리고 넓적다리를 허용높이 등 10개 부위에 관한 치수가 중요하다고 하였다. 이 부위들의 치수는 실내디자인 분야에 있어서도 마찬가지로 적용되는 중요한 부분이다.

그림 3-1은 건축가나 실내디자이너, 산업디자이너들에게 가장 중요한 측정부위이다. 일반적으로 디자이너에게 쓰이는 인체측정의 데이터는 드레이퍼스(Dreyfuss Henry)형의 그래픽 형태로 나타내거나 도표로서 나타낸다. 이 때 계측값은 평균값(M) 및 표준편차(SD)로 나타내며, 다른 방법으로는 최소값, 퍼센타일(Percentile Rank, 백분위, %-ile)값 등이 자주 사용된다. 또한 측정자 수, 표준오차 등도 명시해 놓을 필요가 있다. 인체계측 자료를 응용할 때 반드시 고려해야 하는 세 가지 항목은 최대 최소값, 조절범위, 평균값이다.

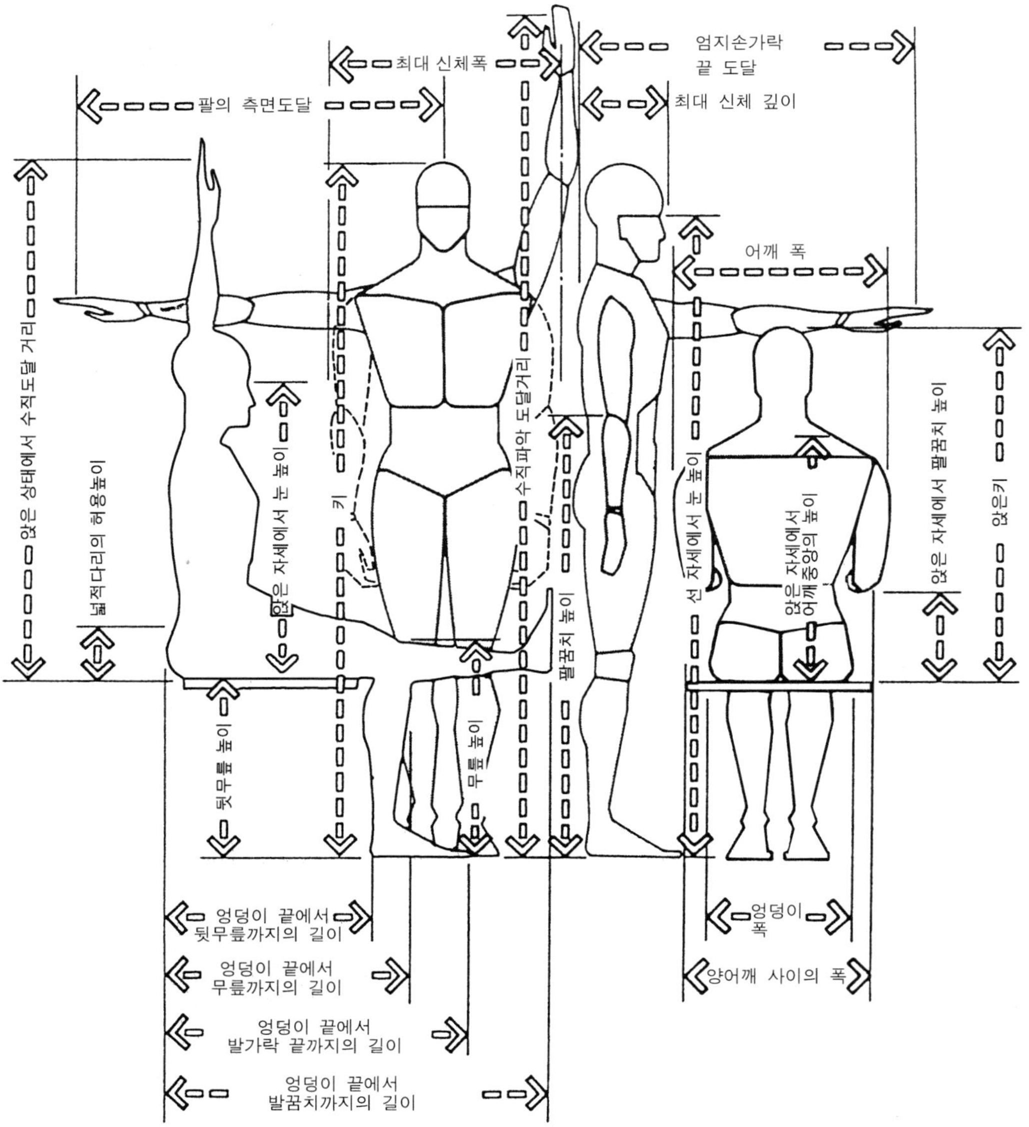

그림 3-1

주거인간공학에서의 중요한 인체측정 부위(23개 항목)

표 3-1
한국인의 성인(25-50세) 인체계측값

측정부위 (단위 : m)	남	여
키	170.2	158.0
몸무게	68.2	54.8
눈높이	158.1	147.4
팔꿈치 높이	104.3	97.5
앉은 키	92.1	86.6
앉은 눈높이	80.9	76.0
앉은 어깨 높이	60.1	56.8
어깨 너비	39.2	35.3
앉은 엉덩이 너비	34.9	33.9
앉은 팔꿈치 높이	26.9	27.1
앉은 넓적다리 두께	14.5	13.5
앉은 무릎 높이	50.5	46.6
앉은 오금 높이	40.7	38.2
앉은 엉덩이 오금 길이	46.8	44.8
앉은 엉덩이 무릎 길이	55.2	52.6
앉아 머리 위로 뻗은 손끝 높이	133.8	124.8
가슴 두께	22.0	21.9
몸통 너비	45.5	41.5

출처: 국립기술품질원, 국민표준체위조사보고서, 1997.

(3) 퍼센타일

대개의 인체측정 자료는 퍼센타일로 나타낸다. 퍼센타일이라는 것은 일정한 어떤 부위의 신체규격을 가진 사람들과 이보다 작은 사람들을 포함하는 백분율을 말한다. 신체부위 측정값은 100%를 최대 범주로 하여 최대와 최소의 퍼센트로 나타낸다. 예를 들면 신장에 있어서 변수구간의 1퍼센타일은 이를 제외한 나머지 99%의 다른 연구대상 구성원들의 신장이 이들보다 크다는 것을 의미한다. 마찬가지로 95퍼센타일은 이를 제외한 나머지 5%의 구성원들의 신장이 이들보다 크다는 것을 의미한다. 50퍼센타일은 어떤 집단내에서 상당히 근사한 평균값을 나타내는 것이나 어떤 상황에도 평균값을 가진 사람이 각 부위의 평균값을 가지고 있지는 않다.

일반적으로 도달을 문제점으로 한다면 5퍼센타일의 자료가 사용되어야 한다. 이는 팔의 도달거리가 짧은 사람에 주의를 기울여 디자인되었다면 팔의 도달거리가 긴 사람은 모두가 사용할 수 있기 때문이다. 반대로 디자인에 있어서 수용공간이 중요한 고려사항이라면 95퍼센타일이나 이보다 큰 값이 적용되어야 한다. 이는 만일 큰 사람들이 쓰기 편리하도록 디자인되었다면 이것은 작은 사람들을 포함한 모든 사람들에게 편리하게 적용할 수 있기 때문이다.

퍼센타일을 다룰 때는 두 개의 중요한 요인을 명심해야 한다. 첫째, 인체측정에서의 퍼센타일은 실제로 한 부위의 신체치수를 말한다는 사실이다. 둘째, 어떠한 사람이고 일정하게 95퍼센타일이나 90퍼센타일, 또는 50퍼센타일에 해당하지 않는다는 것이다.

(4) 측정자세와 기구

측정자세는 정적 측정(구조적 치수, 형태학적 측정, static measurement)과 동적 측정(기능적 치수, 생리학적 측정, dynamic measurement)으로 구분되어 지는데, 통상은 자연스럽게 선 자세 및 의자에 앉은 자세로 규제하여 측정한다. 자연스러운 자세라는 것은 눈과 귀를 수평으로 하고 등을 긴장하지 않은 상태에서 곧게 펴고 어깨의 힘을 빼고 상지는 자연스럽게 내려뜨린(선 자세의 경우) 상태를 말한다. 또한 측정은 나체 또는 준나체(속옷만 적용) 상태에서 실시되며, 나체를 기준으로 하여 여러 가지 의복 및 장착구를 착용하고 측정하여 필요로 하는 치수를 산출하는 경우도 있다.

정적 측정(표준자세에서 움직이지 않는 피측정자를 대상으로 측정)에서 특히 2점간의 투영거리 또는 신장을 재는 데는 마르틴식 측정기구를 사용한다. 이 기구는 신장계(身長計 : Anthropometer), 벌림컴퍼스(滑動計 : Sliding Caliper, 귀, 손이나 발과 같은 세밀한 측정에 사용하는 계측기), 캘리퍼스(觸覺計 : Spreading Caliper, 요철이 있는 것의 직각거리를 재는 계측기), 줄자(卷尺 : Measuring Tape) 등으로 구성되어 있다.

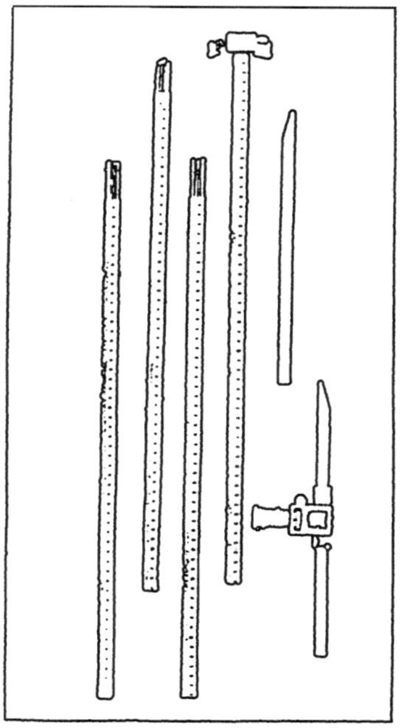
인체측정자

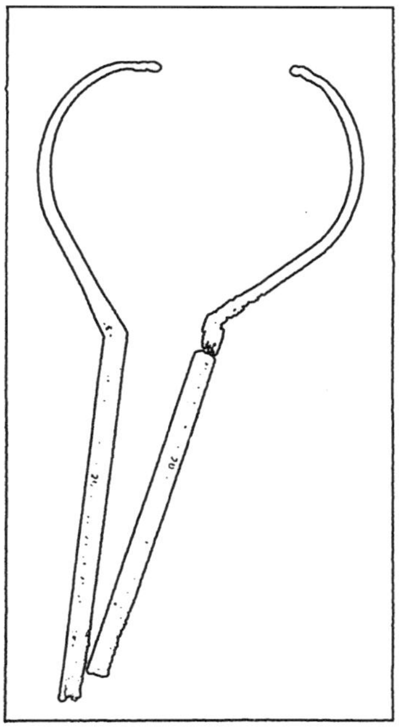
곡선형 인체측정자

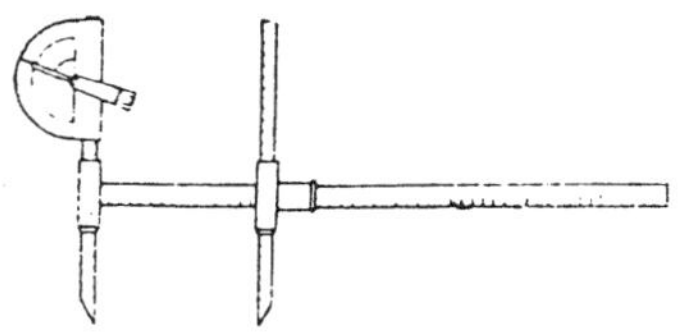
각도계를 장착한 간상계

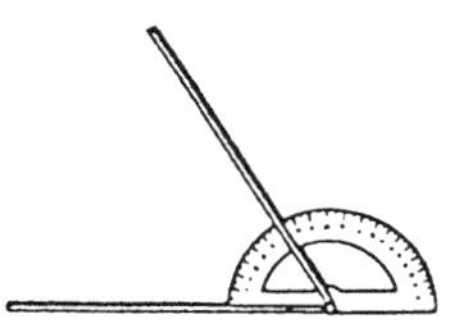
소각도계

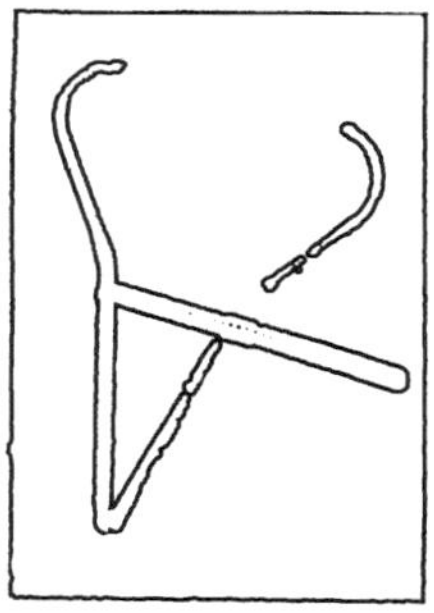
캘리퍼스(촉각계)

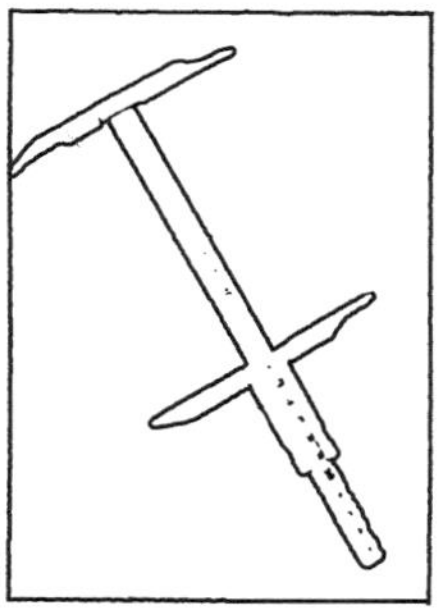
벌림 컴퍼스(활동계)

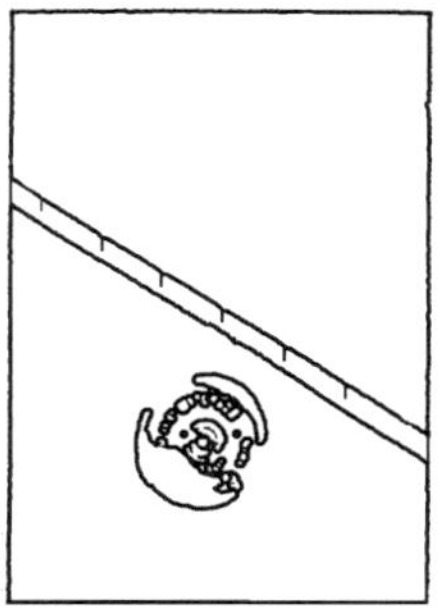
인체측정 테이프

그림 3-2
마르틴식 인체계측기

이밖에 스트레오 사진, 레이저 광선, 초음파 등을 이용한 측정 및 계측기술도 있어서 의복제조업 등에서 이용되고 있다. 그러나 이러한 것들은 계측점의 제한이라든가 경비가 많이 드는 제약이 있다.

인체계측값은 계측자의 기술 및 측정조건 또는 표본추출 수 등에 의하여 영향을 받게 된다. 또는 측정대상의 연령, 연대, 민족, 성별, 체육, 영양, 건강 등에 의하여 변동되거나 상이하게 된다는 것을 염두에 두어야 한다.

(5) 인체치수의 약산값

인체치수는 신장을 기준으로 해서 각 부위의 약산값(略算値)을 구할 수 있다. 그것은 신장과 인체 각 부위의 계측값이 거의 비례적인 관계가 있기 때문이다. 신장을 H로 나타낼 때 인체 각 부위의 약산값은 그림 3-3과 같다.

그림 3-3
인체 치수의 약산값

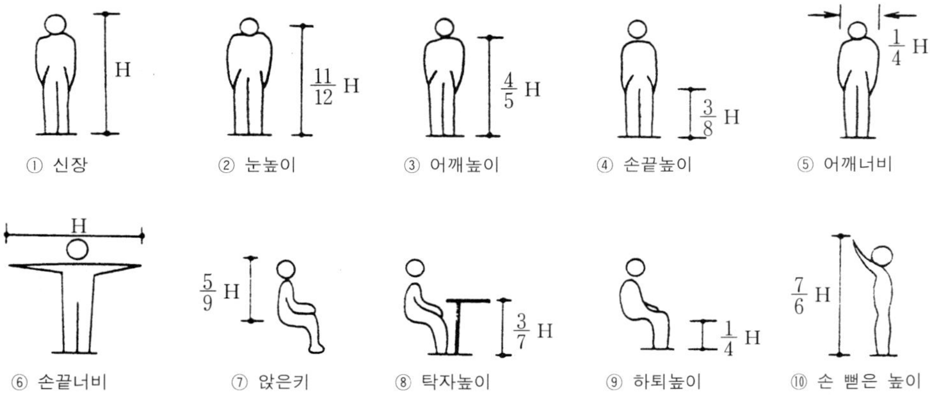

(6) 인체계측값을 이용할 때의 유의점

사람은 항상 움직이므로 여유있게 치수를 잡아 두어야 한다. 또한 평균값을 사용하면 대다수의 사람에게는 부적합하게 된다는 점에 유의해야 한다. 한편, 의자의 깊이, 기울기, 높이에 필요한 수치에 대해서 쿠션의 변형을 고려해야 하며, 신체 각 부의 너비 두께에 대해서는 체중과 거의 정비례하는 것으로 간주하면 된다. 키는 서 있을 경우 엎드리거나 드러누웠을 때보다 작고, 흉부의 너비는 서 있을 경우보다 의자에 앉았을 때가 약간 넓으며, 팔을 앞으로 뻗친 길이는 움직일 때가 정지했을 때보다 길다.

인체계측값을 실제 설계에 반영할 때에는 다음 사항들을 고려해야 한다.

① 설계의 초기단계부터 인적요인을 고려할 것.

기계 및 장치의 사양이 결정된 후에 작업공간이라든지 기기의 배치를 검토하는 식으로는 때가 너무 늦다.

② 집단의 특성을 파악하고 있을 것.

해당 장치라든가 도구가 누구에 의해 사용되어질 것인가를 말한다. 즉 민족, 지역, 성별, 연령 등의 특성을 파악함과 동시에 대상 모 집단을 대표하는 정확한 계측값을 사용해야 한다.

③ 작업특성을 파악할 것.

해당장치가 신체의 어느 부분을 사용해야 하며, 어떠한 작업을 하게 되는가를 파악해야 한다. 이러한 것을 토대로 필요한 신체부위의 치수를 기하학적으로 합성한다든지 하여 필요로 하는 치수를 얻는다. 또한, 작업을 할 때의 복장 및 장착구 등에 의한 변동요인도 파악해 둘 필요가 있다.

④ 치수의 적정범위를 명확히 해 둘 것.

특정 개인에 맞추는 것인지, 평균값과 표준편차로 결정할 것인지, 최대값 혹은 최소값으로 결정할 것인지 등의 모 집단의 포함범위라든가 크기의 구분을 명확히 해야 한다.

⑤ 기타

위에서 기술한 형태, 운동학적 측면 외에도 생리학적 평가도 할 필요가 있다. 예를 들면 의자를 설계할 때는 단순히 치수만을 산출해내는 데 그치기보다는 X선, 근전도, 체압분포, 피로의 자각증상과 같은 조사를 병행하는 것도 염두에 둘 필요가 있다.

2) 기구운동학적 측정

기구운동학적 측정이란 관절운동의 범위와 운동에 의한 치수변화 등을 측정하는 것이다. 인체의 관절을 움직이거나 회전하기 위한 동작의 정도는 개인의 신체와 환경에 큰 영향을 준다. 동작 경제의 법칙은 다음과 같다.

① 두 손의 운동을 동시에 개시하고 동시에 끝낼 것.
② 휴식시간 외에는 손을 놀리지 말 것.
③ 두 팔을 동시에 반대방향에서 대칭적으로 운동시킬 것.
④ 주어진 일을 할 때, 너무 세밀하게 일을 나누지 말고 필요한 최소량에서 멈출 것.
⑤ 발이나 몸의 다른 부분으로 하는 것이 좋은 일은 손으로 하지 말 것.

⑥ 동작범위를 최소로 할 것.

⑦ 방향이 갑자기 변하는 직선적인 동작은 피하고 연속된 곡선에 따라 부드럽게 동작할 것.

그림 3-4에서와 같은 머리운동은 시계(視界)를 증가시켜 준다. 그림 3-5의 경우는 몸을 앞으로 기울이면 기능적인 도달이 증가하는데, 이것은 무릎을 꿇거나 발가락 끝으로 서는 행위에서도 마찬가지이다. 디자이너는 이러한 관절운동에 대해 지식을 갖추어야 한다.

그림 3-4
머리의 움직임

그림 3-5
기능적 도달값

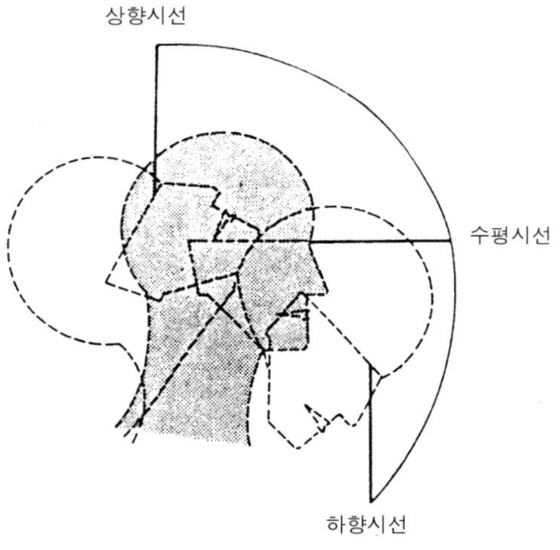

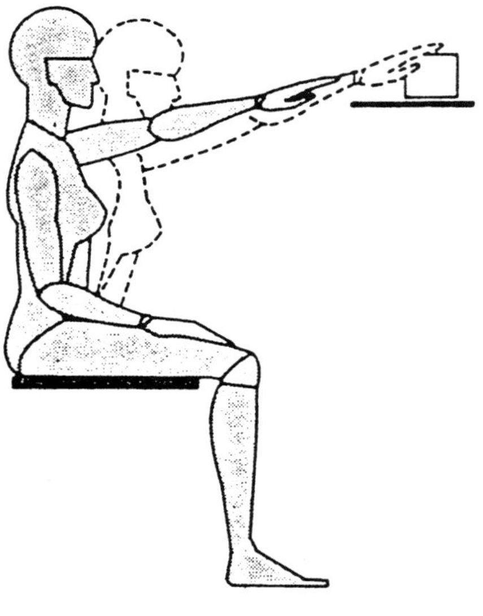

(1) 측정상의 기준과 측정기구

주어진 시간에 두 개의 동작으로 이루어진 각도나 한 동작과 수평 또는 수직으로 얻어지는 각도를 관절운동의 범위라고 한다. 최대 범위는 정상상태에서 뼈와 근육의 압축으로 가능한 두 개의 최대 동작에 의해 나온 각도이다.

일반적으로 움직일 수 있는 관절은 세 가지 유형으로 나누어진다. 첫째는 팔꿈치나 무릎관절과 같이 운동이 시작되는 위치로부터 한 평면으로 자유운동이 가능한 관절이다. 둘째는 기본자세에서 시작하여 두 평면으로 자유운동이 가능한 관절로서, 손목관절이 대표적인 예이다. 셋째 유형은 볼 소켓 관절이라 부르는데, 어깨나 엉덩이의 관절과 같이 입체운동이 가능한 관절이다.

관절운동의 측정기준은 크게 나누면, 신체부위 간에 형성되는 각도를 장축(長軸)을 따라 측정하는 경우(굴신), 장축을 회전 중심으로 하는 회전각을 측정하는 경우(회선), 그리고 신체부위가 수직면 또는 수평면과 이루는 각도를 측정하는 경우(내전, 외전)로 나눌 수 있으며, 디자이너가 관심을 가지는 관절운동의 유형은 굴절, 신장, 내전, 외전, 중앙회전, 측회전이다.

관절운동의 범위를 정확히 측정하는 방법과 기술은 다양해서 단순히 신근기에 의한 측정방법에서 복잡한 사진기술에 의한 방법까지 다양하며, 일반적으로 유연도 측정기, 고니오미터(Goniometer), 스트로보 카메라 (Strobo Camera) 또는 비디오 카메라 등이 사용된다.

측정상의 기준을 구체적으로 예시하면 다음과 같다.

① 굴곡(屈曲, flexion) : 관절을 몸쪽으로 구부리는 운동, 부위간의 각도 감소
② 신전(伸展, extension) : 굴곡된 관절을 펴주는 운동, 부위간의 각도 증가
③ 내선(內旋, medial rotation) : 몸의 중심선으로의 회전
④ 외선(外旋, lateral rotation) : 몸의 중심선으로부터의 회전
⑤ 내전(內轉, adduction) : 몸의 중심선으로의 이동
⑥ 외전(外轉, abduction) : 몸의 중심선으로부터의 이동
⑦ 상향(上向, supination) : 손바닥을 위로
⑧ 하향(下向, pronation) : 손바닥을 아래로

(2) 관절의 운동범위

그림 3-6에는 신체 각 부위별로 본 관절의 운동범위의 평균값을 나타내고 있다. 이것은 모두 단일 관절부에 관한 것이지만 실제 운동을 할 때는 2개 이상의 관절이 서로 연동해서 작용한다. 이 경우에도 관절의 운동범위는 개인차 및 훈련에 의하여 영향을 받기도 하며 의복이라든가 장구에 의한 영향을 받기 쉽다. 또한 그림 3-6은 나체시의 계측값이기 때문에 이용할 때는 다른 인체계측값과 마찬가지로 주의할 필요가 있다.

그림 3-6

관절의 운동범위

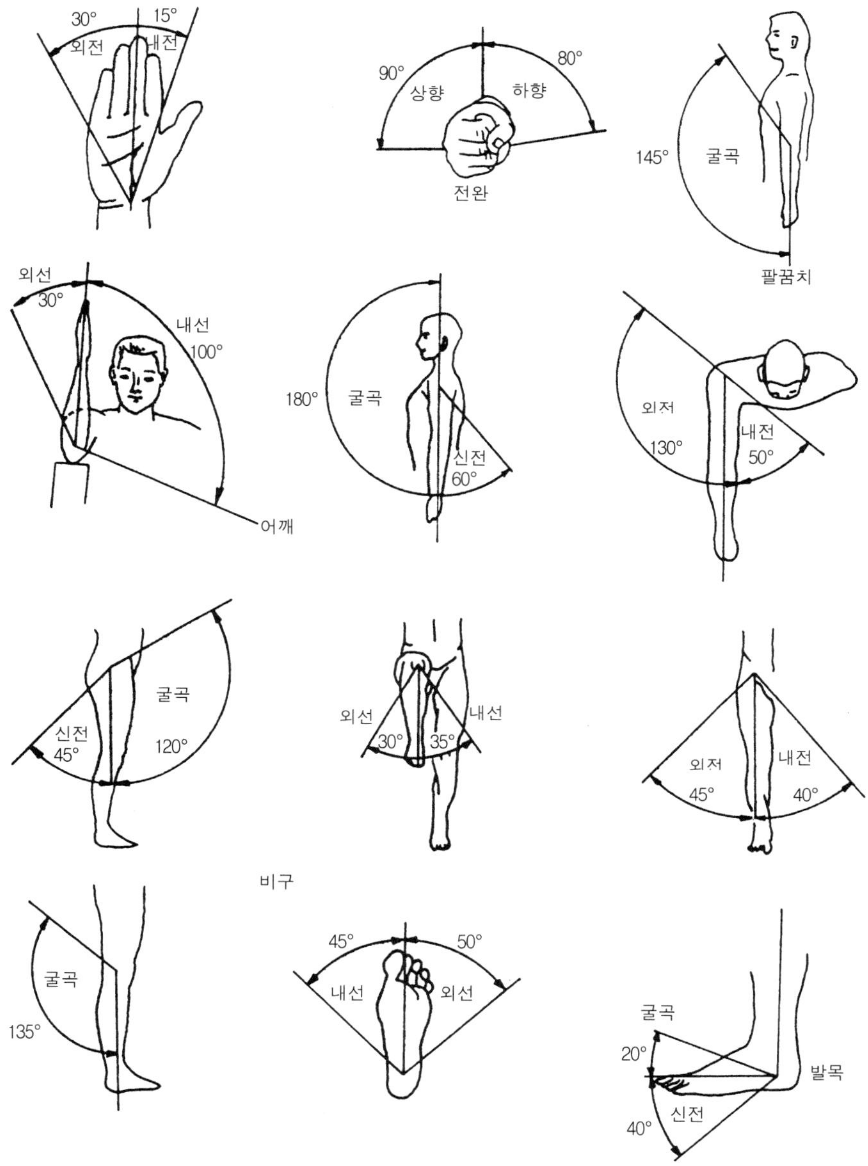

그림 3-7
팔다리 운동범위

(3) 인간의 동작과 자세

인간은 보통 인체를 가만히 정지시키지 않고 신체의 한 부분 또는 여러 부분을 움직여 동작함으로써 생활을 한다. 따라서 인간의 인체 구조적 특징과 더불어 동작시의 인체특징에 대하여 살펴보아야 한다.

신체부위의 운동형태는 다음의 여섯 가지가 있다.

① 기계 스위치 개폐나 자동차 브레이크 밟는 동작과 같은 위치동

작이 있다. 보통 손의 수평운동은 수직운동보다 빠르므로 스위치의 위치 선정시에 고려해야 한다.

② 자동차 핸들 조정이나 페인트 작업과 같은 연속동작이 있다. 연속적인 곡선운동은 방향을 바꾸는 운동보다 빠른 속도를 가진다.

③ 망치질과 같은 반복동작이 있다.

④ 타이핑이나 피아노 연주와 같은 계열동작이 있다.

⑤ 숙련된 동작방법이 필요한 조작동작이 있다. 예를 들어 속도계를 보고 과속을 인식하여 감속하는 동작이다.

⑥ 근육운동은 하지 않으나 어떤 일정한 시간내에 신체 일부를 어떤 상태로 유지해 두는 것으로 근육의 평형을 유지하는 동작인 정지조정 동작이 있다. 예를 들어 물체를 드는 것과 같은 동작이다.

이러한 운동형태는 이동시키는 하중에 대해 최대 속도는 반비례하며, 최대 속도에 이르는 데 필요한 시간은 하중에 비례하여 증가한다. 그러나 끝마치는 시간은 거리와 관계없이 거의 일정한 특성을 가지고 있다.

동작을 합리적으로 하기 위해서는 물리적으로는 부하를 적게 하고, 물체의 안정성을 유지한다. 그리고 충격력을 작게 하고, 접촉면적을 작게 하며 인체 표면에 가해지는 힘을 적게 한다. 또한 고유진동을 이용하는 것이 좋다. 생물학적으로는 필요출력에 따른 근력을 내고, 활동에 따라 에너지가 소모되어 피로증상이 나타나며, 물질의 분해 합성 과정의 부조화로 인해 피로가 생긴다는 것을 고려하는 것이 좋다.

일상생활에서의 자세는 서 있는 자세, 앉아 있는 자세, 누운 자세로 나눌 수 있다. 자세에 대하여 좀더 자세히 살펴보자.

그림 3-8

자세에 따른 에너지 소모 증가 비율

출처: 산업인간공학, 권영국, 형설출판사

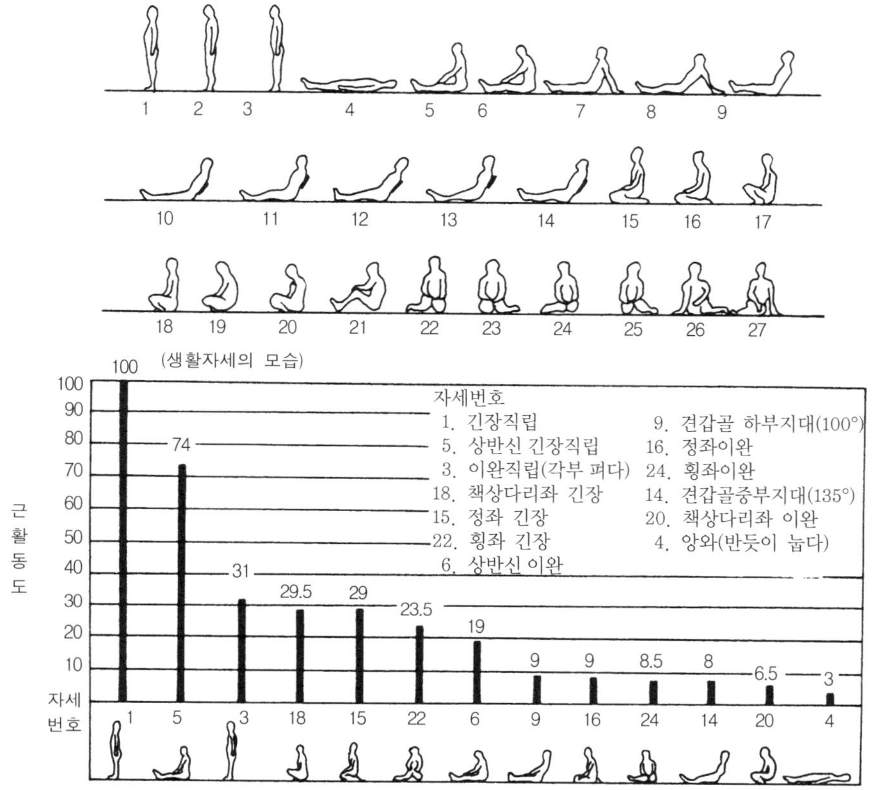

그림 3-9
각종 생활자세

① 서기

서고 앉고 눕는 것은 인간의 가장 기본자세이며 두 다리로 서는 것은 인간이 다른 동물과 다른 특징 중 하나이다. 인체의 중심은 신장을 100으로 할 때 56의 위치에 있다.

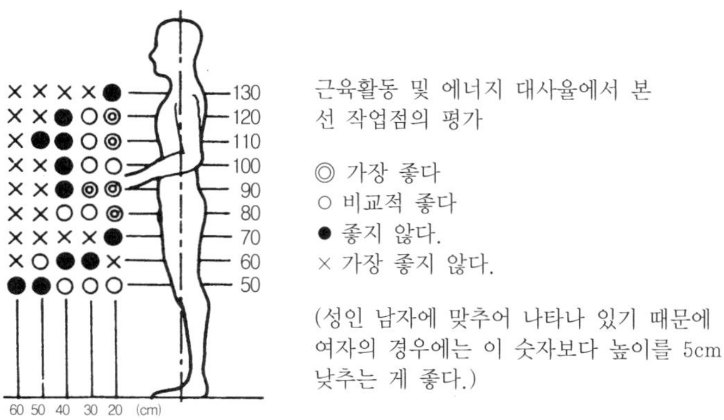

그림 3-10
서서 하는 작업점의 평가
출처 : 인간공학, 이근희, 상조사

② 앉기

인체는 앉으면 골반과 척추와의 관계상 그 자세를 유지하는 데 있어 무리가 간다. 이를 보조하는 도구가 의자이다. 앉기동작을 보조하는 도구인 의자는 좌면, 등받이, 다리상태, 팔걸이의 상호위치가 중요하다.

앉기동작은 바닥에 앉는 경우와 의자에 앉는 경우로 구분되며, 앉기에서 인체는 상체가 하체보다 중요하며 인체의 상체는 두부(頭部), 흉부(胸部), 골반(骨盤)의 3개의 블록과 그것을 연결하는 2개의 접합부위[경추(頸椎), 요추(腰椎)]로 되어 있다. 자세변화는 접합부분이

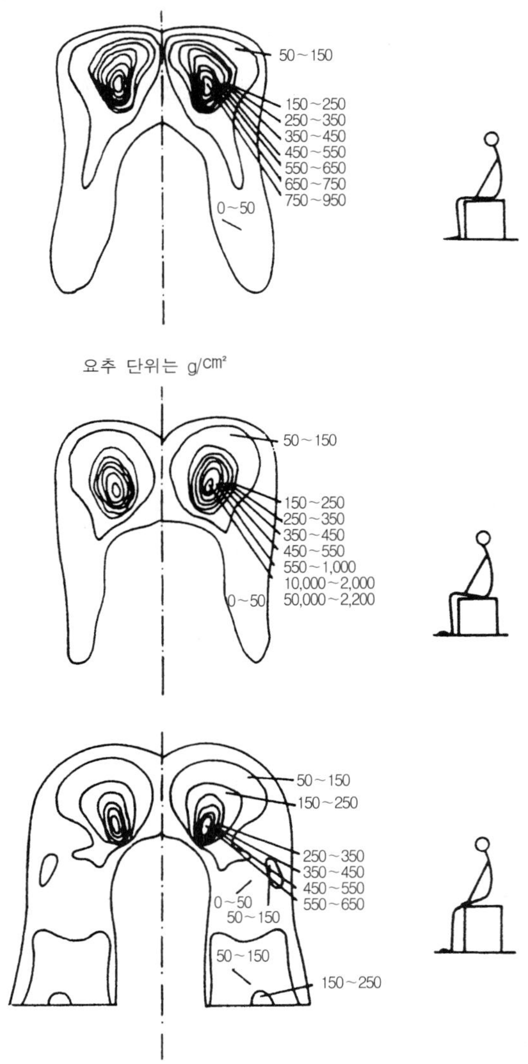

그림 3-11
좌면의 체압분포

움직이는 것이며 블록의 내부는 변형하지 않는데 상체를 지지하는데 가장 중요한 것은 요추의 상태이다.

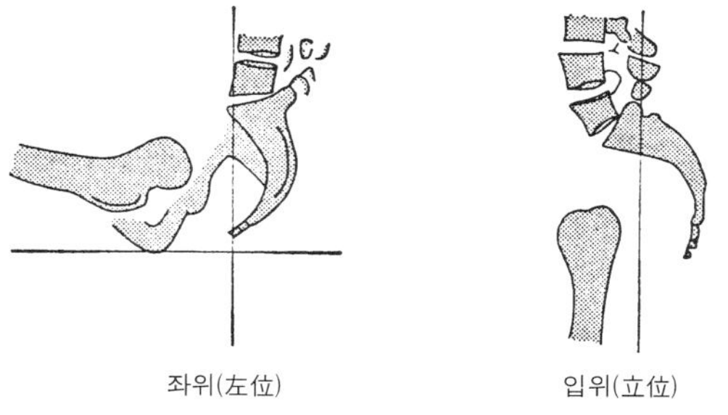

그림 3-12
자세와 골반

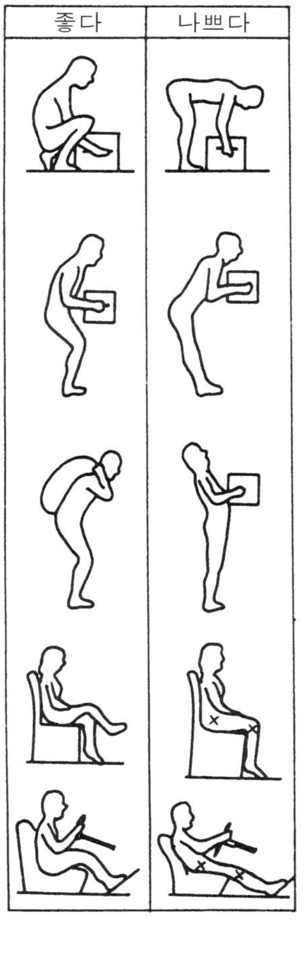

그림 3-13
좋은 자세와 나쁜 자세
출처 : 인간공학, 이근희, 상조사

③ 눕기

인체가 누운 자세는 직립상태를 그대로 옆으로 한 것이 아니다. 척추의 기본형은 S자형인데 인체 뒷면의 등에서 엉덩이를 잇는 직선에 대해 허리의 오목한 부분은 서 있을 경우 40~60mm 정도 되며, 누우면 이것이 20~30mm 정도 되고, 앉으면 10~15mm 정도 된다.

건강한 사람은 하룻밤에 20~40회 정도 뒤척이며 손발만의 움직임을 포함하면 50~60회 이상이 된다. 따라서 침구의 폭이 좁으면 불안하여 잠이 얕아지는데 최소한의 침구 폭은 70cm 정도이며, 보통은 어깨 폭의 2.5~3.0배가 필요하다.

수면시간과 작업능률과의 관계를 보면 8시간 수면이 가장 효율적이고 시간적으로는 오후 3~4시에 능률이 최고점에 달한다.

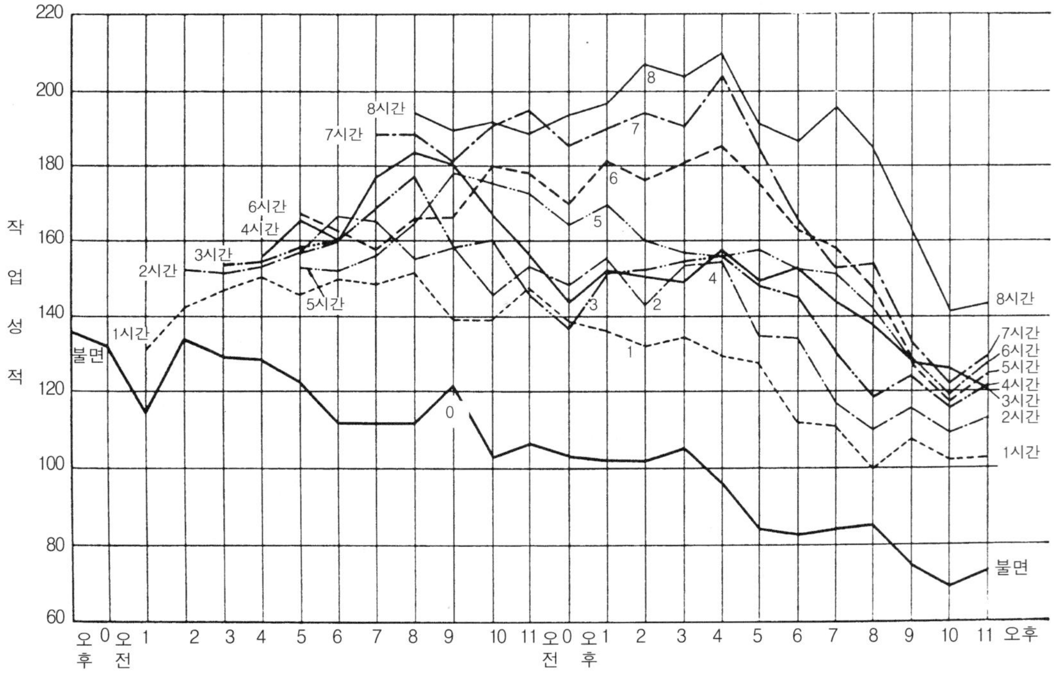

그림 3-15

수면시간에 따른 작업능률

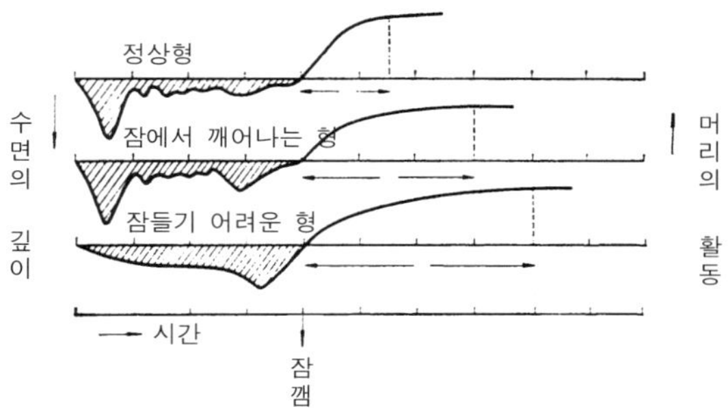

그림 3-14
수면의 형태와 피로의 회복

④ 걷기

인간의 동작 중 걷기동작은 생각보다 많다. 하지(下肢) 운동은 상지(上肢)에 비해 단순하여 하지의 역할은 몸을 운반하는 것에 한정되어 있고 발가락 운동에도 거의 관여하지 않는다.

보폭은 성별, 연령, 신장에 따라 다르며 바닥표면 상태에도 영향을 받는다. 보폭이 보통때보다 작으면 피로감을 느끼고 있다고 볼 수 있다. 보폭은 남자가 여자보다 크고 1보의 소요시간은 남자 0.48~0.55초, 여자 0.45~0.53초이다. 1분간의 보행 수는 남자보다 여자가 많은데 고무타일 바닥의 경우, 보폭과 보행 수는 남자 75cm, 132보, 여자 60cm, 136보이다. 인간의 보행감에 가장 좋은 바닥재는 목재이다. 또한 환경조건에 따라 보행속도가 달라진다

표 3-2
각 실에서의 보행횟수 (07~19시)

실명	보행횟수
욕실	20
거실	20~25
침실(2실의 경우)	20
침실1(3실의 경우)	20
침실2(3실의 경우)	15~20
부엌	60~70
현관	90~115
문밖	5~10

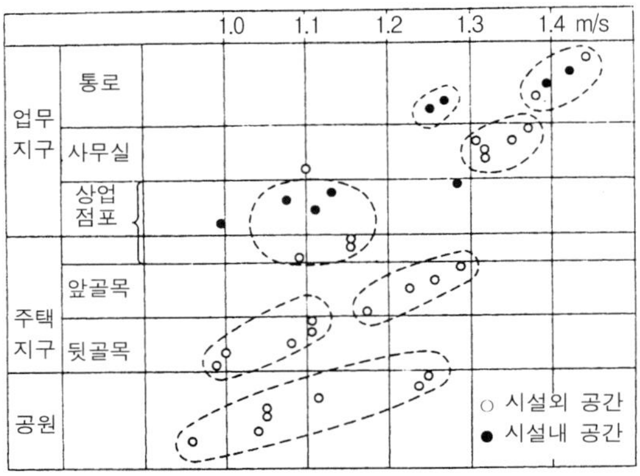

그림 3-16
환경조건과 보행속도

3) 생리학적 측정법

심신반응의 측정법에는 여러 가지 방법이 있다. 크게 나누면, 생리적 기능의 측정과 심리적 기능의 측정으로 나눌 수 있다.

표 3-3 심신반응 측정법

측정항목	측정법
내부환경	혈액(성분, 혈중 호르몬, 산소량, 혈액 수분량, 혈청 굴절률, 혈액 순환량, 적혈구 수, 혈침, 혈액비중), 체온, 뇨(양, 뇨중 대사물량), 땀(발한량 등) 등
근기능	근력(악력, 복근력 등), 근전도(강도별 빈도와 지속시간), Tapping ergography, 슬개건 반사, 체력 등
호흡기능	호흡 수, 호흡량과 그 시간경과, 호흡속도, 순간환기량, 호흡패턴, 숨을 멈춘 시간, 호기속의 산소, 이산화탄소 농도, 에너지 대사(요소작업 또는 1일 노동의 소비 칼로리) 등
순환기능	심박수(심전도, 맥박, R-R간격), 혈압(수축기, 확장기 혈압) 등
감각기능	시력(정지, 동체), 눈깜박임, 청력(순음 최소 가청력, 변별역치), 피부감각기능, 두 점간의 변별역치, 평형기능 등
정신 · 신경기능	반응시간(단순반응, 선택반응), 피부 전기반응 빈도(정신전류현상), 색명호칭, 체온(피부온, 직장온), 프리커치값, 뇌전위(뇌파), 안구운동, 크페린(가산작업), 이중과제 응답력(주의력, 집중력) 등
종합적 기능	자각피로 증상, 신체 동요도, TAF(집중 유지기능), 수진도(手震度), 오금둘레, C. C. NO Test 체중, 작업감각 등
다각적 기능	단위시간당 작업량, 작업빈도와 감도, 휴양효과 평가, 일반설문조사, 작업주기, 작업여유, 동작 Tracking, 표정, 태도, 자세, 작업의 질(성과분석, 작업오류 또는 불량의 빈도), 부차적 작업행동 등

표 3-3은 작업자의 심신반응을 인간공학적으로 평가할 때 사용되는 주된 측정법을 나타낸 것으로, 이외에 아직도 개발단계에 있는 평가법도 많다. 어느 측정법을 사용할 것인가에 대해서는 적용하는 평가목적이나 작업내용에 따라 적절한 선택을 하는 것이 필요하다.

인체의 생리적 변화를 알아보기 위해서는 표 3-4와 같은 항목을 체크해야 한다.

표 3-4
심신반응 항목

목표		항목
작업량의 크기		소비열량, 에너지 대사율, 맥박수, 호흡량, 산소소비량
근육활동의 유무		근전도(EMC)
긴장도		프리커치, 맥박수, 뇌파, 긴장계수
환경조건	고온	발한량
	저온	떨림
	명도	눈동자의 크기
	진동	시력, 맥박수, 호흡수
	소음	청력
	저압	맥박, 프리커치, 뇌파
	고압	맥박, 혈액산소 포화도
	동요	혈압, 자율신경 기능
	색채	파장별 감도 분포곡선, 뇌파
힘의 강도		조직력, 신체의 움직임, 근전도

(1) 근수축의 생리

사람의 운동은 근육의 수축양상에 크게 의존하는데, 그 수축양상에는 두 가지의 종류가 있다. 첫째는 등척성 수축(等尺性收縮, Isometric Contraction)이라고 불리는 것으로, 근의 길이가 일정한 상태에서 근의 수축이 일어나 근에 장력이 발생한다. 다음은 등장성 수축(等張性收縮, Isotonic Contraction)이라고 불리는 것으로, 근의 길이가 변하기 때문에 근의 장력이 일정하게 유지되는 것이다.

근력은 일반적으로 체력의 한 요소로서 측정되어지는 경우가 많다.

예를 들면, 악력이라든가 배근력 등이 그러한 것으로 이러한 것들은 스프링의 신장이라든가 스트로크가 적은 기구로 측정을 하게 된다. 왜냐 하면, 근력은 본래 등척성 수축을 할 때의 근의 장력을 측정하지 않으면 안 되기 때문이다. 즉 기구의 스프링의 신장이라든가 스트로크 등의 시간적, 공간적 요인이 가해지면 근력(f)에 속도(v)가 복합되어 힘(P : 일률)을 나타내게 된다.

$$P = f \cdot v = ma \cdot v$$

또한 힘은 일정시간(t)에 실시된 인(W)로 나타낼 수 있다.

$$P = \frac{W}{t}$$

그 외에 일(W)은 m이라고 하는 질량의 물체를 특정 높이(h)까지 들어올리는 경우도 있으며, 이 때의 일은 mgh가 된다.

$$W = \mathrm{mgh}$$

일의 단위는 다음과 같다.

① CGS 단위

$$1\mathrm{erg} = 1\mathrm{dyn} \times 1\mathrm{cm}$$

1dyn(1g의 물체를 매 초당 1cm의 가속을 발생시키는 힘)의 힘으로 물체를 힘의 방향으로 1cm 이동시켰을 경우의 일의 양 또는 107erg를 1줄 (J)이라고 부르는 경우도 있다.

② 중력단위

$$1\mathrm{kg} \cdot \mathrm{m} = 1\mathrm{kg}\text{중} \times 1\mathrm{m}$$

1kg 무게의 물체를 1m의 높이까지 끌어올리는 일의 양이다.

③ 공률(工率)

단위시간에 할 수 있는 일의 양을 의미하며 일반적으로 마력이나 와트(W)로 나타낸다.

$$1\text{마력} = 76.07\text{kg} \cdot \text{m/sec}(746\text{W})$$
$$1\text{W} = 10^7\text{erg/sec}$$

예를 들면 다음 그림은 근력과 힘과의 관계를 나타낸 것으로 양자간에 밀접한 상관관계가 있는 것을 알 수 있다.

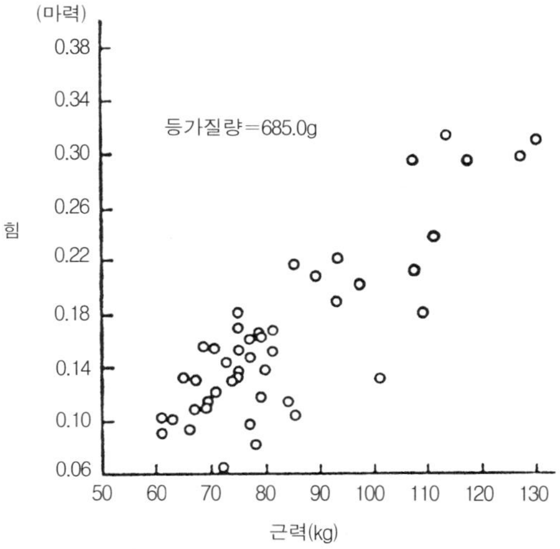

그림 3-17
근력과 힘의 관계

(2) 상지와 하지의 근력

상지 또는 하지에 의하여 발휘되는 근력은 몸의 축 또는 관절을 기준으로 하는 운동방향 및 운동양식에 따라 다르다. 그림 3-18은 상지 및 하지의 근력값을 예시한 것이다. 이는 힘의 방향, 힘의 크기, 힘의 작용점 등을 고려하여 작업기기의 설계 및 배치를 할 때에 참고가 된다.

일반적으로 근육의 절대적인 힘은 근육 단면적 1cm²당 4kg의 무게를 들 수 있으며, 앉아서 손을 내미는 힘은 잡아당기는 힘보다 크고, 팔꿈치의 각도가 150°에서 180°일 때 잡는 것의 높이가 좌면에서 20~25cm인 경우에 잡아당기는 힘이 최대가 된다. 또한 짐을 들어올리는 경우, 바닥에서 40cm의 높이에 손잡이가 있다면 가장 큰 힘을 낼 수 있다.

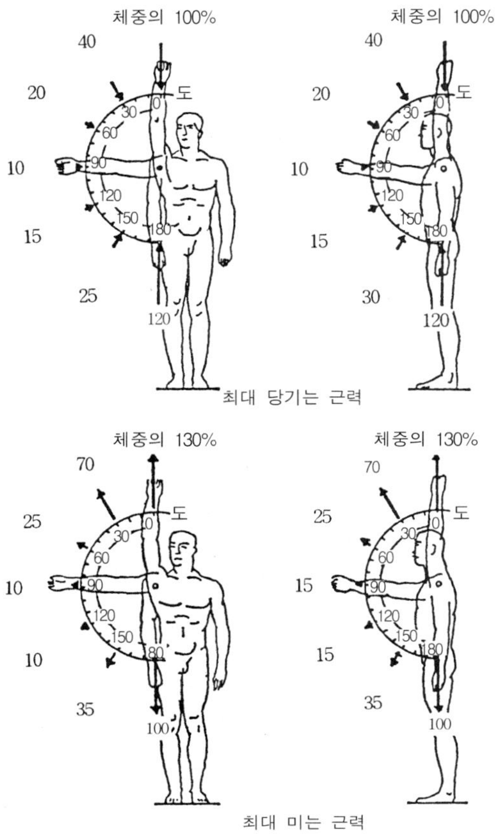

(a) 상지의 당기고 미는 최대 근력

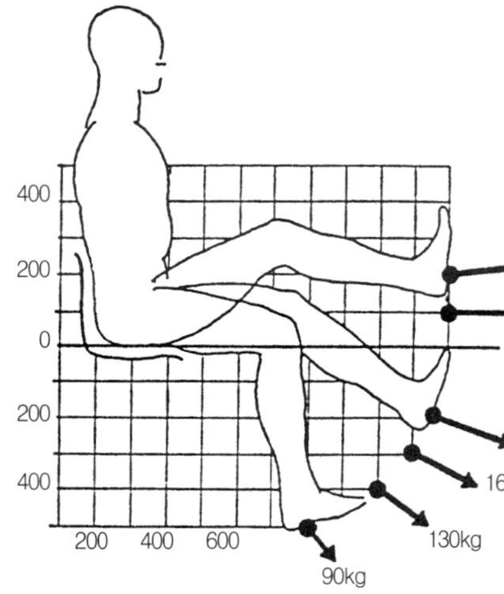

(b) 하지에 의한 최대 답력

그림 3-18
상지와 하지의 최대 근력

(3) 작업에 의한 피로

인간공학 분야에서는 작업자의 생체에 일어나는 각종 부담을 명확히 한다. 이는 인간이 갖고 있는 능력의 한계를 설정하기도 하고, 작업에서 오는 스트레스의 경감이나 피로의 경감과 더불어, 인간-환경 시스템의 최적화를 도모하는 데 있다. 최근 기기의 진보 및 개량에 따른 작업의 자동화나 기계화를 산업의 모든 분야에서 볼 수 있지만 이것은 종래와는 다른 정보처리 능력이라든가 인체 부담을 작업자에게 부과하고 있다. 피로라는 것은 학자에 따라 여러 가지로 정의하고 있으나, 요약하면 작업에 의하여 생체에 일어나는 부담이라 할 수 있다. 피로의 주된 원인을 들면 작업내용에서 유래하는 것, 발생하여 존속되는 시간에서 유래하는 것, 발생방식에서 유래하는 것 등이 있다.

피로의 형태로는 우선 신체적 증상으로서, 어깨가 결린다든지 머리가 무겁게 느껴진다든지 혹은 권태감 및 탈력감 등으로 나타나고, 심적 증상으로는 머리가 멍해진다거나 안절부절하거나 졸린다든지 하는 것 등이 있으며, 또 신경감각적 증상으로는 눈의 피로 및 현기증, 손발이 떨린다든지 하는 등의 증상이 있다.

최근에는 산업의 기계화, 자동화로 인하여 작업의 특성이 근육적인 것보다 정신적인 것으로 변하고 있으므로, 정신적 긴장의 장시간에 걸친 지속이나 기계화에 의한 작업속도의 타율화, 작업의 세분화 및 정밀화는 스트레스라는 형태로 작업자의 심신기능에 마이너스의 영향을 주는 경우도 많다.

피로는 생리 · 심리학적인 현상의 일부로, 이것이 충분히 회복되지 않은 채로 점차로 축적되어지면 신체적, 정신적으로 큰 부하가 되어 체력의 소모 및 노화의 촉진, 병, 노이로제 등의 증상으로 나타나 작업자의 작업확률의 저하로 이어진다. 일반적으로 작업단위의 피로는 생산고의 저하 및 불량품의 증가 등으로 나타내며, 이 외에도 간접적으로는 사고의 증가, 이직자의 증가, 발병률의 증가현상도 피로의 지표가 될 수 있다.

(4) 생리학적 측정의 중요항목

① 심박수(heart rate : HR)

심박수는 심장이 고동을 치는 속도를 말하며, 이것이 동맥관의 맥동으로서 전신에 퍼진 것을 맥박수(pulse rate)라고 하며, 심장의 매분당 고동수를 심박수라고 부르고 있다. 심박수를 도출하는 방법으로는 일반적으로 동맥의 박동을 세는 방법, 심전계 등을 이용하여 흉부유도에 의해 유선이나 무선으로 심전도(electro-cardio-graph : ECG)를 기록하여 시계열적으로 산출하는 방법(그림 3-18) 등이 있다.

심박수에 의한 평가는 단위시간당의 평균 및 편차, 나아가서는 심박의 1박동(R파) 간의 간격(그림 3-19)을 1분당 심박수로 환산하여 순간심박수로서 작업특성 및 작업동작특성과 대비시켜 가며 하는 것이 보통이다. 심박수를 기록할 때는 작업 전후에 적어도 1~3분간의 안정을 취하게 하여 안정시의 심박수를 계측하는 것은 매우 중요하다. 심박은 개인차나 시각차 등과 같은 여러 가지 요인의 영향을 받기 쉬우므로 측정 목적 이외의 효과를 가능한 한 소거할 수 있도록 실험계획을 세울 필요가 있다. 건강한 성인의 심박수는 50~90bit/min이며, 일반적으로 성별에 의한 차라든가 연령차가 있으며, 어린 아이라든가 여성은 높은 편이고, 노인이나 남성은 낮은 편이다.

그림 3-19
심전도

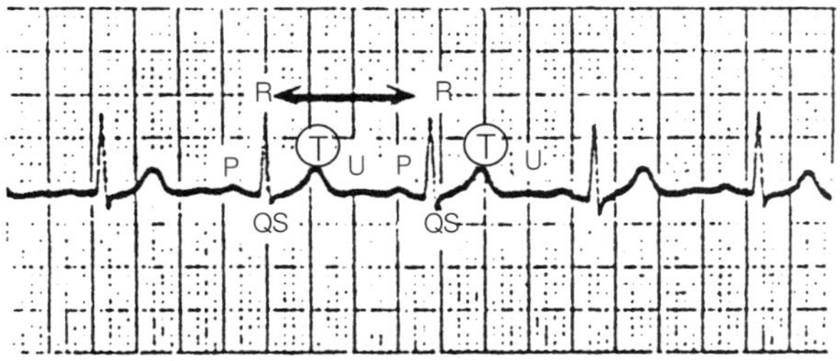

P : 심방의 흥분, QRS : 심실의 흥분 개시,
T : 심실의 흥분종료(회복기)

그림 3-20
심신반응 계측사례

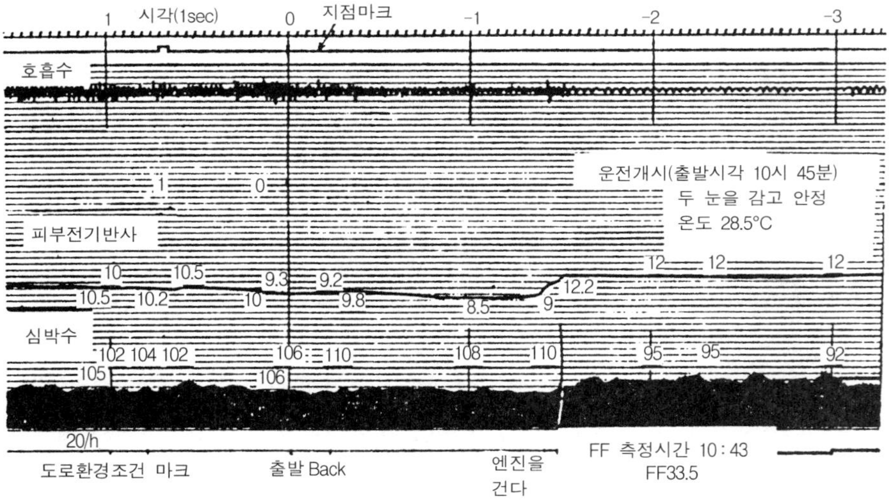

② 호흡수(respiration rate : RR)

호흡은 폐내의 공기를 외부의 공기와 교환하는 폐포세포를 통하여 혈액 속에 산소를 집어넣고, 혈액으로부터 탄산가스를 배출하는 것이 목적이다. 호흡리듬은 연수의 호흡중추에 의해 자동적으로 제어[불수의(不隨意)지배]되고 있으며, 동시에 자율경중추의 지배도 받고 있으므로 놀라거나, 긴장하거나 하면 숨을 일시적으로 멈추거나, 반대로 짧게 많이 하거나 하는 반응이 나타난다.

일반적으로 근작업에 의하여 산소흡입을 위한 요구가 증가하면 깊은 호흡과 빠른 호흡리듬이 출현하여 환기량이 증가함으로써 혈액 속의 가스교환을 왕성하게 한다. 따라서 호흡량의 증대는 근육의 에너지 전환의 크기를 의미하며, 근작업의 강도를 대표하는 하나의 지표로도 된다. 또 정동성의 반응이 나타나기 위한 정신긴장 강도를 평가하는 지표의 하나이기도 하다.

호흡운동의 기록법으로서는 공기전도법 및 서미스터 호흡센서를 이용하여 호흡시의 온도변화를 전기적으로 파악하는 방법이 있으므로 작업환경에 적합한 측정법을 이용하는 것이 바람직하다. 호흡수 변동에 관한 주된 특징으로는 다음과 같은 것이 있다.

· 성인의 안정시 호흡수는 16~20회/분으로 개인차가 크다.

· 연령차가 있다.

· 적응의 상한은 45회/분 정도로 여겨지고 있다.

· 정신적 자극이나 정동변화에 의해 리듬이 간단히 변해 버리며, 긴장을 하면 일시적으로 호흡이 억제되는데, 장시간 계속되면 긴장도에 따라 호흡수는 증가한다.

③ 근전도(electromygram : EMG)

근전도란 근육에서 발생하는 활동전위를 나타낸 것으로 근육의 수축에 의해 발생하는 전기현상을 말한다. 근전도는 운동뉴런의 활동과 잘 일치하므로 작업자세나 행동이 근육에 얼마나 부담이 되는지를 파악하는 데 유용하게 사용된다.

근전도는 동심형의 피하주사침이나 안마침 1개 또는 2개를 근육내에 직접 봉입(封入)하거나 와이어 전극을 찔러 꽂아 단극도출 또는 쌍극도출에 의해 근전도를 구하는 방법과 컵 모양의 은판 전극 2개를 근선유 방향으로 약 3cm 간격으로 붙인 뒤에 증폭기에 의해 표면근전도를 구하는 두 가지 방법이 있다. 표면근전도는 근전도의 진폭의 대소로 근 부담을 추정하는 방법과 근전도를 시간적분하여 단위시간당 변화한 값을 비교하는 방법 등이 있다.

그림 3-21
근전도(체간 직립근)

④ 프리커치(critical flicker fusion : CFF)

빛을 점멸시켜 그것이 연속된 빛으로 보이는지의 경계에 있는 역치를, 그 점멸횟수로 나타내어 이것을 프리커치라고 한다. 프리커치는 원래 시각연구의 한 분야에서 실시되어 망막의 활동상태를 나타내는 지표라고 여겨져 왔다. 현재에는 이 값은 망막으로부터 시신경을 통하여 시각중추에 이르기까지의 시각에 관계하는 모든 기능의 흥분성을 나타내는 것이라고 여겨지고 있으며, 대뇌기능의 흥분성 및 긴장도를 표현하는 지표의 하나로서, 그 변화를 중추피로의 판정에 이용하고 있다. 지금까지의 연구결과에 의하여 근적 작업 및 심적 작업에 의한 영향도 정도 높게 출현하므로 신체 부담도와 정신집중도 등의 정도를 평가하는 데 폭넓게 이용되고 있다.

프리커치가 높다는 것은 그만큼 변별(辨別)을 잘 할 수 있는 것을 나타내며, 같은 생리적 조건 하에서의 프리커치의 고저는 대뇌피질 활동의 수준과 대응하고 있는 것으로 알려져 있다.

이처럼 대뇌피질의 통합적인 기능의 하나로 볼 수 있는 프리커치는 작업 초기에는 신경적인 부담, 혹은 긴장의 적부를 판단하는 지표로서 유용하며, 작업이 길어지면 작업자의 적응력이 낮아져 피로에 의한 부정적인 효과가 프리커치의 저하라는 형태로 나타나기 때문에 생리적 부담의 평가척도로서, 또는 피로의 판정지표로도 이용되고 있다.

프리커치의 변동요인으로서는 연령, 성, 건강도, 숙련도 등의 개인차 요인, 휴식, 음주, 목욕, 수면 등의 생활조건, 온도, 조도, 소음 등의 환경조건, 작업강도, 작업 지속시간, 작업속도, 일간(日間) 및 주간(週間)변동 등의 작업조건, 작업에 대한 의욕 및 싫증 등의 심리적 조건 등을 들 수 있다. 판정은 작업 전후의 값이 일간 및 주간에 어느 정도 저하하는가 하는 저하율(%)을 이용하여 하게 되며, 그 판정기준은 표 3-5와 같다. 일간 및 주간 저하율을 구하는 식은 다음과 같다.

$$\text{일간 저하율} = \frac{\text{제1작업일의 작업전 값}}{\text{제1작업일의 작업후 값}} \times 100 - 100(\%)$$

$$\text{주간 저하율} = \frac{\text{제1작업일의 작업전 값}}{\text{휴일 전일의 작업전 값}} \times 100 - 100(\%)$$

프리커치 측정을 할 때에는 될 수 있는 한 단시간에 또한 작업 직후에 측정을 하도록 하는 것이 필요하며, 점멸의 판단기준이 어려우므로 익숙하게 될 때까지 연습을 시킬 필요가 있다. 또 신체운동에 의해 프리커치는 높아지므로 작업장소부터 피실험자를 이동시키거나 작업자세를 현저하게 바꾸지 않도록 하는 등의 주의를 요한다.

표 3-5 프리커치 판정기준

구분	육체노동 저하율(%) (에너지 대사가 크다)		정신노동과 육체노동 저하율(%) (에너지 대사가 적다)	
	하루 중	주간	하루 중	주간
인간이 좋아하는 한계	−10	− 3	− 5	− 3
인간노동의 가능한계	−20	−13	−10	−13

⑤ 뇌파(electroencephalograph : EEG)

뇌파는 주파수와 진폭에 의해 5종류의 파형으로 구분된다. α파는 8~13Hz의 파로 눈을 감고 광 자극을 차단하거나 정신적으로 차분한 안정상태일 때 현저하게 나타난다. 후두부나 두정부에서 특히 잘 나타나며 30~50㎶의 진폭이 큰 규칙적인 리듬을 보인다. α파는 주의집중이나 감각자극에 의해서 차단(α blocking)되므로 α파의 출현율이 적을수록 그 사람의 의식수준이 높다고 판단한다.

β파는 광 자극을 주거나 무언가에 주의를 집중하거나 하면 정신활동이 활발해지면서 나타나는 뇌파이다. 13~30Hz의 빠르고 진폭이 작다. β파가 나타난 상태를 각성형(arousal pattern)이라고 한다.

θ파 이하는 서파(徐波)라고 한다. θ파는 4~8Hz의 파로 수면 초기 및 졸 때에 나타나며, 깊이 잠이 들었을 때에는 1~3Hz의 느린 δ파가 많아진다. θ파가 많아진 상태는 생체계에 있어 물질대사가 저하한 것을 뜻한다.

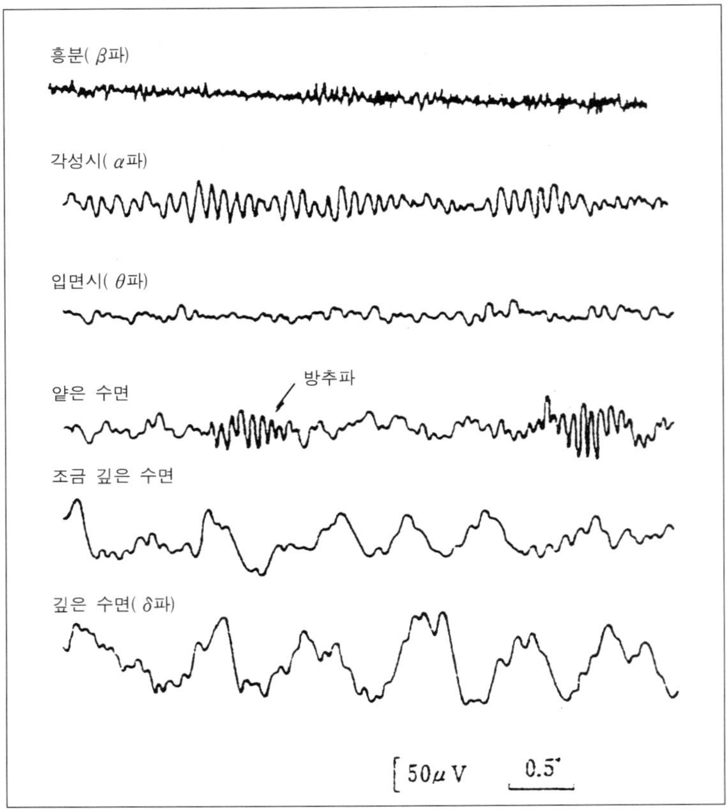

그림 3-22
인간의 뇌파

⑥ 피부전기반사(galvanic skin response : GSR)

손바닥이나 손가락 가운데에 전극을 부착시키고 피부를 회로로 하여 약한 전류(3∼6V)를 통하게 한 후 동작을 시키면 조금 놀라거나 긴장하는 것에 의해 일시적으로 전류의 흐름이 좋아진다. 이 반사를 피부전기반사, 또는 정신전류반응이라고 한다. 이는 정신흥분에 의해 땀이 나서 일시적으로 전기의 흐름이 좋아져 외관상 피부상의 전기저항값이 내려가기 때문이다.

측정법은 전류를 통하지 않고 전극부의 전위변화를 직접 증폭하여 기록하는 전위법과 전기를 통한 통전법이 있다.

2. 심리학적 연구방법

인간공학의 목적은 인간의 심리적, 생리적 특성에 적합한 기계 및 환경을 제공하는데 있다. 따라서 인간-기계-환경이 인간의 특성에 적합한가를 알아내야 하는데 여기에는 앞에서 언급된 인체계측이나 운동역학적인 측정과 같은 기초연구 외에 또 기계를 감시하는 경우 그 기기의 표시치를 읽어내기가 쉬운가, 청각신호가 명료하게 들리는가 등에 관한 지각적인 문제들도 포함하여 임해야 하며, 환경의 측면에서는 기계가 놓인 환경이 인간에게 쾌적한 환경인가, 즉 온도와 습도가 알맞은가, 계기판에 비치는 조명은 어떠한가, 청각신호를 받아들이는 데 방해가 되는 잡음들은 어느 정도인가에 관한 문제들도 검토해야 한다. 이러한 신호감지나 환경의 쾌적성을 측정하기 위한 심리학적 측정법으로 길포드(Guilford J. P.)는 자극의 물리량을 중심으로 감각의 자극역, 판별력 등과 같은 여러 종류의 역치(threshold)를 측정하는 정신물리학적 분류법, 미적 감각, 태도, 기호 등과 같은 정성적 요인을 측정하는 평정법(評定法), 인간의 성격이나 능력, 적성 등을 측정하는 테스트법(정신검사)의 세 가지로 분류하고 있으나, 본절에서는 주로 정신물리학적 측정법을 설명하도록 한다.

1) 측정대상

약 100년 전 페히너(Fechner)는 감각의 크기는 자극의 강도에 대수관계로 비례한다는 법칙을 알아내고 정신계와 물리계의 관계를 규명하는 데 역점을 두어 연구를 하면서 정신물리학(psychophysics)이라는 독특한 학문을 만들어냈다. 페히너가 개발한 몇 가지 방법들은 그 후 개량되어 감각에 관한 연구에 널리 사용되어 정신물리학적 측정법이란 것으로 정착되었다.

(1) 자극역

자극역(刺戟閾, stimulus threshold)이란 감각을 느끼게 되는 경계치상의 자극강도를 의미한다. 즉 자극역보다 큰 자극은 보인다, 들린다, 움직인다 등과 같이 인간이 무엇인가 감각할 수 있는 강도의 자극이며 자극역보다 약한 자극은 인간에게 아무런 감각도 일으키지 못하는 강도의 자극이다. 이러한 자극강도의 경계값인 역치는 자극의 종류마다 특정의 절대치가 있는 것이 아니며, 역치를 구하는 방법에 의해서 또는 개인간의 차이에 의해서도 상당한 차이가 생기게 된다. 또 같은 개인에게 있어서도 실험할 때 피실험자의 태도에 의해서도 큰 차이가 있게 된다.

따라서 역치는 평균치, 중앙치 등 통계적 대표치로 표시하게 된다. 그러므로 인간공학적 의미에서의 역치는 레이더 스크린에 나타나는 표적의 밝은 정도, TV 화면의 흠 또는 음향기기의 잡음은 어느 정도 이상일 때 인간이 감지할 수 있는가 등에 관해 흥미를 갖게 된다.

(2) 변별역

변별역(辨別閾, difference threshold, difference limen)이란 자극 사이의 차이를 알 수 있는 것과 알 수 없는 것의 경계에 있는 자극변화량을 의미한다. 자극의 차이가 아주 작다면 우리는 그 차이를 느낄 수 없을 것이다. 예를 들면 100g의 무게와 101g의 무게를 비교하고자 하더라도 어느 쪽이 더 무거운지는 분간할 수 없을 것이다. 그러므로 어느 정도의 자극이 더 가해졌을 경우 이를 감지할 수 있는가의 문제는 중요한 의미가 있다. 인간공학의 입장에서 보면 라디오, TV, 전축, 전화 등 전파전송 매개체의 충실도에 대한 문제가 있다. 예를 들어 라디오를 통해 음성을 듣게 되면 아무래도 실제 육성과는 차이가 있을 것이다. 이 경우 라디오의 주파수 특성이나 왜곡률 등 물리적 특성이 우수하다면 육성과 차이를 구별하기 힘들 정도로 좋은 음질을 제공할 수 있지만 이럴 경우 경제적인 문제가 뒤따른다. 그러므로 여러 육성이나 소리의 차이를 쉽게 구별할 수 있을 정도로 설계를 한다면 만족할 음질의 경제적인 라디오를 만들 수 있을 것이다.

변별역은 DL이라고도 하며 두 개의 자극을 비교할 때 표준자극 강도를 S, 이 자극간의 변별역은 ΔS라 할 때 $\Delta S/S=C$(일정한 값)이라는 법칙이 있다. 이를 웨버(Weber)의 법칙이라 한다. 여기서 $\Delta S/S$의 비율을 웨버 비율이라고 부르며 감각의 차원, 자극의 수준, 관찰 조건 등의 여러 조건에 따라 규정되는 변수로서 취급되고 있다. 이 비율이 적을수록 감각이 예민한 것을 나타낸다.

(3) 주관적 등가치

성질을 달리하는 두 가지 자극이 어떤 특정된 속성에 관해서 균등하다고 감지할 수 있는 값을 말한다. 물론 같은 성질의 자극에 관해서 주관적 등가치를 구해도 상관은 없다. 예를 들어 1초에 1,000번의 파장을 갖는 음과 균등한 크기로 들리는 2,000c/s의 음을 구할 수 있을 것이다. 이 경우 이들 두 가지 음은 소리의 높이에 있어서는 다르지만, 소리의 크기에 대해서는 같은 것이라고 할 수 있다. 이외에 순음과 잡음 사이에 대해서도 소리의 크기에 대해서는 같은 크기의 등가치를 구할 수 있을 것이다. 다음의 예에서 이를 살펴보자.

다음 그림은 순음(脣音)의 등감곡선이다. 이것은 1,000사이클의 순음을 기준으로 하여 그 강도를 10dB씩 10~120dB까지 변화하는데, 각각의 강도단계에 어떤 기준음과 같은 크기로 들리는 음의 강도를 여러 가지의 주파수에 대해 구하고 그 궤적을 나타낸 것이다. 이러한 등가치는 색채, 형태 등 여러 측면에서 쓰이고 있으나 서로 다른 종류의 감각, 예를 들면 소리의 강도와 빛의 강도 사이의 등가치를 구할 수 있다.

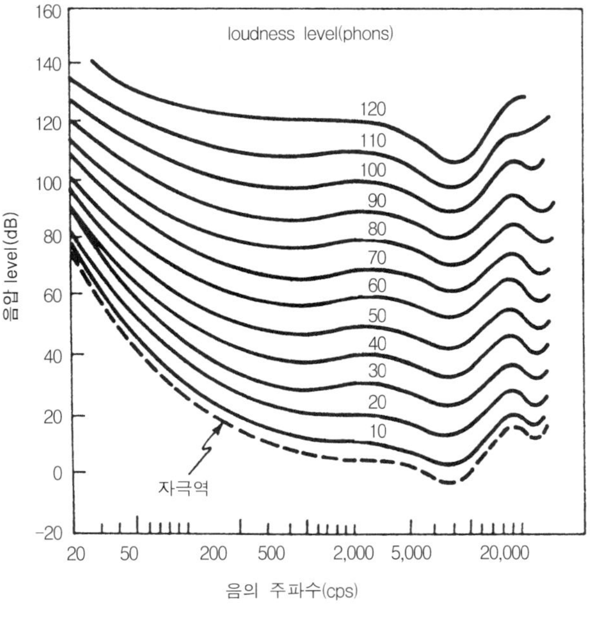

그림 3-23
순음의 등감곡선

인간공학적인 측면에서의 의미를 살펴보면 주파수가 서로 다른 소리로부터 그 크기가 같다고 느끼는 등감곡선을 구하고 이를 이용하여 물리적으로 구한 주파수와 진폭으로부터 느끼는 소리의 크기를 구할 수 있는 기술에 이러한 주관적 등가치를 사용할 수 있다. 또 파장이 서로 다른 광원을 이용하여 조명기기를 설계하는 기술에 응용할 수도 있다.

2) 정신물리학적 측정기법

측정기법은 자극변화의 방식에 따라 다음과 같이 세 가지로 분류된다.

(1) 조정법

이 방법은 실험자 스스로 어떤 자극이 크다고 느끼면 자신이 자극의 세기를 줄이고 또 자극이 적다고 생각되면 스스로 자극을 증가시키면서 같은 크기의 자극에 도달할 때까지 이를 반복하여 등가치에 도달하는 방법이다. 이러한 조정법은 주로 주관적 등가치를 구하는데 이용된다.

순음과 잡음의 크기에 대한 등가치를 구할 때, 표준음을 1,000c/s의 40dB로 정하고 어떤 잡음을 비교음으로 한다. 표준음을 일정하게 두고 비교음의 크기를 피험자가 다이얼을 조정하면서 변화시켜 표준음과 균등한 크기의 음을 찾도록 한다. 이 때의 조절방식은 먼저 비교음과 표준음을 들으면서 비교음이 확실히 적게 들리는 점으로부터 천천히 레벨을 올려가면서 균등한 크기를 찾아내는 상승방식이 있고, 반대로 확실히 크게 들리는 점에서부터 레벨을 낮추어 가는 하강방식이 있다. 두 방식 모두 등가치가 넘어섰다고 느낄 때 다이얼을 역방향으로 회전시키면서 다시 등가치를 찾아 나가도 된다. 이러한 방법이 조정법이다.

조정 다이얼을 피험자가 작동하는 대신에 실험자가 피험자의 반응을 들으면서 조정할 수도 있다. 이는 다이얼에 눈금 같은 표시가 있을 때 피험자가 이를 보면서 조정하는데 따른 기기의 의존성을 배제하기 위한 것이다. 보통의 경우 이와 같이 실험자가 레벨을 조정해 주는 것이 바람직하다.

(2) 극한법

극한법은 조정법에서와 같이 자극을 연속적으로 변화시키지 않고 적은 양을 단계적으로 변화시키는 방법이다. 이러한 상태에서 피험자의 반응을 둘이나 세 종류로 제한시켜 표현하도록 한다. 또 자극 레벨을 조정하는 것도 피험자가 하지 않고 실험자가 행한다.

(3) 항상법

이 방법은 정신물리학적 측정법 중에서 가장 정확하면서도 가장 적용범위가 넓은 방법이라고 할 수 있다. 이 방법에서는 자극역, 변별역, 등가치 등에 관한 측정에 적용할 수 있다.

실험자는 먼저 예비실험을 한 후에 4개에서 8개 정도의 자극강도를 선택한다. 이렇게 선택된 자극들을 무작위 순으로 50회에서 200회 정도를 피험자에게 제시하고 이에 대한 반응을 측정한다. 즉 자극역을 구하고자 한다면 제시된 자극이 감지되었는가 감지되지 않았는가를 주의 깊게 관찰해야 하며 변별역이 아닌 등가치를 구하고자 한다면 대(大), 등(等), 소(小) 등의 반응을 알아낸다.

3. 작업평가 연구방법

작업에 따른 생체부담을 심신반응계측에 의해 아는 것은 작업설계나 작업개선을 함에 있어 중요하나, 이것과 작업자가 하고 있는 기계 및 기계시스템의 조작이나 조작절차, 조작방법과의 관계에 대해 분석하는 것도 중요하다.

최선의 작업방법을 찾는 것이 20세기 초두에서부터 테일러(F. W. Taylor)나 길브레스((F. W. Gilbreth) 등을 중심으로 행해져 왔다. 그들의 방법은 스톱워치(Stop Watch)나 사진, 슬라이드, 영화를 이용하여 작업을 요소동작으로 분석함으로써 분석한다. 그 요소동작의 소요시간을 측정하고 불필요한 동작을 제거하고 요소동작을 조합하여 사전에 최선의 작업동작을 찾아내자는 것이다.

이들 동작-시간 연구에서 사용하는 방법으로는 다음과 같은 것이 있다.

1) 직접(연속)관찰법

(1) 관찰에 의한 동작분석

작업자가 행하는 동작을 관찰에 의하여 요소동작으로 분할하여 이것을 서블릭(Therblig) 기호나 모듈기호(Modular Arrangement of

Predetermined Time Standard)들을 이용하여 기록해 나가는 방법이다. 이 방법은 손쉽고 비용도 들지 않으나 사진이나 기타 동작을 객관적으로 기록하는 자료가 없어 주관적으로 기록될 염려가 있다. 또 동작에 필요한 시간을 모른다는 단점도 있다.

(2) 사진에 의한 방법

① 보통사진

일반적인 사진을 찍어 분석하는 방법이다.

② 사이클 그래프

이것은 작업을 하는 경우 신체의 동작부위(손, 손가락)에 소형 전구를 켜놓고 셔터를 개방한 카메라로 운동의 궤적을 촬영하여 기록하는 것이다.

③ 크로노사이클 그래프

사이클 그래프는 계속적으로 촬영하나 크로노사이클 그래프에서는 일정시간 전구를 점멸시켜 사진을 찍는다(예를 들면 0.05초, 0.1초, 0.2초의 간격으로).

④ 멀티스트로보법

일정한 간격을 두고 연속적으로 몇 번이고 발광하게끔 되어 있는 사진용 스트로보 장치를 사용하여 한 롤(roll)의 필름에 작업자의 동작을 찍으면 그 운동의 상태를 궤적의 형으로 볼 수가 있다. 이 방법으로 운동선수의 폼에 대한 분석이 행해지기도 하고 있으나 작업동작의 동태 관찰에 사용하는 것도 가능하다.

⑤ 연속사진법

셔터를 누름으로써 자동적으로 필름이 감기며 연속적으로 촬영할 수 있는 카메라를 사용하여 작업동작을 촬영하고 이동상태를 분석할 수 있는 것이다.

표 3-6 서브릭

종별	기본요소	약호	기호	설명	예
제 I 류	공수이동 (transport empty)	TE		빈손 모양	연필에 손을 뻗다.
	잡다 (grasp)	G		물건을 잡은 손 모양	연필을 잡다.
	하중이동 (transport loaded)	TL		손에 물건을 놓은 형	연필을 가지고 오다.
	위치정하기 (position)	P		물건을 손 끝에 놓은 모양	연필 끝을 특정 위치에 놓다.
	편성하기 (assemble)	A		꾐대의 모양	연필에 뚜껑을 끼우다.
	분리하기 (disassemble)	DA	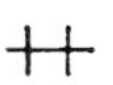	꾐대에서 하나를 뺀 형	뚜껑을 벗기다.
	사용하기 (use)	U		Use의 U	글자를 쓰다.
	놓기 (release load)	RL		손바닥을 반대로 한 형	연필을 놓다.
제 II 류	조사하기 (inspect)	I		렌즈 모양	글자의 쓴 정도를 살피다.
	찾기 (search)	SH		눈으로 물건을 찾는 형	연필이 어디에 있나 찾다.
	찾아내기 (find)	F		눈 모양	연필을 찾았다.
	선택하기 (select)	ST		택한 것을 지시하는 형	몇 개 중 하나의 연필을 선택하다.
	생각하기 (plan)	PN		머리에 손을 대고 생각하고 있는 모양	언떤 글자를 쓸까 생각하다.
	준비하기 (preposition)	PP		볼링 핀의 모양	사용하기 쉽게 연필을 다시 쥐다.
제 III 류	보존 (hold)	H		자석에 물건을 부착시킨 형	연필을 든 채로 있다.
	피할 수 없는 그만두기 (unavoidable delay)	UD	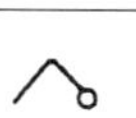	사람이 걸려 넘어진 형	정전으로 글을 쓸 수 없어 그만두다.
	피할 수 있는 그만두기 (avoidable delay)	AD		사람이 자고 있는 형	다른 곳을 보고 있어 글을 쓰지 않고 있다.
	쉬기 (rest for overcoming fatigue)	R	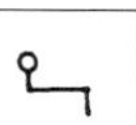	사람이 의자에 앉아 쉬고 있는 형	피곤하므로 쉬다.

제 I 류: 일을 진행하는데 필요한 요소
제 II 류: 이것이 있으면 제 I 류의 요소를 늦게 하는 경향이 있는 것
제 III 류: 일이 진행되지 않게 하는 요소

(3) 영화에 의한 방법

① 마이크로 모션법

길브레스가 고안한 방법으로 작업자의 동작을 촬영하여 다음에 한 컷씩 찍어 서브릭 분석을 행하는 방법이다.

② 메모 모션법

먼델(M.E. Mundel)에 의하여 1945년에 고안된 방법이다. 마이크로 모션법에서 영화는 표준 혹은 그 이상의 고속으로 촬영되나 메모 모션법에서는 표준보다 훨씬 느린 속도로 촬영된다. 이러한 방법은 사람이 방안이나 기계의 주위를 이동하면서 불규칙하게 작업해야 하는 장소에서는 매우 적당한 방법이다. 촬영된 필름의 분석은 사이모 챠트에 기록한다.

(4) 일렉트로닉(Electronics)에 의한 방법

① 테이프 레코드에 의한 방법

② 비디오 테이프에 의한 방법

③ UNOPAR(Unversial Operator Performance Analysis)

신체의 동작부에 초음파 발진기를 달아두고 부위가 움직일 때의 속도를 토플러 효과(물체가 접근할 때에는 주파수가 높아진다)를 이용하여 측정하는 것이다.

④ 기타 기기

2) 순간 관찰법(Work Sampling법)

연속적인 관찰이 아니고 랜덤에 결정된 시각에 순간적으로 작업자의 동작을 기록함으로써 전체의 경향을 추정하려는 것이다.

3) 기정 시간법(Predetermined Time Standard system : PTS)

실제의 동작을 관찰하는 것이 아니고 기정(旣定)의 자료를 계산에 의해 동작시간을 견적하는 방법이다. PTS법에는 여러 가지가 있으나 우리 나라에서는 WF(Work Factor)법이나 MTM(Method Time Measure ment)이 보편화되어 나가고 있다.

4) 과제 분석법

이 방법은 시스템 설계단계에 있어서 잠재적 심신 부담요인의 평가에 이용된다. 이 방법의 하나로써 쿨케(Kurke)에 의한 OSD(Operational Sequence Diagram)법이 있다. 이것은 인간-기계시스템(Man-Machine-System)과 그 부수 시스템(Sub-System)간의 관계를 기호체계로서 분석하여 표시하는 것으로, 작업부담이 되는 부분이나 그 원인에 대해 정서적인 분석 및 평가가 가능하도록 되어 있다.

이중과제 평가법은 어떤 작업을 하고 있을 때(주 작업), 다른 작업(제2작업)을 동시에 하도록 하여, 그 반응량으로부터 정신부담 및 작업의 여유도를 평가하려고 하는 것이다. 이것은 브라운(I. D. Brown)이 "인간의 정보처리시스템은 단일 채널(channel)이며 처리능력에는 한계가 있어(total channel capacity), 그것을 초과한 제2정보처리과제(부과task)를 부여하면, 채널의 한계용량을 초과하는 분량만큼 부가과제의 성격이 떨어지지만, 초과하지 않는 경우에는 저하하지 않는다"라고 한 것에 원리를 두고 있다. 이 부과과제의 성격에 의하여 주 작업이 작업자의 처리능력에서 차지하는 크기를 판단하려고 하는 것으로, 이중과제 평가법이라고 한다. 일반적으로 부가과제를 주 작업을 방해하지 않는 간단한 작업을 택하고, 작업 수행도(performance)를 정답률이나 응답시간과 같이 수량적으로 나타내기 쉽고, 주 작업에 사용하는 감각채널 이외의 감각을 선정한다.

5) 자각 분석법

작업시스템의 운용상황 및 개량 후에 평가를 할 때에 실제로 그 속에서 작업을 하는 작업자 자신의 주관적 판단이나 의견 및 감상을 평가하는 것도 대단히 중요하다. 주관적 평가는 일반적으로 생리적 판정 등에 비하여 경시되기 쉽지만, 어떤 작업이라 할지라도 사람이 개재하는 이상은 최종적으로 작업자의 주관적 판단에 의하지 않을 수 없다.

이 영역에 속하는 측정법에는 평정척도법, 질문지법, 자유회답법, 면접법 등이 있으며, 또한 생활시간 조사 및 수면 조사 등도 있지만 이러한 모든 주관적 평가법은 심신반응 측정과 함께 없어서는 안 될 중요한 정보이다. 심신반응 측정과 관련하여 주관적 평가법을 실시할 때 주의해야 할 점으로 다음과 같다.

① 질문항목을 작성하는 단계에서 그 목적이나 판단기준을 명확히 해둔다.
② 질문은 가능한 한 구체적으로 한다.
③ 질문에는 자유방식을 포함한다.
④ 질문에는 심신반응을 일으키는 조건을 모두 포함하도록 한다.
⑤ 화답방식을 예 · 아니오 방식만을 택하지 말고 정량적 평가도 가능하도록 한다.
⑥ 평가의 당위성을 위해 평가자 선정에 세심한 주의를 기울인다.
⑦ 평가의 치우침을 방지하기 위해 실시하는 순서를 고려한다.
⑧ 분석을 할 때에는 평가자의 배경요인도 조사한다.

표 3-7 자각증상 조사표(일본산업산업피로연구회)

NO________

이름
년 월 일 시 분기입

자격증상조사

작업전	점심식사전	점심식사후	작업후

지금 당신의 상태에 대해 묻습니다.

다음과 같은 사실이 있으면 ○, 없는 경우에는 ×를 □속에 반드시 적어주시오.

Ⅰ			Ⅱ			Ⅲ		
1	머리가 무겁다.		11	생각이 정리되지 않는다.		21	머리가 아프다.	
2	전신이 나른하다.		12	이야기 하는 것이 싫어진다.		22	어깨가 결린다.	
3	다리가 나른하다.		13	신경질이 난다.		23	허리가 아프다.	
4	하품이 난다.		14	신경이 분산된다.		24	숨쉬기 어렵다.	
5	머리가 멍하다.		15	일이 열심히 되지 않는다.		25	목이 아프다.	
6	잠 온다.		16	조그만 일이 생각나지 않는다.		26	목소리가 쉰다.	
7	눈이 피곤하다.		17	하는 일에 잘못이 많아진다.		27	현기증이 난다.	
8	동작이 어색하다.		18	일에 신경이 쓰인다.		28	눈꺼풀이나 근육이 씰룩거린다.	
9	발끝에 맥이 없다.		19	말쑥하게 있지 못한다.				
10	눕고 싶다.		20	끈기가 없어진다.		29	손발이 떨린다.	
						30	속이 안좋다.	

제4장 실내환경과 인간공학

실내환경에 대한 물리적 측면의 연구들은 주로 주거환경학 분야에서 자세히 다루고 있으며 심리적 측면에 대해서는 실내디자인 분야에서 주로 다루고 있는데 인간공학에서는 인간의 생리적 감각기능인 오감에 대응하는 실내환경 조건에 대하여 주목하기로 하자.

인간의 오감은 주지하다시피 시각, 청각, 후각, 미각, 촉각인데 이중 공간디자인과 밀접한 관련이 있는 것은 시각, 청각, 촉각으로 볼 수 있다. 그러나 최근 향(냄새)에 대한 연구가 공간계획과 연관되어 수행되고 있고 공기환경은 후각과 연관이 있으므로 여기에서는 미각을 제외한 시각, 청각, 후각, 촉각에 대응하는 실내환경 조건을 중심으로 서술하고자 한다.

그런데 이러한 실내환경을 조성하는데 주요한 영향을 주는 물리적 조건들은 인간특성에 따라 평가되는 정도가 달라진다. 즉 건강한 성인 남성을 기준으로 계획된 공간은 여성의 경우는 불만족스러운 부분이 있을 것이고 심신이 건강하지 못한 상태라면 더욱 그러할 것이다. 또한 공간 사용자가 어린이이거나 고령자라면 공간에 적응하지 못할 것이라는 것은 짐작하고도 남는다. 따라서 여기에서는 실내환경 조성 조건들을 인간의 특성을 함께 고려하면서 고찰하기로 한다.

1. 빛환경

빛환경은 인간의 감각기능 중 시각과 가장 밀접한 관계를 가지며 공간디자인 시에도 반드시 고려해야 하는 주요한 부분이다. 또한 인간의 성장에 따라 빛환경을 감지하는 기능 또한 달라지므로 환경학적인 측면만이 아니라 인간공학적인 측면에서도 중요하게 다루어지는 부분이다.

빛환경은 자연 빛환경과 인공 빛환경으로 크게 나눌 수 있으며 또한 색환경과 지각 메커니즘이 유사하므로 깊은 관련성을 가지고 있다. 따라서 여기에서는 채광계획과 인공조명계획, 색채계획에 대하여 언급하기로 하자.

1) 채광계획

자연의 빛을 필요한 만큼 공간에 받아들이거나 강렬한 자연빛을 공간내에 들어오지 못하도록 차단하기 위해 채광계획을 한다. 채광계획은 가장 큰 자연빛이 태양이므로 태양빛의 유입과 차단을 꾀하는 것인데 실내에는 주로 창을 통해 태양빛이 들어오므로 창계획과 결부시켜 계획해야 한다. 그러므로 채광계획은 건조물의 외관 디자인을 결정짓는 중요한 조건으로 작용하기도 하는 것이다.

태양빛은 지역이나 계절, 시각에 따라 달라지고 건조물이 위치한 곳의 지리적 특성 또한 영향을 미친다. 그러나 채광계획시에 이를 일일이 파악하기 어려우므로 흔히 채광계획시에는 설계용 전천공조도를 참고로 한다.

표 4-1
설계용 전천공조도

구분	조도(lx)
특히 밝은 날 (약간 흐린 날, 구름이 많이 갠 날)	50,000
밝은 날	30,000
보통의 날	15,000
어두운 날	5,000
매우 어두운 날 (전운, 강설중)	2,000
쾌청한 날	10,000

채광은 결국 창을 통해 들어오는 빛을 말하므로 창의 특징에 대하여 알아야 한다. 창은 그 위치, 형태, 크기, 재료 등이 채광계획에 모두 영향을 미친다. 창은 위치로 보면 가장 많은 것이 벽면에 위치하는 측창(側窓)이 있고, 천장에 위치한 천창(天窓), 벽면에 부착되어 있기는 하나 거의 천장 가까운 높은 곳에 위치하는 고창(高窓), 벽면

표 4-2 주광률의 기준

단계	작업 또는 방의 유형	기준 주광률(%)	왼편 경우의 주광조도(lx)			
			밝은 날	보통	어두운 날	매우 어두운 날
A	시계수리, 주광만의 수술실	10	3,000	1,500	500	200
B	장시간의 재봉, 정밀제도, 정밀공작	5	1,500	750	250	100
B'	단시간의 재봉, 장시간의 독서, 일반제도, 타자, 전화교환, 치과 진찰	3	900	450	150	60
C	독서, 사무, 일반진찰, 보통 교실	2	600	300	100	40
C'	회의, 응접, 강당 평균, 체육관 최저, 일반 병실	1.5	450	225	75	30
D	단시간의 독서(주간), 미술전시, 도서관 서고, 차고	1	300	150	50	20
D'	호텔로비, 주택식당, 일반거실, 영화관 휴게실, 교회 객석	0.7	210	105	35	14
E	복도, 일반계단, 소형 화물창고	0.5	150	75	25	10
F	대형 화물창고, 주택창고	0.2	60	10	10	4

전체가 창의 역할을 하는 전창(全窓), 장식적 기능이 강한 바닥면에 위치한 바닥창 등이 있다. 채광계획에서는 가장 일반적인 창의 위치인 측창의 경우와 채광량에서 측창의 세 배 정도의 효과가 있는 천창의 경우를 많이 다루고 있다. 창의 형태는 장방형(횡장형, 종장형)과 구형(원형, 타원형), 기타(부정형, 삼각형, 마름모형 등) 등이 있는데 주로 장방형의 경우를 다루었다. 창의 크기에 따라 채광량이 달라지는 것은 당연하므로 바닥면적에 대한 창의 면적비율을 건축법에서 정하고 있으며, 재료의 투과율에 따라서도 유입되는 빛의 양은 달라진다. 빛환경에서 사용하는 밝기란 “빛의 양”을 말하는 것이다. 광속은 광원으로부터 나오는 빛의 양을 말하며, 단위는 루멘(lumen, lm)이다. 광도는 어느 방향에 대한 빛의 강도를 나타내는 것으로 광원의 방향에 따라 다르다. 광도의 단위는 칸델라(candela, cd)이다. 조도는 어느 장소의 빛을 받는 양을 말한다. 단위는 룩스(lux, lx)이다.

채광에 의한 실내의 밝기와 실외의 밝기의 비율을 주광률(晝光率, daylight factor)이라 하는데 간단하게 주광률(D)은 〔실내의 어떤 점의 조도(E)/그 때의 전천공조도(Es)〕 ×100(%)로 계산된다. 그러나 이 식은 공간이 주어졌을 때만 적용할 수 있는 것이고 주광률을 예측하여 공간계획을 할 때에는 사용하기 어렵다. 그래서 일반적으로 설계용의 기준 주광률을 정해 놓고 있으며 이를 따르고 있다.

2) 인공조명계획

인간은 자연의 빛에만 의존하여 생활하다가 불을 발견하게 되어 화식(火食)을 하게 되었고 그 불의 빛을 생활공간에 비추면서 인공조명으로 사용하고 그 필요성을 느끼게 되었다. 이렇게 자연재료에 의한 인공조명을 하다가 에디슨에 의해 전기에 의한 인공조명 시대가 열리게 되어 이제 100년이 조금 넘는 역사를 가지게 되었다. 전기에 의한 인공조명의 발명으로 인하여 우리의 생활공간과 생활시간은 무한히 넓어지고 길어지게 된 것이다.

인공조명계획에는 빛을 내는 광원에 대한 고려와 그 광원을 부착시키는 기구에 대한 고려가 중요하다. 광원은 현재 시판되고 있는 것이 다수 있으며 계속 개발되고 있다. 주거 내·외에서 주로 사용하는 광원의 종류와 특징은 다음과 같다.

표 4-3 광원의 특징

특징 \ 광원종류	백열등	형광등	고압 방전등		
			수은등	나트륨등	메탈할로이드등
소비전력(W)	5~1,000	10~110	40~2,000	150~2,000	125~2,000
안정기	무	유	유	유	유
효율(lm/W)	통전구 40W15	백색 40W80	400W55	투명 400W119	400W76
색온도(K°)	2,700~3,000	3,500~6,500	3,300~4,200	2,000~2,100	6,000~9,000
수명(H)	1,000	11,000	12,000	12,000	12,000
연색성	1,000	63	23~58	28	65
특성	소량, 경량, 다양한 디자인, 집광이 용이, 가격 저렴, 즉시 점등, 깜박거림(flicker)이 없음	고효율, 긴 수명, 확산성의 양질, 저휘도, 가격 저렴, 풍부한 연색성	긴 수명, 규격이 다양, 내구성 양호	효율이 가장 좋다. 광색 따뜻함, 긴 수명, 재점 등 시간이 짧다.	고효율과 고연색성 겸비, 광출력이 높다.
용도	분위기 조명, 국부조명, 화장실·욕실·주방	옥내 전반조명	고천장 옥내(극장 창고), 옥외 경기장	고천장 옥내(극장 창고), 옥외 경기장	고천장 옥내(극장 창고), 옥외 경기장

조명기구의 형태나 재질에 따라 빛의 방향성이 달라지므로 실의 용도에 따라 적당한 형태의 조명기구를 택해야 한다. 또한 조명기구의 부착유형에 따라 실내에서의 빛의 분포와 그 형태가 달라지므로 이에 대한 고려도 충분히 하여 조명계획을 수립해야 한다.

우리는 실내에서 여러 행위를 하게 되는데 그때마다 필요한 조명조건은 달라진다. 조명의 질적 조건인 빛의 방향성이나 광색에 대해서는 광원의 종류나 기구의 선택에서 고려해야 하고 양적인 조건인 조도는 그 기준을 정해 놓고 있으므로 적어도 기준내에는 들어갈 수 있도록 확보해야 한다.

표 4-5 조명의 분류

분류기준	분류형	
조명의 목적	명시조명	전반조명, 국부적 전반조명, 보조조명, 국부조명
	분위기조명	베이스조명, 중점조명, 장식조명
기구부착형태	기구의 종류	매립형, 반매립형, 직부형, 팬던트형, 건축화조명
	조명의 구분	천장부착형, 벽부착형(브래킷), 바닥형(스탠드)
기구의 형태 및 용도	매립형, 반매립형, 직부형, 개방형, 커버부착형, 벽부착형, 팬던트형, 스탠드형(플로어, 데스크), 샹들리에, 다운라이트, 공조조명기구, 포위형(투광기, 가로등), 방수형(방적, 방우), 방폭형(안전증가 · 내압), 방재조명기구(비상용 조명, 유도등)	
기구의 배광특성	직접조명, 반직접조명, 전반확산조명, 반간접조명, 간접조명	
기구의 위치	천장의 경우	코어형, 세미 세퍼레이터형, 세퍼레이터형, 광천장형, 복합형
	천장 외의 경우	스탠드류, 브래킷, 바닥유도등

조명계획시에는 다음 사항을 고려해야 한다.

① 작업중인 손 주위를 적당한 밝기로 일정하게 비추게 할 것.
② 작업부분과 배경간에 적당한 음영차가 있을 것.
③ 광원이나 다른 물체의 반사광에 의한 눈부심이 없을 것.
④ 광원이나 각 물체와의 반사가 적당한 강도와 색을 지닐 것.
⑤ 조명기구 설치 후 쾌적한 조명상태의 유지를 위하여 교환이나 수리, 청소 등 유지관리가 용이할 것.

표 4-4 배광분류와 조명기구

	기구의 형태	배광 분류	응용수법 예	특징	적용 장소
직접조명	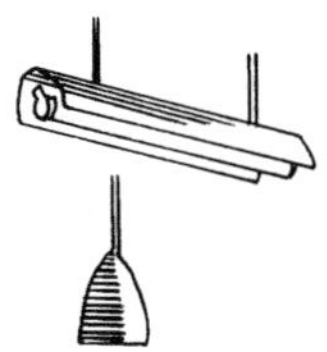	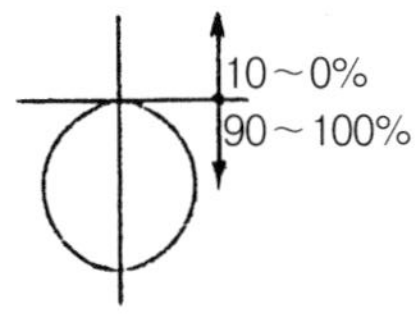		· 광원의 광속 이용률(조명률)은 대단히 높다. · 동일 조도로 설계하는 경우에 설비비가 싸다. · 실내의 반사율의 영향이 적다. · 램프, 기구가 더러워지지 않아 보수비가 싸다. · 천장은 어둡고 진한 그림자가 나타나기 쉬우나 경제적이고 효율이 좋은 조명이 가능하다.	사무실, 공장, 슈퍼, 주택의 부엌 등 효율 중심의 장소
반직접조명	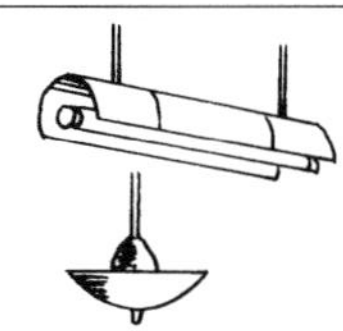	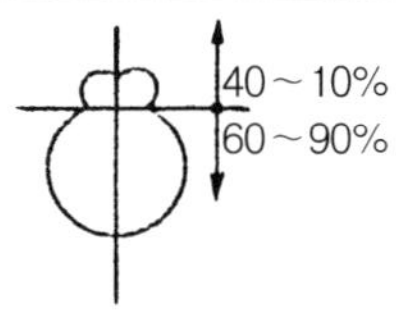	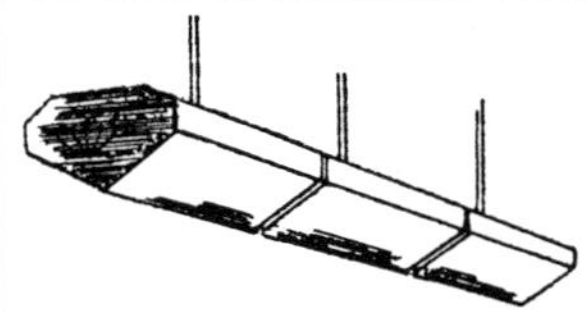	· 조명률은 중간 정도이다. · 동일 조도를 얻기 위한 설비비는 중간 정도이다. · 실내의 반사율의 영향은 중간 정도이다. · 보수비는 중간 정도이다. · 천장이나 그 주위도 전체적으로 밝게 느껴지고, 그림자가 생기는 경우도 적다.	사무실, 학교, 점포 등 어느 정도 분위기와 함께 경제성을 중요시하는 장소
전반확산조명	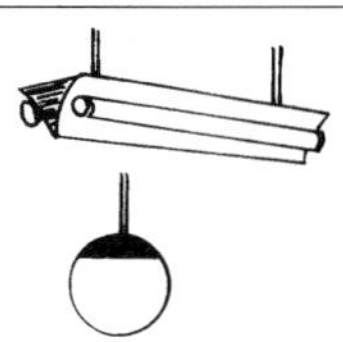	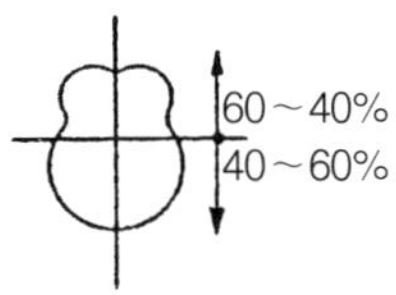	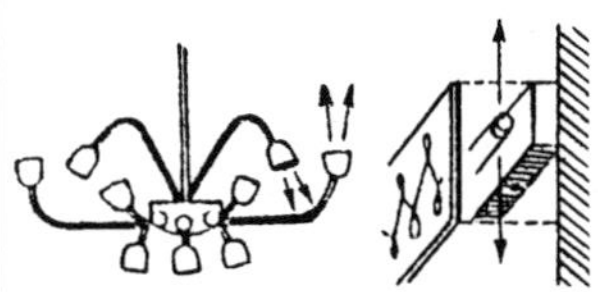		
반간접조명	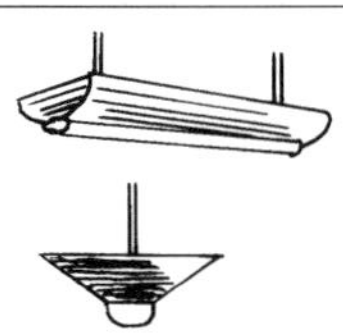	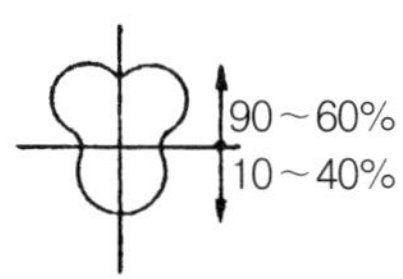	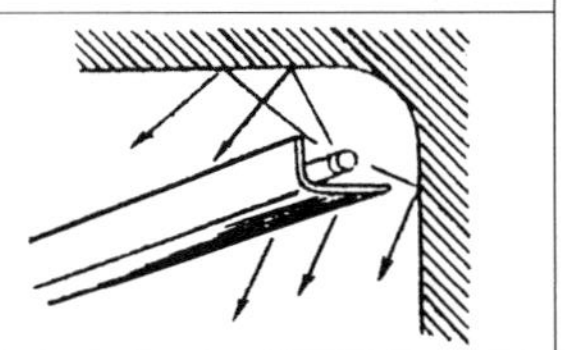		
간접조명	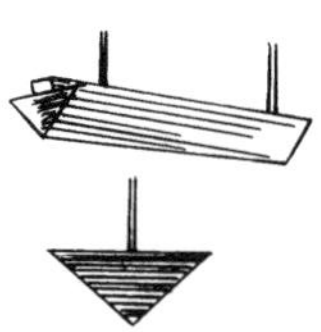	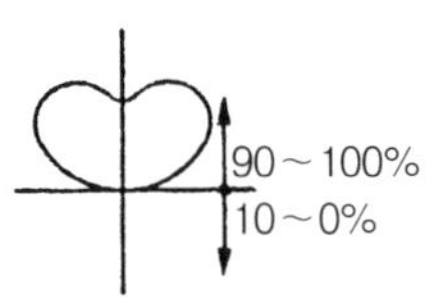	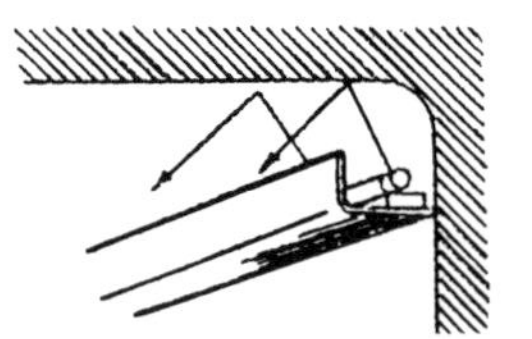	· 실내의 반사율의 영향이 크다. · 램프, 기구가 더러워지기 쉽고 보수율이 높다. · 그림자가 거의 나오지 않아 경제성보다는 분위기를 중시하는 장소에 적당하다. · 조명률이 가장 낮다. · 동일 조도를 얻기 위한 설비비는 높다.	엘리베이터홀, 예식장, 로비, 점포, 주택의 응접실 등 분위기를 중요시하는 장소

출처: 梁賴度子외, 住環境科學, 1995.

표 4-6 주택의 조도규정(한국공업규격 조도기준 KS A 3011)

활동유형	분류	조도범위(Lx)	참고
어두운 분위기 중의 시식별작업	A	3-4-6	공간의 전반 조명
어두운 분위기 중의 간헐적인 시작업	B	6-10-15	
어두운 분위기 중의 단순 시작업	C	15-20-30	
잠시동안의 단순 시작업	D	30-40-60	
빈번하지 않은 시작업	E	60-100-150	
고휘도 대비 혹은 큰 물체 대상의 시작업	F	150-200-300	작업면조명
일반휘도 대비 혹은 작은 물체 대상의 시작업	G	300-400-600	
저휘도 대비 혹은 매우 작은 물체 대상의 시작업	H	600-1,000-1,500	

공동주택 공용부분	
계단, 복도	E
로비, 집회실	F
비상계단, 차고, 창고	D
엘리베이터, 엘리베이터 홀	F
주택	
가사실, 작업실	
바느질[1], 수예[1], 재봉1	H
세탁1	F
전반	E
거실	
단란[1], 오락[1]	F
독서[1], 전화[1], 화장[1]2	G
수예[1], 재봉1	H
전반 D	
주방	
식탁[1], 조리대[1]	G
싱크대[1]	F
전반	E
침실	
독서[1], 화장[1]	G
심야	A
전반	C

계단, 복도	
심야	A
전반	D
공부방	
공부[1], 독서[1]	H
놀이[1]	F
전반	D
욕실, 화장실	E
정원	
방범[1]	A
식사[1], 파티[1]	E
테라스 전반	D
통로	B
차고	
전반	D
점검[1], 청소[1]	G
현관(안쪽)	
거울1	G
신발장[1], 장식대[1]	F
전반	E
현관(바깥쪽)	
문패[1], 우편접수[1], 초인종[1]	D
방범	A
통로1	B

1. 국부조명을 하여 기준 조도에 맞추어도 좋다.
2. 주로 사람에 대하여 수직면 조도로 한다.

특히 광원의 직사광을 피하기 위해서는 광원의 휘도(輝度)를 줄이고 수를 늘리며, 광원을 시선으로부터 먼 위치에 둔다. 그리고 광원 주위를 밝게 하여 휘도비를 줄이고 가리개나 갓, 차양을 사용한다. 창으로부터의 직사광을 피하기 위해서는 창문을 높이 설치하고, 창의 실외에 가리개를 설치하고 실내에는 블라인드나 차양, 발을 설치한다. 반사광을 방지하기 위해서는 발광체의 휘도를 줄이고 간접조명수준을 높인다. 그리고 산란광, 간접광, 조절판, 차양 등을 사용하고 반사광이 눈에 비치지 않도록 광원을 적당히 위치시키고 무광택 도료, 빛을 산란시키는 표면색을 한 사무용 기기, 윤기를 없앤 종이 등을 사용한다.

3) 색채계획

우리의 주변에 있는 모든 물체는 나름대로 고유의 색을 지니고 있다. 우리가 눈으로 식별할 수 있는 색만도 수백만 가지라고 하는데 실제로 그 하나하나에 이름을 붙여서 구분하는 것은 아니고 다만 "이 색과 저 색은 조금 다르다"라는 식의 변별력을 기준으로 할 경우에 색은 다른 요소보다도 강하게 작용하는 것으로 알려져 있다.

색은 그 고유의 이미지를 나타내는 색상 · 밝기를 나타내는 명도, 선명도를 나타내는 채도의 3속성으로 구분되는데 유채색에는 색의 3속성이 모두 있으며 무채색은 명도만 있다. 이러한 색의 속성을 체계적으로 계통화시킨 것을 표색계라 하는데 현재 일반적으로 널리 사용되고 있는 것은 수정 먼셀표색계이다.

우리 나라에서는 교육부에서 교육용 표준색을 정해놓고 있으며, 한국공업규격으로 색에 관한 용어(공업진흥청 고시 제 1579호), 색이름(KS A 0011), 안전색채(KS A 3501), 안전색광(KS A 3502) 등을 정해 놓고 있다.

색은 색 자체가 가지고 있는 특성에 의해 특별한 감정이나 효과를 나타내기도 하고 그 색채가 존재하는 환경에 따라 그 감정과 효과가 달라지기도 한다. 또한 그 색채를 보는 사람의 특성에 따라서도 색의 특성이 달라지므로 먼저 색 자체의 특성을 파악하고 환경과의 관계를 파악한 후에 인간의 특성을 고려하여 종합적인 계획을 해야 한다.

색은 한색과 난색 그리고 중성색으로 구분되는 온도감을 나타내기도 하며 잘 보이는 색과 그렇지 못한 가시도의 차이가 나타나기도 한다. 그리고 색에 따라 진출과 후퇴의 느낌이 나기도 하고 팽창과 수축의 느낌이 들기도 한다. 또한 색채의 면적이나 재질에 따라 면적효과가 달라지며 무게감이 달라지기도 한다. 그리고 어떤 색을 보면 사람마다 떠올리는 이미지가 다르므로 이를 이용하여 물체의 상징으로 색을 이용하기도 한다.

색채는 안전의 지표로 사용되기도 한다. 공장이나 교통도로 등에서 예기치 않은 재해를 방지하고 행동의 안전과 능률을 확보하기 위해 그 사용을 지정해 놓은 안전색채가 바로 그것이다.

표 4-7
교육용 기본색

순서	색이름	먼셀기호	명도	채도	영문 표기
1	빨강	R	4	14	Red
2	다홍	yR	6	10	Palle Yellow Red
3	주황	yR	6	12	Yellow Red
4	귤색	YR	7	10	Pale Red Yellow
5	노랑	Y	9	14	Yellow
6	노랑연두	gY	7	8	Pale Green Yellow
7	연두	GY	7	10	Green Yellow
8	풀색	yG	6	10	Pale Yellow Green
9	녹색	G	5	8	Green
10	초록	bG	5	6	Pale Blue Green
11	청록	BG	5	6	Blue Green
12	바다색	gB	5	6	Pale Green Blue
13	파랑	B	4	8	Blue
14	감청	pB	4	8	Pale Purple Blue
15	남색	pB	3	12	Purple Blue
16	남보라	bP	3	10	Pale Blue Purple
17	보라	P	4	12	Purple
18	붉은보라	rP	4	10	Pale Red Purple
19	자주	RP	4	12	Red Purple
20	연지	pR	5	10	Pale Purple Red

표 4-8 안전색채

색채명	표시사항	사용장소	비고
빨강	방화, 멈춤, 금지	방화, 멈춤, 금지를 표시하는 것이나 그 장소	잘 보이기 위해 흰색을 곁들인다.
주황	위험	재해, 상해를 일으키는 위험성이 있는 것이나 그 장소	잘 보이기 위해 검정색을 곁들인다.
노랑	주의	충돌, 추락, 걸려서 넘어지기 쉽거나 위험성이 있는 것이나 그 장소	잘 보이기 위해 검정색 또는 검정 사선을 곁들인다.
녹색	안전, 진행, 구급, 구호	위험이 없는 것, 또는 위험방지나 구급에 관계가 있는 것이나 그 장소	잘 보이기 위해 흰색을 곁들인다.
파랑	조심	아무렇게 다루거나 부려서는 안되는 것 또는 그 장소	잘 보이기 위해 흰색을 곁들인다.
자주	방사능	방사능 표시로서 방사능이 있는 것 또는 그 장소	노랑을 바탕으로 사용
흰색	통로, 정돈 또는 빨강 · 녹색 · 파랑 · 검정색을 잘 보이게 하는 보조	통로의 표시, 방향표시, 정돈 및 청소를 필요로 하는 것 또는 그 장소	흰색이 잘 나타나지 않으면 노랑을 사용해도 좋다.
검정	주황 · 노랑 · 흰색을 잘 나타나게 하는 보조	방화표시의 화살표, 주의표시의 띠모양, 위험표시의 글자	

* KS A 3501의 내용을 저자가 표로 만든 것임.

4) 빛환경을 계획할 때 인간 측면에서의 고려

인간은 출생 직후부터 빛에 따라 고개를 움직이는 등의 반응을 하고 생후 1~2개월이 되면 대상의 거리에 따라 초점을 맞출 수 있으며 2~4개월이 되면 대상을 응시하는 거리조절 능력이 성인과 비슷한 수준에 이른다. 또한 생후 4~6개월부터 색채에 대한 두드러진 선호를 보이며 대체로 이때에는 붉은 색 등 원색계통을 좋아한다. 그러나 대부분의 신체기능과 마찬가지로 빛과 색을 지각하는 시기능(視機能)은 나이가 듦에 따라 그 기능이 현저하게 저하된다. 따라서 연령에 따라 다른 기준을 가지고 빛환경과 색채환경을 계획해야 한다.

근거리 시력은 수정체와 모양근(毛樣筋)의 기능에 좌우되는데 그 기능의 저하가 10세 이후부터 나타나기 시작하여 40대 후반이 되면

30cm 정도의 거리에 있는 것에 초점을 맞추기 어렵게 되고 노시현상(老視現象)이 나타난다. 또한 시력과 연령과의 관계를 보면 근거리 시력만큼은 아니나 연령에 따라 시력이 많이 떨어지게 된다. 그리고 40대 후반이 되면 이 외에 초점을 맞추는데 소요되는 시간(조절시간)이 길어지고 어두운 곳에서는 특히 사물을 잘 볼 수 없게 된다. 그리고 수정체가 황화(黃化)되어 황색광에 대한 감도가 젊었을 때에 비해 떨어지며 눈의 성인병이라고 불리는 백내장, 녹내장의 발생 또한 50세 이후에 증가하게 된다.

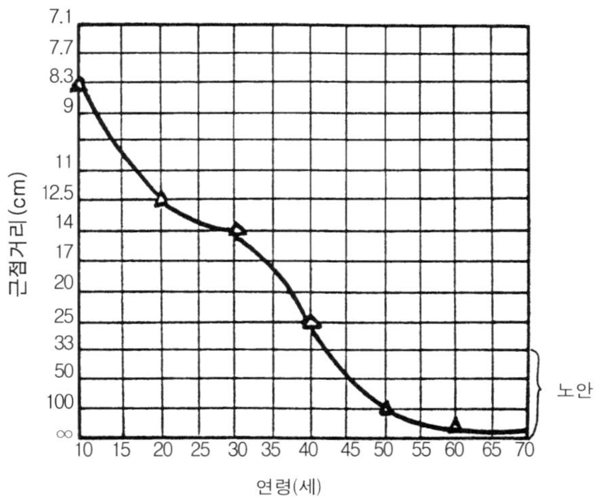

그림 4-1
연령과 근점거리
출처 : 照明における心理効果(日本照明學會, 1984)

표 4-9 연령과 시력

성별 \ 연령	20~24	25~29	30~34	35~39	40~44	45~49	50~54	55~59	60~64	65~69
남	1.15	1.19	0.99	0.99	0.87	0.70	0.81	0.78	0.75	0.50
여	1.09	0.99	0.93	0.85	0.78	0.63	0.52	0.54	0.42	0.26

출처 : 복지편람(아산사회복지재단, 1985.)

이와 같이 나이가 많아지면 망막의 감도가 떨어질 뿐 아니라 동공의 축소, 수정체의 광투과율 저하 등의 현상이 나타나 밝기에 대한 느낌이 감퇴된다. 그림 4-2는 20세를 기준으로 연령별로 필요한 밝기의 비이다. 이를 보면 60세는 20세에 비해 약 2배, 70세에는 약 2.6배, 80세에는 3.4배의 밝기가 필요하다. 또한 나이가 듦에 따라 수정체의 파장별 투광률을 파악하여 어떤 색이 보기 어렵게 되는지를 파악한 실험결과를 보면, 50대에는 황색이 조금 보기 힘들어지며, 60~70대는 황색의 판단이 어려워지고 청색이 약간 보기 어려워진다. 70대 후반이 되면 청색은 완전히 구분하기 어렵게 되고 황색은 백색화된다.

그림 4-2

20세를 기준으로 한 연령별 필요밝기

출처 : 照明における心理効果(日本照明學會, 1984.)

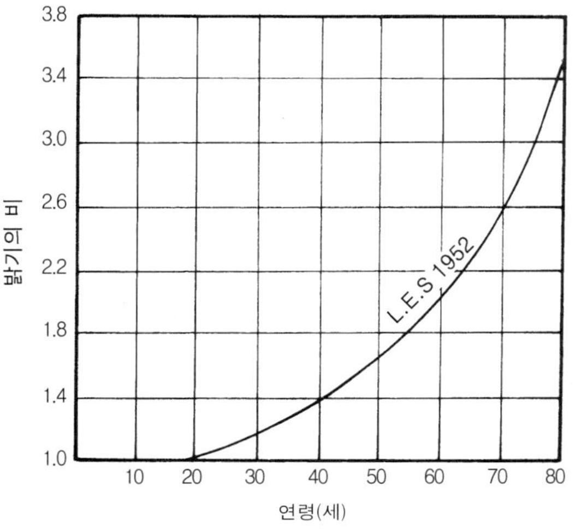

또한 눈 안의 멜라닌(melanin) 색소의 양에 따라 눈부심에 대한 반응이 달라지는데 보통 여성이 남성보다 눈부심을 덜 느낀다. 선호 색은 연령이나 성별 등 인적요소에 따라 달라진다.

따라서 공간의 빛환경 및 색채환경계획에는 이러한 인간의 시각특성을 고려해야 할 것이다. 즉 빛환경 및 색채환경은 고령자에게는 안전과 관계되는 것이므로 젊은이들이 사용하는 장소보다 밝게 계획해야 하며 순응시간이 길므로 반드시 전반조명을 해야 한다. 그리고 눈부심이 발생하지 않도록 하고 문손잡이나 조명스위치, 벨 등은 보기 쉽게 눈에 띄는 색채나 야광 테이프 등을 붙이는 것이 좋다.

한편, 어린이 공간의 경우에는 어린이의 특성상 한 곳에서 정적인 활동을 하기보다는 이리저리 움직이면서 동적인 행동을 많이 하므로, 스탠드 종류보다는 실내 전체를 균일하게 조명하고 구조체에 직접 부착시키는 조명방식을 택하는 것이 좋다. 특히 학동기가 되면 집중력을 높이기 위하여 책상 위에 스탠드만으로 조명하고 공부하는 경우가 있으나 시력보호나 피로의 감소를 위하여 이러한 조명방식은 택하지 않는 것이 좋다. 그리고 창의 높이 설정이나 전기설비의 관리를 잘

하여 안전사고가 일어나지 않도록 해야 한다.

요즘에는 주택내에서도 VDT를 취급하는 일이 많아졌다. VDT를 사용하는 공간에서는 조명수준, 광도비 및 화면반사를 고려해야 한다. VDT 주변의 조명이 화면에 반사하면 화면을 보기 힘들므로 대체로 300~500lx를 유지하는 것이 좋다. 그리고 화면과 그 인접 주변간에는 1 : 3의 광도비가, 화면과 화면에서 먼 주위간에는 1 : 10의 광도비를 권장한다. 또한 화면이 반사되면 VDT 사용이 어려워지므로 창문을 가리고 반사원의 위치를 바꾸고 근원의 강도나 광도를 줄이고 확산된 간접조명을 사용하면 화면 반사를 줄일 수 있다.

2. 음환경

음환경은 청각기능에 관계하는 것으로 공간에서의 음환경은 잘 들리게 하느냐 혹은 소리가 차단되거나 흡음되어 발생원으로부터 멀리 가지 못하게 하느냐에 따라 다르게 계획되어지며 음의 발생에 동반되는 진동문제도 함께 다루는 것이 보통이다. 또한 빛환경 계획이 건물의 외관과 밀접한 관계를 가지는 것에 반해 음환경계획은 건축재료와 밀접한 관계를 맺고 있다.

1) 음향계획

음은 귀에 도달할 때까지는 공기의 진동인 물리적 현상이며 귀에 도달하여 청각기구를 자극하면 생리적 · 감각적인 현상이 된다. 따라서 음의 성질은 물리적 현상으로써의 음, 즉 음파와 생리적 · 감각적인 현상으로써의 음으로 나누어 생각해야 한다.

환경학에서는 주로 공기 중을 전파하는 음파를 다루는데 음파의 성질은 강도, 주파수, 파형의 3요소에 의해 결정된다. 우리가 음의 감각으로 느낄 수 있는 음파의 강도는 최저 10^{-16} W/cm^{2}에서 최고 10^{-4} /cm^{2}이다. 음파의 주파수는 공기의 1초당 진동횟수로서 인간의 가청영역은 20~20,000Hz이다. 파형은 주파수마다 에너지가 포함되는 것에 따라 달라지므로 음원에 따라 고유의 파형을 가지고 있다. 보통 상온(15~20℃)에서 음파는 1초에 약 340m의 속도로 전달되며 1℃ 높아질 때마다 0.6m/sec씩 빨라진다.

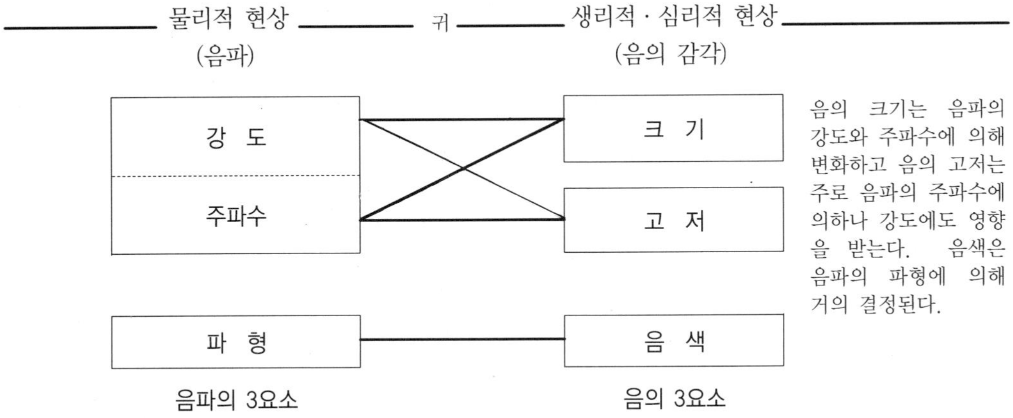

그림 4-3
음의 3요소

출처:繪とき建築環境工學(今井与藏,1987.)

음의 감각은 음의 크기, 고저, 음색의 3요소에 따라 달라진다. 음의 크기는 음파의 주파수와 밀접한 관계를 가진다. 인간의 청각은 2,000~5,000Hz의 음파에 대해 가장 감도가 높고 이 범위에서 주파수가 멀어질수록 그 음파에 대한 감도가 둔하게 된다. 음의 크기는 폰(phon)으로, 음압은 데시벨(dB)로 표시한다. 최소한의 음에너지를 0dB로 하며 인간의 최대 가청한계는 130dB이다. 또한 대개 100~3,000Hz의 범위에서는 음의 고저는 주파수에 의해 달라지는데 이 범위 외에서는 주파수 외에 음파의 강도도 관계하여 강한 음은 높게 들리게 된다. 음색의 다름은 주로 음파의 파형의 차이에 의한 것이다.

이러한 음의 성질을 잘 파악한 후에 실내의 음향계획을 해야 한다. 직접음 외에 다른 시간적 요인이 없는 바깥과는 다르게 실내공간에서는 시간적 흐름에 따라 직접음-초기반사음-잔향음의 음에너지가 변하게 된다. 따라서 흠음재나 흡음현상을 잘 조절하면 실내공간의 음에너지를 효과적으로 조절하여 원하지 않는 음은 배제하고 실내공간에서 음이 울리는 정도를 조절할 수 있다.

음이 전달되는 과정에서 공간특성에 따라 원음과 다른 공간적 효과를 가지게 되는 것을 음향효과라 하고 그 효과를 발생시키는 공간특성을 음향성능이라고 한다. 음전달은 전면으로 약 42m, 측면으로 약 30m, 후면으로 약 17m 정도 가능한데 음악 홀이라든가 하는 특수공간 이외의 보통 공간에서는 음을 정확하게 전달하고 청취하는 것이 가장 중요하다.

음성 전달의 문제를 고려할 경우에는 충분한 청취음 레벨, 높은 초기 에너지 레벨, 낮은 소음 레벨, 적절한 잔향시간, 반향 등에 대한 대비에 대하여 검토해야 한다. 직접음의 레벨은 거리가 두 배로 됨에 따라 6dB씩 감쇠하므로 가능한 짧은 거리에서 직접음을 들을 수 있게 하는 것이 충분한 청취음 레벨을 확보하기가 쉽다. 그리고 직접음 도달 후 50m/sec 이내에 도달하는 초기 반사음은 직접음의 레벨을 효과적으로 보강하여 청취 레벨을 향상시키는 기능을 하므로 음원 주변의 반사면 계획을 검토하여 가능한 한 많은 초기 반사음을 확보할 수 있도록 한다. 또한 소음을 줄이기 위한 건축적 배려와 사용자의 노력으로 낮은 소음레벨을 유지하는 것이 음성전달에 도움을 줄 것이다.

음성전달을 위해 바람직한 잔향시간을 1초 또는 그보다 약간 짧은 값이며 0.5초 이하의 잔향시간은 오히려 좋지 않다. 바람직한 잔향시간을 확보하기 위해서는 실내용적을 조절해야 한다. 반향은 분명히 들리는 반사음을 말하는 것으로 음성전달에 방해되는 것이다. 반향음은 직접음에 비해 적어도 50m/sec 이후에 들리며 동일시간대의 다른 반사음에 비해 현저히 큰 레벨을 갖게 된다. 그러므로 반향을 일으킬 수 있는 반사면을 예측하여 그 면을 흡음성이나 확산성으로 바꾸는 것이 좋다.

2) 차음과 흡음

차음과 흡음은 같은 개념 같으나 사실은 상반된 특성을 가지는 개념이다. 공기중에 전파하는 음파를 벽체 등으로 차단하여 반대측으로 음에너지가 투과하지 않게 하는 것을 차음이라 하고 실내 표면에서 입사음의 반사를 감소시키는 것을 흡음이라 한다.

일반재료의 흡음률은 0~1.0 사이의 값을 가지며 흡음률 값이 클수록 흡음효과가 크다. 흡음재료는 유리면, 암면 등의 광물면, 식물섬유류, 연속기포의 발포재 등과 같이 표면에 통기성이 있는 다공질 흡음재와 합판, 석고보드, 석면 슬레이트, 플라스틱판 등의 얇은 판과 같이 통기성이 아주 적거나 강성을 가진 다공질 재료에 페인트를 도장한 것과 같은 재료인 판진동형 흡음재, 판면에 적당한 크기의 구멍을 일정한 간격으로 뚫은 천공판 공명기와 단일 공동공명기 및 리브, 슬리트 공명기 등의 공명기형 흡음재 등이 있다. 다공질 흡음재는 시공시에 배후공기층을 두고 설치하는 것이 좋으며 판진동형 흡음재는 기밀하게 접착하는 것보다는 못 등으로 고정하는 것이 판진동하기 쉬우므로 흡음률이 커진다.

그림 4-4
차음재와 흡음재의 특성

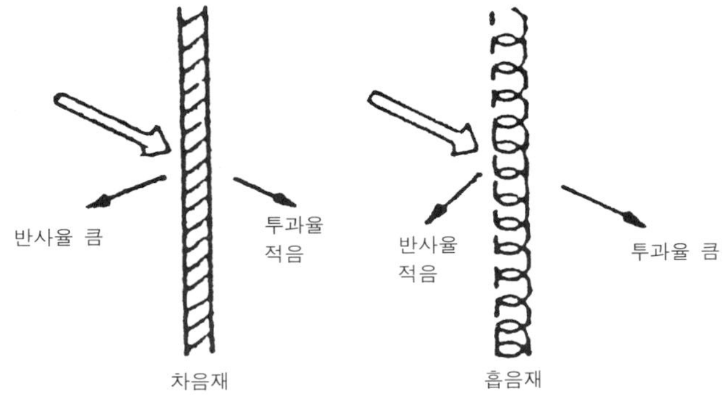

흡음재는 잔향시간을 조절할 수 있고 소규모 공간에서는 표면으로부터의 반사음을 감소시킴으로써 음원으로부터 직접적으로 도달하는 음만을 감지하는 것 같은 효과를 얻을 수 있다. 또한 흡음재를 사용하면 감음량이 그리 많지는 않으나 실내소음을 저감하는 효과가 있으며 음의 울림현상을 조절하는데 크게 기여한다.

차음성능은 공기전달음과 바닥충격음으로 대별하여 다루는 것이 보통인데 바닥 충격음을 저감하기 위해서는 뜬바닥 구조를 활용하고 바닥의 슬래브를 중량화하고 고강성화하는 것이 효과적이다. 또한 유연한 바닥마감재를 활용하거나 이중천장을 설치하는 것도 바닥 충격음을 저감할 수 있다. 공기 전달음의 저감을 위해서는 차음재를 사용하고 틈새나 개구부를 막기 위한 대책을 수립해야 한다. 또한 이중벽이나 이중창, 차음벽 등을 설치하는 것도 공기 전달음을 저감시킬 수 있다.

3) 소음과 진동

소음이란 인간이 듣기 싫어하는 소리로 인간의 주관적 판단에 기초한 개념이므로 객관적 판단을 하기 어렵다. 그러나 일반적으로 소음은 큰소리, 불쾌한 음색이나 충격성을 갖는 소리, 음성이나 음악의 청취를 방해하는 소리, 집중이나 작업을 방해하는 소리 등을 말한다.

소음은 음의 크기, 음의 시끄러움 등의 감각적 방해, TV나 회화, 전화 등의 청취방해, 일시성 및 영구성의 청력손실과 같은 직접적인 피해와 정서적 피해, 휴식이나 수면의 방해, 작업이나 정신집중의 방해와 같은 간접적인 피해를 준다. 또한 소음이 심해지면 두통이나 위장장해와 같은 신체적 영향을 주며 진정이나 소송 등 사회적 반응을 일으키게 된다.

소음에 따른 작업능률을 살펴보면 다음과 같은 특징이 있다.

① 소음 중 익숙한 소리에 의한 소음은 작업능률을 크게 떨어뜨리지 않으나 생소한 음에 의한 소음은 작업능률을 크게 떨어뜨린다.

② 특정한 의미가 없는 일정소음이 90dB(A)을 초과하지 않을 때는 작업을 방해하지 않으며, 불규칙한 폭발음은 일정소음보다 위험하다.

③ 소음은 총장업량의 저하보다는 작업의 정밀도를 저하시키기 쉽다.

④ 복잡한 작업은 단순작업보다 소음에 의해 나쁜 영향을 받기 쉽다.

⑤ 1,000~2,000Hz 이상의 초고주파 소음은 저주파 소음보다 크게 작업방해를 야기시킨다.

⑥ 소음에 대한 총작업 성능의 변화는 없으나 큰 소음레벨은 작업 성능의 가변성을 증대시킨다.

표 4-10
소음의 영향

소음레벨(dB)	음환경	인간에 미치는 영향	가능한 작업
0~ 10	들을 수 없음		
20~ 30	아주 조용함		쾌적한 수면
40~ 50	조용함	심리적 반응의 시작	정신적 집중작업
60~ 70	소란함	원하지 않는 음으로 지각되어 방해를 느낌. 신경질 반응	
80~100	아주 소란함	다년간 노출될 경우 영구성 난청의 원인이 됨	작업중 자주 휴식을 요함
110~120	수용할 수 없음	중추신경 장해	
150~180	수용할 수 없음	신체기관의 마비 및 파손	

그러므로 소음은 최대한 줄이도록 해야 하는데 소음방지계획은 음원대책, 경로대책, 수음자대책으로 나눌 수 있다. 음원대책은 방음커버의 설치, 건물에 부속하는 외부음원(공조용 냉각탑 등)대책, 자동차 소음의 저감대책, 기타 건물에 있는 외부음원에 대한 대책을 들

수 있다. 경로대책은 음원에서의 거리에 의한 음의 감쇠, 장해물에 의한 음의 감쇠 등의 성질을 이용하여 건물의 배치계획, 평면이나 단면계획, 지형의 이용, 방음벽이나 건물 등 인공장해물의 설치에 의한 방법 등이 있다. 수음자대책은 음원이나 경로대책으로 불충분할 경우 차음 · 흡음에 의한 방지계획을 하는 것을 말한다.

진동(vibration)은 기준위치에 대한 기계적인 흔들림을 말한다. 음은 귀라는 감각기관을 통해 지각되지만 진동은 하나의 감각기관에 의해 감지하는 것이 아니라 전신을 통해 느끼게 된다. 그러므로 진동이 문제가 되는 경우는 신체의 한 부분이 진동되는 경우보다 주로 전신이 진동되는 경우에 발생한다.

진동은 연직진동과 수평진동이 있는데 연직진동과 수평진동에서는 느낌에 차이가 있다. 연직진동에서는 4～8Hz의 주파수 범위에서, 수평진동에서는 1～2Hz의 주파수 범위에서 진동을 가장 느끼기 쉽다. 약 2.8Hz 이하의 주파수에서는 수평진동쪽이 느끼기 쉽고 그것보다 높은 주파수에서는 연직진동쪽이 민감하다. 연직진동의 4～8Hz와 수평진동의 1～2Hz의 진동이 동일한 크기로 느껴지는 레벨을 비교하면 3dB의 차가 있으며 8Hz보다 높은 주파수대역에서는 연직과 수평진동이 같은 크기로 느껴지는 것에는 9dB의 차가 있다.

이와 같이 진동의 유형에 따라 느낌에 차이가 있는데 일반적으로 전신진동은 생리적, 행동과학적, 심리적으로 영향을 주는데 진동수가 가청력 이하(보통 20Hz 이하)의 진동의 경우에는 소음으로써의 문제는 생기지 않는 대신 진동을 느끼게 되고 감각적으로 가장 잘 느끼는 진동수는 10～12c/s(Hz)이다. 인간에게 불쾌감을 주는 3차원적 진동으로 주파수는 약 0.1～100Hz의 범위이다. 진동에 의한 생리적인 영향은 4cps는 매스꺼움을 느끼고 4～12cps는 압박 · 공포, 오한, 어깨관절의 불편을 느낀다. 20～30cps는 청각 및 시력이 저하되고 60～90cps는 안구공명, 망막염의 우려가 있다.

진동을 방지하기 위해서는 방진재료를 사용하는데 대표적인 방진재료는 방진고무, 금속 용수철, 코르크, 펠트 등이 있다.

표 4-11 소음과 진동의 기준

구분 \ 대상지역		주거, 녹지, 준도시지역 중 취락지구 및 운동, 휴양지구, 학교, 병원, 공공도서관의 경계로부터 50m 이내의 자연환경보전지역		상업, 공업, 농립, 준농림, 준도시지역 중 취락지구 및 운동, 휴양지구 외의 지역 미고시지역	
		소음(dB)	진동 〔dB(v)〕	소음(dB)	진동 〔dB(v)〕
교통소음 진동한도	주간 야간	68 68	65 58	73 70	63 65
건설소음 규제기준	조석 주간 심야	65 이하 70 이하 55 이하		70 이하 75 이하 55 이하	
생활진동 규제기준	주간 야간	65 〔dB(v)〕 이하 60 〔dB(v)〕 이하		70 〔dB(v)〕 이하 65 〔dB(v)〕 이하	

4) 음환경을 계획할 때 인간 측면에서의 고려

인간은 태내 6~7개월부터 청각이 발달해 생후 1개월이 되면 '파'와 '바'의 차이를 알 수 있게 된다. 2, 3주된 아기는 남자 목소리보다는 여자의 목소리를 더 좋아하고 낯선 사람의 목소리보다는 엄마의 목소리를 더 좋아한다. 그리고 신생아 때부터 소리의 방향을 알고 반응한다. 그러나 시력과 마찬가지로 청력도 나이가 듦에 따라 약해진다.

청력손실은 20세 정도부터 진행되나 실제로는 50세 이후부터 청력손실을 느끼게 된다. 예를 들어 30세가 70~80cm에서 들리는 음이 65세는 20cm 이하로 가까이 가지 않으면 들리지 않게 된다. 특히 주파수가 높은 음일수록 듣기 어려워지는데 자음은 주파수가 높고 모음은 주파수가 낮아 그 때문에 보통 대화에서 전체적인 말을 알아 듣지 못하는 경우가 많다. 또한 청력의 손실은 성별에 따라 차이를 보이는데 55세 이후에는 남성이 여성보다 청력손실이 더 심한 경향이 있다. 그러므로 노인이 주로 사용하는 공간에는 차음성을 높여 고령자가 TV나 라디오의 소리를 크게 하여도 다른 공간에 피해가 가지 않도록 해야 한다.

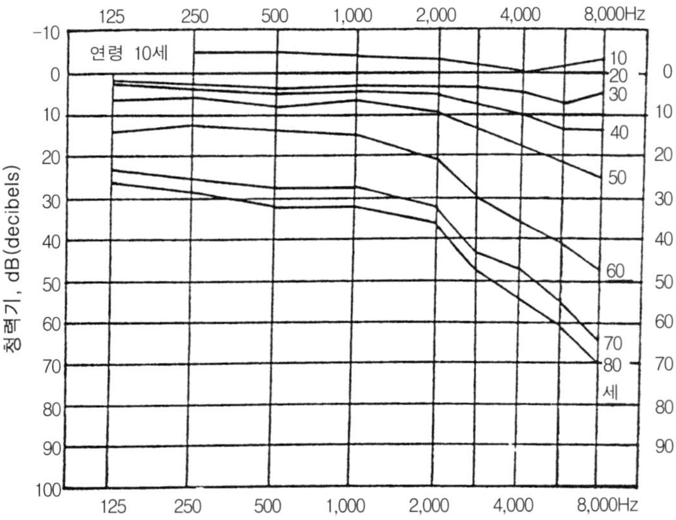

그림 4-5
연령에 따른 청력의 변화
출처 : 복지편람
아산사회복지재단. 1985.

그리고 청각의 저하로 인하여 긴급상황에서 구조의 소리를 듣지 못할 경우도 있으므로 비상벨이나 전화기, 초인종 등 소리로 지각해야 하는 설비에는 작동 시에 빛이 함께 나오도록 하는 등의 고려가 필요하다.

3. 공기환경

공기환경은 후각기능에 관계하는 것으로 실내에 깨끗한 공기를 어떻게 공급하고 유지할 것인가에 초점을 두고 있는데 보통은 깨끗한 외기를 받아들이는 방법으로 환기와 통풍에 대하여 고려해야 하고 실내공기를 오염시키지 않도록 하는 노력해야 한다. 따라서 공기환경도 빛환경과 마찬가지로 창 디자인과 밀접한 관련을 가지고 있으며 부지의 자연환경과도 연관지어 생각해야 한다.

1) 공기오염

공기오염이란 공기 중에 유해한 물질 또는 불필요한 물질이 기체, 액체 또는 미세한 고체입자의 상태로 존재하는 것을 말한다. 실내공기의 오염은 건물 외부의 발생원(외부공기의 오염, 건물 주변의 오염원, 흙으로부터 유입되는 오염원, 미생물이 서식할 수 있는 습기), 각종 설비(공기조화설비, 기타 설비), 재실자의 활동(개인적 활동, 유지관리 활동) 등이 원인이다.

표 4-12 공기오염과 인체 영향

오염물질	농도/폭로시간	영향
산소농도 저하	16～12%	맥박 · 호흡수의 증가, 정신집중 · 세밀한 행동이 잘 안되고 두통증세
	14～9	판단력 저하, 체온상승, 불안정한 정신상태, 티아노제
	10～6	의식불명, 중추신경 장해, 경련, 티아노제
	6 이하	호흡곤란→호흡정지→6～8분 후 심장정지
이산화탄소	0.1%	호흡기 · 순환기 · 대뇌 등의 기능에 영향
	4	이명 · 두통 · 혈압상승
	8～10	의식혼탁 · 경련 등을 일으켜 호흡이 멎는다
	20	중추장해를 일으켜 생명 위험
일산화탄소	5ppm 20분	교차신경계의 반사작용의 변화
	30 8시간 이상	시각, 정신기능의 장해
	200 2～4시간	앞머리가 무겁고, 가벼운 두통증세
	500 2～4시간	강한 두통, 매스꺼움, 탈력감, 시력 장해, 허탈감
	1,000 2～3시간	맥박이 빨라지고 경련을 수반한 실신
	2,000 1～2시간	사망
질소산화물	0.5ppm	냄새가 나지만 피해는 없다.
	20	약간 자극을 느낀다.
	20～50	눈 등의 점막에 자극을 느낀다.
	150	강한 국부자극을 느낀다.
	500 이상	1회 흡입으로 단시간에 치사
아황산가스	0.03～1.0ppm	지각하기 시작하는 농도
	3	쉽게 냄새를 맡을 수 있는 농도
	6～12	코와 목구멍을 즉시 자극
	20	눈을 자극하는 최저 농도
	400～500	즉시 호흡곤란, 생명위험
	10,000	호흡불능, 수분만에 피부에 염증을 일으킴
분진	0.025～0.05mg/m^3	배경농도
	0.075～0.1	많은 사람이 만족하는 농도
	0.1～0.14	시정 감소
	0.15～0.2	많은 사람이 더럽다고 생각하는 정도
	0.2 이상	많은 사람이 아주 더럽다고 생각하는 정도
포름알데히드	0.1～0.5ppm	눈물이 나옴
	1	상부 기도에 자극 냄새를 맡을 수 있음
	10～20	기침, 두통, 가슴 압박
	50～1,000	폐기종, 폐렴, 심하면 사망
악취	악취도 0 (무취)	취기를 전혀 감지 못함
	1 (감지 취기)	정상인에 의해 쉽게 감지, 불쾌하지는 않음
	2 (보통 취기)	유쾌하지도 불쾌하지도 않음, 실내에서의 허용강도
	3 (강한 취기)	불쾌감, 공기에서 혐오감 느낌
	4 (극심한 취기)	강한 취기로 불쾌함
	5 (참기힘든 취기)	역겨움

출처 : 주거학의 이해, 안옥희 · 윤재웅 · 배정인, 1997.

표 4-13 실내에서 발생하는 오염물질

발생원	오염물질의 예
인체	체취, CO_2, 암모니아, 수증기, 비듬, 세균
담배연기	분진(타르, 니코틴, 기타), CO, CO_2, NO, NO_2, 암모니아, 탄화수소류, 각종 발암물질
사람의 활동	먼지, 섬유, 미생물, 세균
연소기기	CO, CO_2, NO, NO_2, SO_2, 탄화수소, 매연
사무기기	암모니아, 오존, 용제류
살충제류	분사제(불화탄화수소), 살충제, 살균제
건축자재	포름알데히드, 아스베스토스 섬유, 유리섬유, 라돈, 접착제, 용제, 미생물, 부유세균, 진드기
유지관리	용제, 세제, 모래먼지, 진균

출처 : 건축환경계획, 대한건축학회, 1995.

대기에 대하여 각종 기준이 엄격히 규정되어 있는 것에 반해 실내공기에 대해서는 이산화탄소 1,000ppm 이하, 분진 0.15mg/m^3 이하, 일산화탄소 10ppm 이하만을 정해 놓고 있다. 이는 실내공기는 기본적으로 대기에서 공급되는 것이므로 대기에 대하여 엄격히 관리하면 실내공기를 청결하게 확보하기는 쉽다는 생각 때문 인 것 같다. 그러나 산업화가 진행되면서 대기보다 훨씬 오염된 실내공간이 급속하게 증가되고 있으므로 실내공기가 외기보다는 깨끗하다는 생각은 잘못된 것일 수도 있다.

2) 환기와 통풍

실내공기의 오염을 제거하기 위해서 가장 손쉽고 널리 사용되는 방법이 환기나 통풍이다. 환기와 통풍은 거의 같은 의미로 사용되는데 환기는 환경 위생상 실내를 쾌적하게 유지하기 위해 신선한 공기를 도입하고 오염공기를 배출하는 것을 말하며 통풍은 주로 건물 안의 습기를 제거하기 위해 개구부를 만들어 환기하는 경우이고 자연환기에 해당된다.

환기는 그 원동력에 따라 자연환기와 기계환기로 구분하며 환기대상 영역에 따라 전체환기와 국소환기로 나눈다. 어떠한 환기방법을 택할 것인가는 그 공간의 공기오염 정도와 사용목적에 따라 달라진다.

자연환기는 자연풍이나 실내외 온도차, 압력차에 의해 환기하며 기계환기는 강제환기라고도 하는데 송풍기나 배풍기 등의 기계력을 이용하여 환기하는 것이다.

표 4-14 기계환기의 분류

종류	도면	특징	적용실
제1종	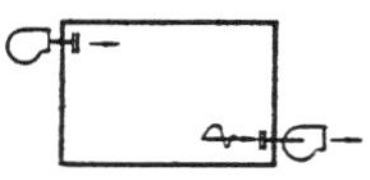	송풍기와 배풍기를 사용하여 환기를 행하는 방법으로 열효율이 낮다.	기계실, 전기실, 영화관, 대규모 지하공간 등
제2종	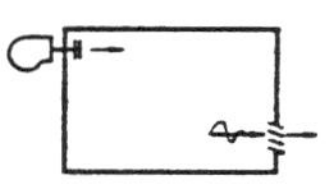	송풍기로 실내에 급기하고 배기는 배기구나 개구부를 통해 자연적으로 유출시키는 방법으로 실내는 항상 정압으로 유지되므로 실외로부터 공기가 침입하기 어렵다.	병원, 수술실, 클린룸
제3종	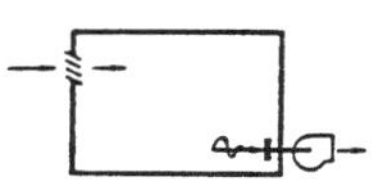	배풍기만 있고 환기되는 공기는 환기구나 개구부를 통해 실내에 들어오게 하는 방법으로 항상 부압으로 유지되므로 실내에서 발생하는 악취 등이 다른 방으로 유출되지 않는다.	화장실, 욕실, 부엌

공기환경을 위하여 무한정 환기를 할 수는 없다. 왜냐하면 환기를 하면 냉난방부하가 증가하기 때문이다. 그러므로 최소한의 환기량을 알고 그 범위내에서 환기하도록 하는 것이 좋다. 환기효과를 얻기 위한 최소치를 필요환기량이라 하고 환기량이 많아 냉난방효과를 저해할 경우 환기를 억제하게 되는데 이를 허용환기량이라 한다. 따라서 필요환기량을 확보하고 허용환기량을 넘지 않도록 환기하는 것이 바람직하다.

환기량은 실의 크기 · 목적과 사람의 수 · 흡연도, 연소기구의 유무 등에 따라 달라지며 무엇을 근거로 산정하느냐, 즉 CO_2 허용치를 근거한 것인가, 흡연도나 연소기구를 고려한 것인가 등에 따라 달라지지만 일반적인 필요환기량을 구하는 식은 필요환기량 $V = M/C_P - C_O$이다. 이 때 M은 실내에서의 산소소비량(ml/h), CP는 실내에서 허용되는 산소농도($ml/m^3 = ppm$), CO는 외기 중의 산소농도(21%)이다.

한편 환기는 불감기류에 의해 실내공기의 교환이 목적인 것에 반해 통풍은 재실자에게 체감기류를 계획하여 신체에서의 열의 방산을 촉진하고 실내기류의 쾌적성을 도모하는 것이다. 따라서 통풍에서는 풍량보다는 오히려 기류와 유로(流路)가 중요하다.

실내기류는 개구부의 위치와 크기에 따라 달라진다. 한쪽 벽면에만 개구부가 있는 경우에는 바람의 방향과 개구부가 평행을 이루면 유입구의 크기가 증가되어도 풍속에는 변화가 없으나 바람의 방향과 개구부가 각도를 이루고 있으면 유입구의 크기와 비례하여 실내풍속이 증가한다. 이 때 유출구와 유입구의 크기를 동시에 조절해야만 보다 효과적이며 맞통풍이 일어나지 않으므로 개구부의 수가 많을수록 기류형성에 도움이 된다. 그리고 개구부에 돌출장치를 하면 통풍량에 상당한 증가를 가져오게 된다. 두 개의 벽면에 개구부가 있는 경우에는 유입구와 유출구의 폭을 동시에 증가하면 실내 평균 기류속도가 크게 증가하며 이는 개구부가 마주보는 벽에 있지 않고 이웃한 벽이 있는 경우도 마찬가지이다. 또한 개구부의 위치와 실내 칸막이 배치에 따라 많은 변화가 있으며 개구부 위치가 대칭으로 있는 것보다 어긋나게 있는 것이 보다 효과적이다.

개구부의 방향에 따라서도 기류변화가 생긴다. 북측 창의 경우에는 최소한의 크기만을 확보하도록 하는 반면 남측 창은 실의 기능을 저하하지 않는 한 크게 확보하는 것이 좋다. 서쪽 창은 창 면적의 증가에 따라 냉난방부하가 증가하므로 가급적 큰 창은 피하는 것이 바람직하다. 개구부의 높이는 환기상 유입구가 유출구보다 낮은 것이 효과적이며 창의 개폐방법이나 처리방법에 따라 공기흐름을 조절할 수 있도록 하는 것이 좋다.

3) 공기환경을 계획할 때 인간 측면에서의 고려

공기환경은 빛이나 음·열환경 등에 비해 인간특성에 따라 크게 달라지지 않는 것으로 보여진다. 즉 성인의 정상적인 호흡수는 1분간 14~20회이며, 보통의 호흡으로 필요한 공기는 1분간 8 l이다. 그러나 고령자의 경우에는 신체기능의 약화로 인하여 정리정돈을 잘 하지 않는다거나 목욕을 잘 하지 않아 신체나 생활공간에서 악취나 각종 오염물질이 발생할 우려가 있다. 그리고 후각의 약화로 인하여 거실이나 침실의 공기오염을 알지 못하여 환기부족이 되고 난방시에 산소결핍을 일으키게 된다.

그런데 고령자가 생활하는 공간의 공기가 오염되었다고 해서 건강한 젊은이가 생활하는 공간과 마찬가지로 간단히 창을 열어 환기를 하면 체온조절이 원활하지 못한 고령자는 쉽게 감기에 걸리거나 병원성 세균에 노출되어 건강을 해칠 우려가 있다. 그러므로 노인이 주로 사용하는 공간에서는 공기청정장치나 기계환기를 하는 것이 바람직하다. 그리고 창보다 높은 부분의 공기를 교환할 필요가 있으며 기계환기설비는 창보다 높은 위치에 설치하는 것이 효율성이 높다.

한편, 어린이가 사용하는 공간은 다른 방보다 활동성이 많기 때문에 공기가 쉽게 오염된다. 따라서 자주 환기를 시켜 주어야 하는데 이 때 창의 높이가 문제가 된다. 어린이는 호기심이 많고 위험을 지각하지 못하는 경향이 있으므로 창 밖에서 누군가가 부른다거나 구경거리가 있을 때 창에 걸터앉거나 하여 추락의 염려가 있으므로 외부에 면하는 창에는 안전장치를 할 필요가 있다.

4. 열환경

온열감은 피부만으로 지각하는 감각은 아니나 감각적으로 느끼는 부분이 크므로 촉각과 관련된 환경조건으로 다루기로 한다. 열환경은 설비계획과 창과 지붕의 디자인, 재료 및 구조 등과 밀접한 관련이 있으며 한가지 조건에 의해 지각되기보다는 여러 가지 조건의 종합적인 영향을 받는다.

열환경에서 가장 중요시 생각하는 것은 겨울에는 따뜻하게 여름에는 시원하게 보내는 방법을 강구하는 것일 것이다. 특히 우리 나라의 경우는 겨울이 여름보다 상대적으로 길어 겨울을 따뜻하게 보낼 수 있는 열환경에 대해 더욱 주목하는 경향이 있다. 여기에서는 방한과 방서, 그리고 열환경에서 주로 고려하는 단열과 결로에 대하여 언급하기로 한다.

1) 방한과 방서

우리가 덥다거나 춥다고 느끼는 감각을 온열감각이라고 하는데 온열감각에 영향을 주는 온열환경 요소는 기온, 습도, 복사, 기류가 대표적이다. 온열환경 요소가 동일하다고 해도 그것을 느끼는 인간 측면의 요소에 따라 다르게 느끼게 되는데 온열감각에 영향을 미치는 인간 측면의 요소는 인종, 연령, 성, 체격, 착의상황, 지역(생활양식), 시대 등에 따라 다르다. 대체로 청년은 노인에 비해 저온을, 여성은 남성에 비해 고온을 좋아한다.

보통, 71℃에서는 약 30분간 견딜 수 있으며, 49℃에서는 1시간은 견딜 수 있으나 육체적, 정신적으로 전혀 활동하지 못한다. 29℃에서는 정신적 활동이 둔해지고 반응이 늦고 착오가 시작된다. 24℃에서는 육체적으로 태만해진다. 18℃는 가장 좋은 상태이며, 10℃는 손발의 끝이 굳어지기 시작한다. 쾌적범위는 여름에는 18～24℃, 겨울에는 17～22℃가 적당하며, 습도 70% 이상이면 불쾌감을 느낀다.

온열감각을 나타내기 위하여 여러 가지 온열지표가 사용되는데 그 중 가장 일반적으로 사용하는 것은 불쾌지수이다. 불쾌지수는 ([건구온도]+[습구온도])×0.72+40.6으로 구하는데 불쾌지수 70이면 불쾌감을 호소하는 사람이 약간 있고, 75이면 50%의 사람이 불쾌감을 느끼며, 79가 되면 대부분이 불쾌감을 느끼고 85이상이 되면 작업을 중지할 정도로 불쾌감을 느끼게 된다. 불쾌지수는 간단하게 나타낼 수 있으나 온도와 습도만을 문제삼고 있기 때문에 학문적인 평가가 낮다. 학문적으로는 유효온도(effective temperature : ET), 신유효온도(new effective temperature : ET*)나 표준 유효온도(standard effective temperature : SET)를 많이 사용한다. ET는 온도(흑구온도), 습도(상대습도), 기류를 조합한 지표이며, ET*는 1시간의 체제시간에서 준정상이라고 생각되는 조건에서 환경측(온도, 습도, 벽면온도, 기류), 인간측(착의량, 작업량)의 조건을 고려해서 해석한 체감지표로 상대습도 50%의 방을 표준으로 한 것이다. 다시 말하면 상대습도가 50%의 경우에 신유효온도 ET*는 건구온도와 같다.

겨울을 따뜻하게 보내기 위한 가장 값싸고 손쉬운 방법은 낮 동안의 일사를 충분히 받아들여 이를 축열해 놓았다가 밤 동안에 이용할 수 있게 하는 것이다. 이를 위해서는 건물을 긴밀성 있게 하고 열용량이 크게 하며 단열성을 높여 보온해야 한다. 그러나 우리 나라의 기후특성상 이러한 건축측면의 조치만으로는 부족하므로 난방설비를 하여 방한에 대비해야 한다.

표 4-15
주택 실내의 온습도조건

여름철				겨울철		
고급		일반		가습 있음		가습 없음
DB(℃)	RH(%)	DB(℃)	RH(%)	DB(℃)	RH(%)	DB(℃)
23～25	50～45	25～27	50～45	23～25	35～30	24～25

요즘의 건축물은 철근콘크리트조의 일체식 구조를 가지고 있어 긴밀성이 상당히 높으며 축열방식 또한 다양하게 개발되고 있다. 그러나 이러한 보온설계에 의해 결로 발생이 더욱 심하게 되고 실내공기가 빨리 더러워지게 되므로 이에 대한 고려를 해야 한다.

여름을 시원하게 보내기 위해서는 일사를 잘 조절하고 통풍을 잘 해야 할 것이다. 일사조절을 위해서는 지붕과 벽체, 창과 출입구, 그 밖의 건물외적 요소에 대하여 고려해야 한다. 지붕은 형태에 따라 열획득과 손실에 차이가 있는데 열획득이 쉬운 지붕의 형태는 열획득 면적이 바닥면적보다 크고 공간적으로 열취득이 좋은 남쪽방향으로 향한 형이다. 벽면은 직사 일사량을 가장 많이 받으므로 벽면의 방위, 경사각, 벽의 마감상태를 기후특성에 맞게 처리해야 한다. 창과 출입구의 일사조절방법은 투과재료를 사용하는 방법과 차양을 사용하는 방법이 있으며 차양에는 수평형, 수직형, 혼합형이 있다. 그 밖의 건물외적 요소로는 건물주변의 수목을 들 수 있다.

통풍에 대해서는 전술한 공기환경에서 다루었으므로 생략하기로 한다. 그런데 통풍을 하면 온도조절뿐만 아니라 습기조절도 된다. 우리는 경험적으로 기온이 높지만 습도가 낮은 날에는 그리 체감온도가 높지 않음을 알고 있다. 이것은 습기가 온열감각에 주요한 요인으로 작용하기 때문일 것이다. 그러므로 여름철을 시원하게 보내기 위해서는 실내의 습기를 제거하는 것이 좋다. 습기를 방지하기 위해서는 충분한 환기량을 확보하는 것이 좋다. 단 장마철과 같이 바깥의 습도가 높을 때에는 환기시에 주의해야 한다. 그리고 실내의 수증기 발생을 감소하도록 노력해야 한다.

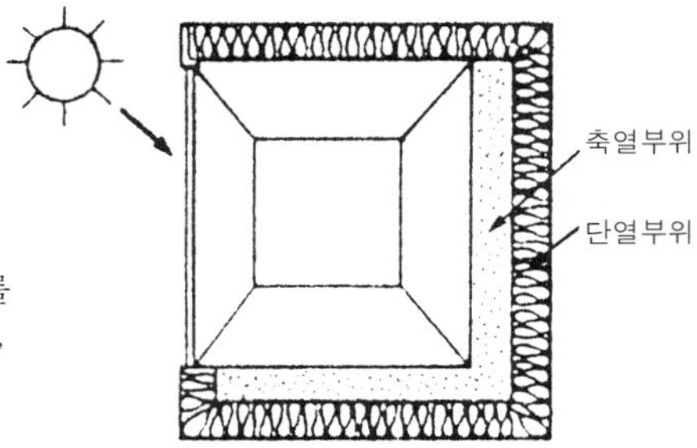

일사를 직접 실내로 끌어들이는 가장 보편적인 방법이다. 개구부로부터 일사를 받아들여 축열부위인 바닥, 벽을 데우고, 야간에는 이 부위의 방열로 실내온도를 안정시킨다.

(a) 직접적으로 일사를 이용하는 방법

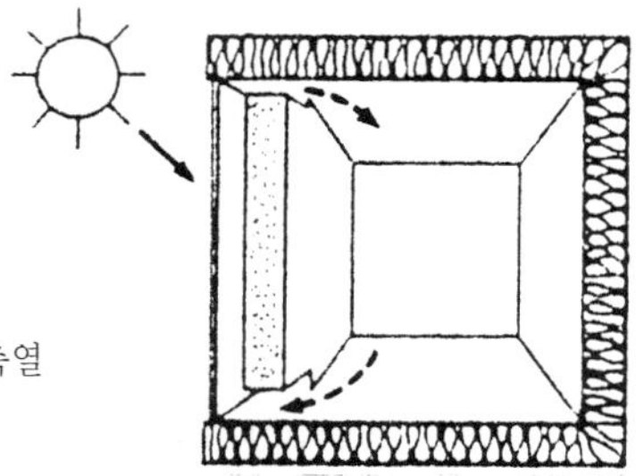

남쪽에 다층유리 등을 함께 사용하여 축열벽을 만들고, 이 벽을 통해 집열 · 축열시킨 후 야간에 실내로 방열되는 것을 이용한다.

(b) 간접적으로 일사를 이용하는 방법

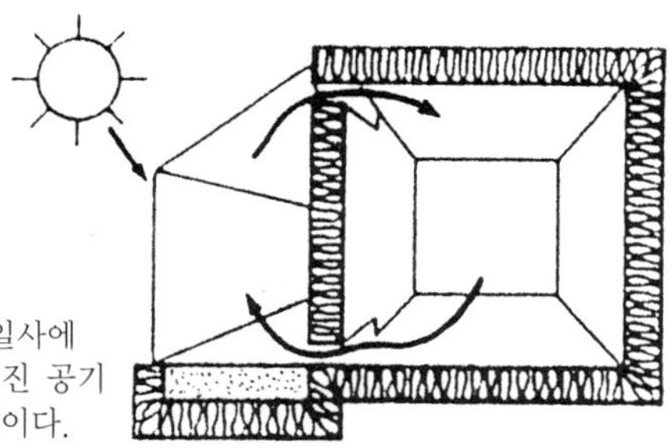

건물 남쪽에 온실을 만들어서 일사에 의해 온실 안을 데운 후 따뜻해진 공기가 인접된 방을 덥게 하는 방법이다.

(c) 온실을 만들어 잡열, 축열실을 분리시키는 방법

그림 4-6

건물의 보온설계방법

출처 : 주거환경학, 윤정숙, 1995.

2) 단열과 결로

열 흐름에 대한 저항을 크게 하는 것을 단열이라고 하는데 열 저항치가 높은 재료인 암면, 유리섬유, 발포 플라스틱 등이 주로 단열재로 사용된다. 단열재를 사용하지 않고도 수 센티미터의 공기층을 넣으면 단열효과가 있으므로 이를 이용해도 좋다. 즉 방한이나 방서의 효과를 높이기 위해서는 단열을 하는 것이 효과적이다. 건물의 열손실은 벽을 통하여 35%, 지붕 25%, 바닥 15%, 틈새나 환기 15%, 창 10%가 일어나므로 벽, 지붕, 바닥의 순으로 단열을 하는 것이 바람직하다.

단열은 단열재의 시공위치에 따라 외단열과 내단열로 구분된다. 외단열은 재료를 두껍게 해도 실내가 좁아지지 않고 실의 열용량을 증대할 수 있으나 방습층의 확보가 어렵고 단열재를 부착시킬 틀을 마련해야 하는 단점이 있다. 내단열은 내장재 밑에 바로 부착할 수 있어 편리하나 모서리부의 열손실이 커지고 제습통기층의 확보가 어려운 단점이 있다.

표 4-16 단열위치에 따른 장·단점

<table>
<tr><th colspan="3">단열의 위치</th><th colspan="2">장·단점</th></tr>
<tr><td colspan="2" rowspan="2">바닥단열(내단열)
· 바닥 밑 공간
개방형</td><td rowspan="2">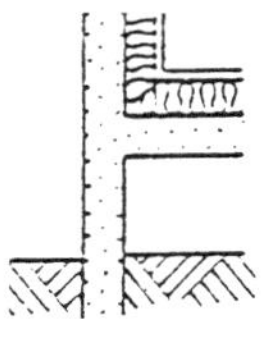</td><td>장점</td><td>· 바닥 밑 습기방지가 용이하다.
· 단열두께에 따라 열손실이 감소한다.
· 바닥 밑의 통풍 확보가 가능하다.
· 내수성의 단열재가 아니어도 좋다.</td></tr>
<tr><td>단점</td><td>· 바닥 밑 공간으로 찬 공기가 들어오기 쉽다.
· 실내온도 변동이 크다.
· 배관이 동결될 우려가 있다.</td></tr>
<tr><td colspan="2" rowspan="2">기초단열(외단열)
· 바닥 밑 공간
반밀폐형</td><td rowspan="2">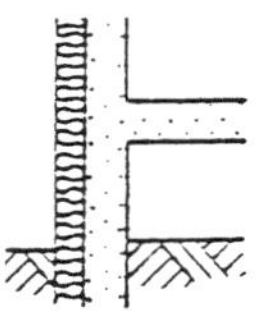</td><td>장점</td><td>· 상층의 열용량이 증가한다.
· 동결이나 빙토의 우려가 없다.
· 찬 공기의 침입이 완하된다.</td></tr>
<tr><td>단점</td><td>· 지반면의 방습이 필요하다.
· 단열두께와 깊이의 효과가 적다.
· 내수성의 단열재여야 한다.</td></tr>
<tr><td rowspan="3">흙바닥</td><td>바닥에 단열재가 없는 경우</td><td>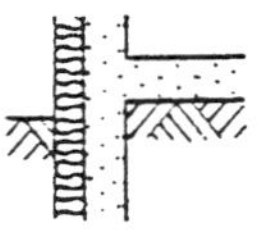</td><td colspan="2" rowspan="3">장점 : · 단열두께에 따라 열손실이 감소한다.
· 동결이나 빙토의 우려가 없다.
단점 : · 내수성의 단열재여야 한다.
· 방수나 방습시공이 필요하다.
비고 : 흙바닥 위에 단열하는 것이 좋은 지는 일률적으로 말하기 어려우며, 지역의 기후특성에 따라 바 닥단열의 최적 두께를 적용해야 한다.</td></tr>
<tr><td>바닥에 단열재가 있는 경우</td><td>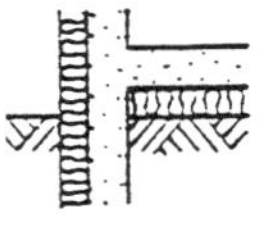</td></tr>
<tr><td>지하실</td><td>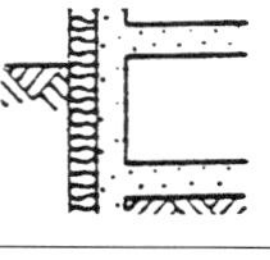</td></tr>
</table>

출처 : 주거환경학, 윤정숙, 1995.

건물의 결로는 덥고 습한 공기가 그 공기의 노점온도와 같거나 낮은 온도의 표면과 접촉할 때 발생한다. 결로는 표면결로와 내부결로의 형태가 있다. 표면결로는 벽, 창, 천장 및 바닥의 표면에 발생하는 결로로 표면에 수증기막이나 물방울로 나타난다. 단단하거나 흡수가 잘 안 되는 표면일수록 더욱 분명히 나타나며 흡수성 표면에서는 결로가 많이 진행되면 축축하게 젖게 된다. 내부결로는 벽체 내부에 발생하는 것으로 철골구조 등 구조체에 손상을 일으키고 단열재료의 성능을 떨어뜨리기도 한다.

그림 4-7
결로의 예측

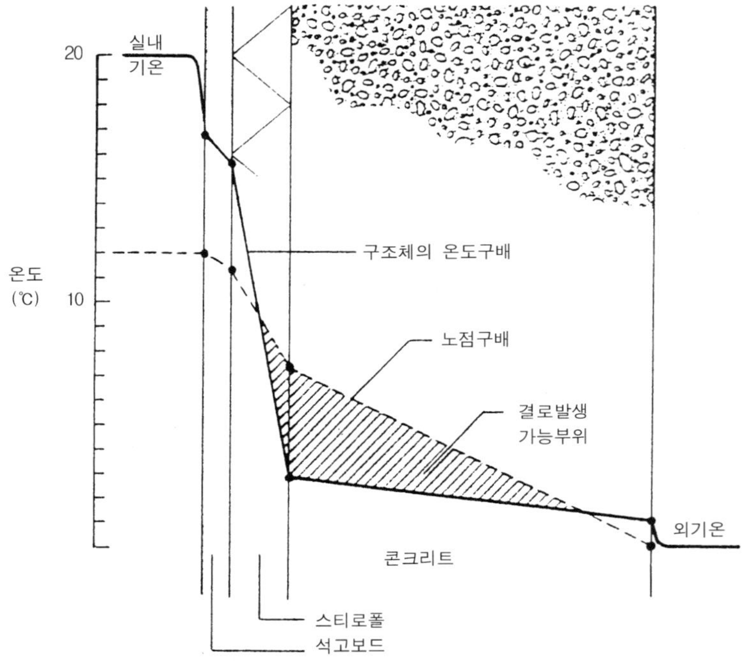

출처 : Environmental science in building, R. McMullan, 이언구 · 김광우 역, 건축환경과학, 1995.

결로를 방지하기 위해서는 환기, 난방, 단열에 주의해야 한다. 환기는 실내가 냉각될 때 결로를 발생시킬 가능성이 있는 습한 공기를 제거하므로 결국 결로방지가 되는데 수증기의 발생원 근처를 환기하면 가장 효과적이다. 난방은 실내표면온도를 상승시키므로 표면온도가 실내공기의 노점온도보다 높게 유지되어 결로방지가 된다. 그러나 더워진 공기는 더 많은 수증기를 포함할 수 있으므로 이 수증기가 나

중에 찬 표면과 접촉하여 응축하기 전에 환기를 통하여 제거해야 한다. 그리고 높은 온도로 단시간 난방하는 것보다 낮은 온도로 장시간 난방하는 것이 결로방지에 유리하다.

단열을 함으로써 열손실이 감소하고 실내 표면온도를 높이게 되므로 결로방지가 된다. 그러나 단열재의 사용으로 인해 내부결로의 발생을 촉진할 우려도 있으므로 단열재의 설치시에는 반드시 방습층의 설치가 필요하다.

3) 열환경계획을 계획할 때 인간 측면에서의 고려

열환경의 쾌적에 영향을 미치는 인간 측면의 요소는 활동량, 착의량, 나이, 성별이다. 즉 활동량이 많아질수록 인체는 더 많은 열을 발산하며 열발산량은 나이가 많아질수록 감소한다. 또 성인 여자의 열발산량은 성인 남자의 약 85% 정도로 성별에 따른 차이가 있다. 체내의 열생산은 연령 증가에 따라 감소하며 외계의 온도변화에 대한 체온조절기능도 약해진다. 생리적으로는 보통 25℃를 기준으로 그 이상이 되면 덥게 느끼고 그 이하가 되면 춥게 느끼게 된다.

우리는 보통 실내에서 맨발로 생활하는데 따뜻한 방에서부터 차가운 복도로 이동하면 혈압이 상승하여 위험하게 된다. 고령자의 경우에는 고혈압이 많으므로 혈압을 상승하는 원인이 되는 바닥면 온도를 잘 관리해야 한다. 예를 들면 북쪽의 방과 마루의 온도를 최저 13℃ 이하가 되지 않도록 단열시키는 것이 좋다. 그리고 특히 노인의 경우에는 온냉감이 둔해져 뜨거운 것을 만져도 금방 반응하지 못하여 화상을 입거나 급격한 온도변화에 대응하지 못하여 감기에 걸리기 쉽다. 특히, 우리 나라와 같이 바닥난방을 하는 곳에서는 저온화상을 입기 쉬우므로 주의해야 한다. 또한 동계의 입욕을 위한 탈의시에 급격한 혈압상승이 생기므로 욕실과 탈의실에는 반드시 난방시설을 해야 한다.

쾌적한 온열환경 하에서는 고령자의 류마티스나 관절염 등의 증세가 완화되므로 고령자 주택에서는 난방설비가 중요시되는데 중앙난방방식이 바람직하다. 실내온도는 전체적으로 21℃ 정도 난방하는 것이 좋으며 사람의 체온은 머리보다 발이 낮으므로 발 부분의 온도가 높도록 계획하는 것이 좋다. 그러나 바닥면 온도가 26℃ 이상이 되면 불쾌해지기 쉬우므로 유의해야 한다. 또한 야간의 실내온도는 10℃

이하로 내려가지 않도록 유지하고 침실이나 화장실 사이의 온도변화가 적도록 유의해야 한다.

한편, 어린이가 주로 사용하는 공간에도 중앙집중식 난방방식이 적당하며 바닥에는 카펫이나 면패드 등을 깔아 따뜻한 촉감을 느낄 수 있도록 하는 것이 좋다. 특히 열원이 보이는 난방기구의 사용은 화재의 위험이 있으므로 피하는 것이 좋다.

제5장 주거공간과 인간공학

1. 인체치수와 주거공간계획

1) 치수의 단위

고대의 치수단위로 스타디온(stadion)이라고 하는 척도가 있는데, 이는 경기장을 의미하는 스타디움(stadium)의 어원에서 유래되었다. 이 스타디움은 1스타디온의 코스를 가진 경기장을 의미한다. 스타디온이라는 치수는 아침 태양이 사막의 지평선으로부터 떠오르려 하는 순간부터 태양을 향해 걷기 시작하여 태양이 지평선을 벗어나려 하는 순간까지 걸어간 거리의 평균을 1스타디온으로 정하였다고 한다. 이때 소요되는 시간은 2분 정도이며, 성인의 보통 걸음으로 약 180m 정도의 거리이다.

또한, 구약성서 ≪창세기≫에 나오는 노아의 '통나무배'는 길이가 300cubit, 폭이 50cubit, 높이가 30cubit이었다는 기록이 있다. 여기서 큐비트(cubit)라는 단위는 기원전 6000년경의 고대 메소포타미아에서 시작되어 그리스, 로마시대에 이르기까지 사용된 길이의 기본적인 단위이다. 이집트의 상형문자에 의하면 큐비트는 팔꿈치라는 의미로 팔꿈치에서 중간 손가락 끝까지의 길이를 나타내는데, 지방이나 시대에 따라 다소의 차이는 있으나 약 50cm 전후이다.

이러한 고대의 치수단위는 인간을 기준으로 한 것이기 때문에 우리들의 감각과 행동에 깊이 관련이 있는 인간척도(human scale)이다.

동양의 척(尺)과 서양의 피트(feet)도 인간척도의 하나이다. 척은 엄지와 검지손가락을 펴서 척도를 재는 형상을 문자화한 것이며, 피트는 발의 뒷부분에서 발톱 끝까지의 길이를 의미하는 말이다. 즉 이 모두가 인간의 신체 일부분에서 나온 척도이며 모두가 30cm로 거의 같은 치수이다. 또한 영국과 미국에서는 일반적으로 야드(yard)를 사용한다. 1야드는 더블 큐비트로 3피트(약 91cm), 즉 3척에 가까운 치수이다. 이러한 치수가 지금까지도 사용되고 있는 이유는 이 단위가 인체치수와 관련을 가지고 있어 인간이 사용하기 쉽게 되어 있기 때문일 것이다.

현재 우리 나라의 치수단위는 공식적으로 미터(m)법을 사용하고 있으나 일상적으로 척관법(尺貫法)은 여전히 상용화되고 있다. 이는 1m라는 치수는 파리를 통과하는 자오선(子午線)을 포함하는 지구 전주(地球 全周)의 4천만 분의 1의 길이로 정의된 것으로 인간과는 본래 아무런 관계가 없기 때문에 건축설계에서는 사용하기 어려운 점이 있기 때문이다. 특히 주거건축은 인간의 일상생활을 수용한다. 따라서 무엇보다도 휴먼스케일의 적용이 요구된다.

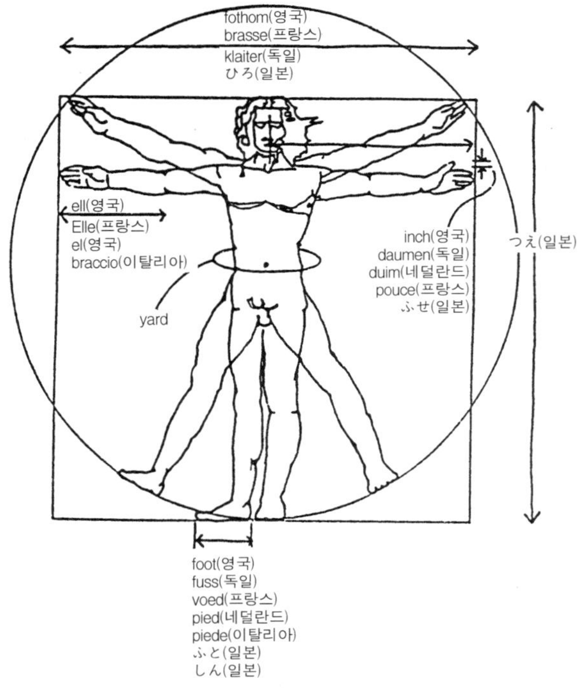

그림 5-1
인체에 따른 척도 호칭
출처 : 人間尺度論, 戸沼幸市, 1978

오늘날에도 주택의 싱크대와 새시 등의 척도는 3자(900mm), 3.5자(1,050mm), 4자(1,200mm), 4.5자(1,350mm), 5자(1,500mm)의 크기로 통용되고 있다. 또한 목재의 규격 치수도 4치(120mm), 5치(150mm), 6치(180mm) 등의 치수가 사용되고 있고, 또 철근이나 파이프의 직경도 6mm, 9mm, 13mm, 16mm, 19mm 등으로 생산되고 있다.

이러한 수치는 본래 인치(inch)제도로 1/8인치(약 3mm) 간격이기 때문이다. 미터법으로 되어도 이러한 규격이 생기는 것은 자(300mm), 치(30mm), 분(3mm) 혹은 피트와 인치라고 하는 척도가 부분적으로는 인간적이며 사용하기 쉬운 단위라고 하는 점과, 10진법이면서 부분적으로는 12진법으로 3등분할 수도 있기 때문일 것이다.

2) 인체치수와 주거계획

주택의 계획에 있어서 치수 결정은 가장 기본적인 사항이다. 오하라 지로(小原二郎)는 설계에서 가장 중요한 것은 치수를 정하는 것이라고 하였다. 즉 설계자의 고민은 기능면에서 요구되는 치수와 생활면에서 요구되는 치수의 두 가지 요구를 모순되지 않게 조화시키면서 결정하는 데 있다. 여기서 말하는 기능면에서의 치수결정이란 쓰기 편함에서 나오는 치수를 말하며, 인체에 대해 표준적인 설비와 물건의 높이 등을 의미한다. 반면 생활면에서 요구되는 치수는 인간의 인체치수와 물품의 치수 사이에 활동에 적합한 여유공간의 치수를 의미한다.

다시 말해, 인체의 치수와 주거의 관계에서 인체치수 그 자체가 주거의 설계나 가구집기의 치수로 결정되는 것은 아니다. 인간은 움직이는 범위-신체와 손, 발, 손가락 등의 작업영역-가 있으므로 주위에 충분한 여유공간이 필요하게 된다. 즉 신체에 대해 수직방향(신장, 손의 길이, 다리의 길이 등)과 신체에 대해 수평방향(어깨폭, 가슴폭, 보폭 등), 그리고 신체에 대해 부피(몸통두께, 가슴·배의 두께 등)에 대해 $+\alpha$(여유공간)의 공간치수를 결정하여 주거공간의 적정규모를 산출해야 할 것이다(그림 5-2).

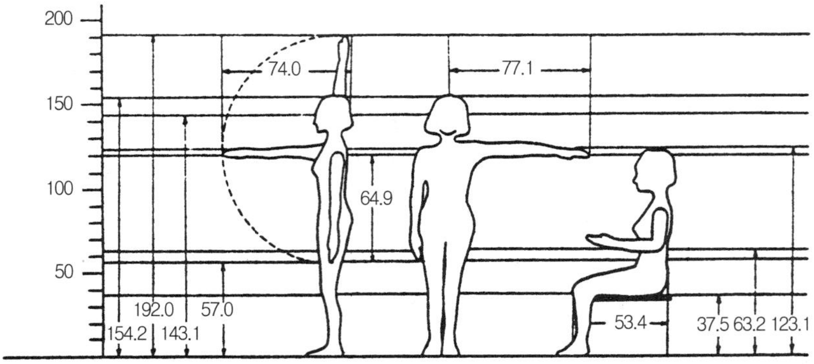

그림 5-2
인체치수와 사람의 동작
출처 : 住環境とヒト, 關邦博 · 佐藤方彦, 1988.

인체치수는 시대, 연령, 인종, 성별 등에 따라 차이가 있다. 최근 한국의 학생신체검사결과('95년도)에 의하면 10년간 고등학생 평균신장이 '85년도에 비해 남학생은 3.1cm, 여학생은 2.2cm나 증가하는 추세를 보이고 있다(조선일보 96. 2. 23). 그리고 한국인과 구미인의 신장을 비교해 보면 구미인이 약 10cm 더 크다. 그러나 앉은키는 남녀 모두 미국인과 거의 같다.

연령별 평균키에 대한 성장률(대한소아과협회, 1998)을 보면, 신생아 키는 평균 50cm이며, 출생 직후부터 만 2세까지 급속하게 성장하는데 1년 후(만 1세)에는 20cm 정도 자라 평균 70cm가 된다. 만2세는 88～92cm, 만2세～5세는 1년에 6cm 정도, 6세～사춘기에는 1년

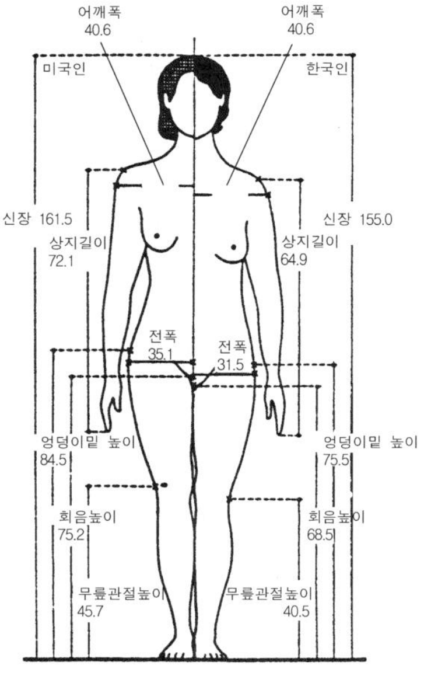

그림 5-3
한국인과 미국인의 체형 비교
출처 : 건축설계자료집성 3권, 건축공학연구회, 1983.

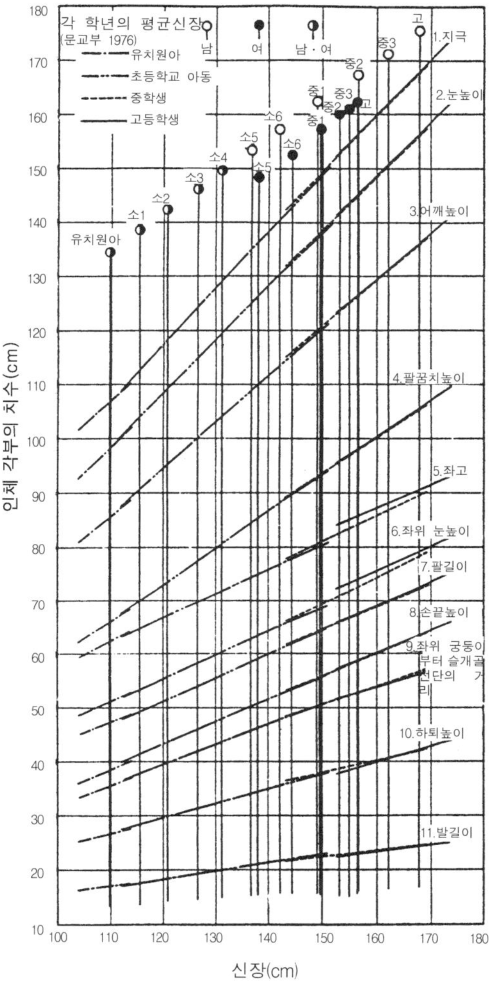

계측부위	약산비
1.지극(指極) (신장과 거의 같다)	지극 ≒H(신장) 유아·초등교(저학년) 약간 적다 고등학교 약간 크다
2.눈높이 (비(比)로 나타내는 것보다 신장에서 상수를 뺀 값으로 구하는 것이 좋다)	유아·초등교(저) ≒H-11.0cm 초등교(고)·중학교 ≒H-11.5cm 고등학교 ≒H-12.0cm
3.어깨높이 (대략 0.8H로 보아도 된다)	유아·초등교(저) ≒0.79H 초등교(고)·중학교 ≒0.80H 고등학교 ≒0.81H
4.팔꿈치 높이 (하지의 발육에 비례하여 높아진다)	유아 ≒0.60H 초등교(저)≒0.61H 초등교(고)·중학교 ≒0.62H 고등학교 ≒0.63H
5.좌고(坐高) (신장과의 관계가 크며, 그 비는 연령에 따라 다르다)	유아 ≒0.57H 초등교(저)≒0.56H 초등교(고)·중학교 ≒0.54H 고등학교 ≒0.55H
6.좌위 눈높이 (좌고에서 상수를 뺀 값으로 구하는 것이 좋다)	유아·초등교(저) ≒좌고-110cm 초등교(고)·중학교 ≒좌고-11.5cm 고등학교 ≒좌고-12.0cm
7.팔길이 (신장과의 비는 거의 일정하다)	유아·초등교 중학교·고등학교 ≒0.43H
8.손가락 끝높이 (하지의 발달에 비례하여 높아진다)	유아 ≒0.35H 초등교(저)≒0.36H 초등교(고)≒0.37H 중학교·고등학교 ≒0.38H
9.좌위 궁둥이부터 슬개골 전단의 거리 (신장의 약 1/4)	유아·초등교 ≒0.33H 중학교·고등학교 ≒0.34H
10.하퇴높이 (신장의 약 1/4)	유아 ≒0.24H 초등교·중학교 고등학교 ≒0.25H
11.발길이	유아·초등교(저) ≒0.155H 초등교(고)·중학교 고등학교 ≒0.15H

계측부위와 약산비

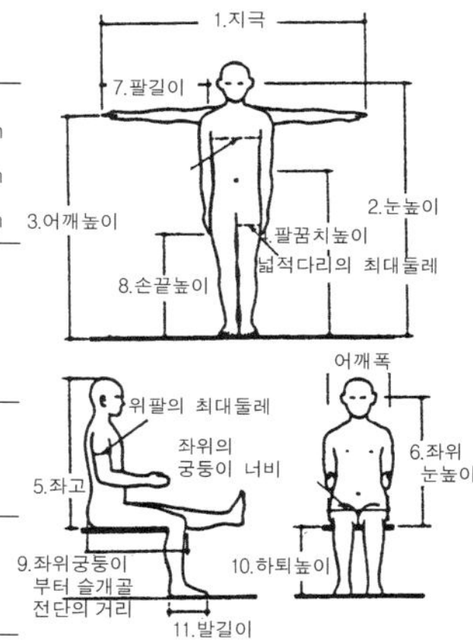

그림 5-4

신장을 기준으로 한 인체 각부 치수

출처 : 건축설계자료집성 3권, 건축공학연구회, 1983.

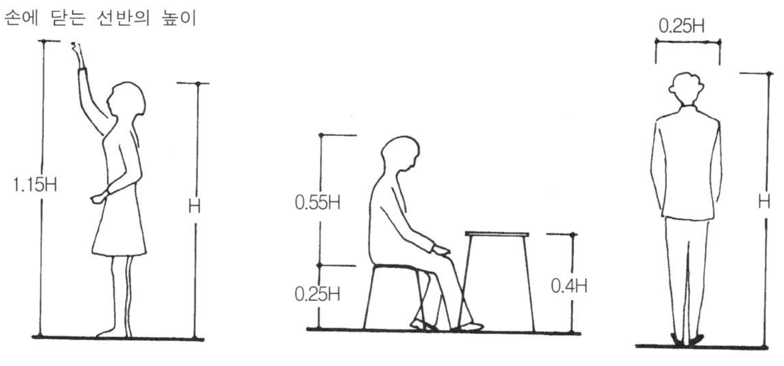

그림 5-5

인체치수의 약산치

출처 : 공간디자인의 원점, 김한수 역, 1996.

에 5cm 정도, 사춘기에는 2～3년 사이에 7～12cm씩 자란다. 사춘기가 끝난 2년 후에는 성장판이 닫혀 더 이상 자라지 않는다. 여자는 10～12세에 사춘기가 시작되어 만 14세 전후에 성장판이 닫히고, 남자는 11～13세에 사춘기가 시작되어 만16～17세에 성장이 거의 멈춘다. 유전적인 요인만을 고려하면 최종 신장은 남자의 경우(부모 키 평균 + 6.5)±5cm, 여자의 경우(부모 키 평균 - 6.5)±5cm이다.

또한 체위는 지역에 따라서도 현저한 차이를 보이고 있다. 성인의 신장을 비교하면 일반적으로 도시형의 평균키는 전국 평균보다 약 2cm 크고 지방형의 평균은 전국 평균보다 약 2cm 작다는 보고가 있다. 그리고 신장과 인체의 각부분과의 일정한 비율이 있음을 발견할 수 있다.

즉 팔을 벌린 지극(指極)은 신장(H)과 비례하며, 눈의 높이는 신장에서 상수를 뺀 값이 보다 정확하지만(H-11～12cm), 개략적으로 신장의 0.9H 정도이이다. 팔꿈치까지의 높이는 하지의 발육에 따라 차이가 있으나 개략 0.6H 정도이다. 이러한 약산치로 볼 때 손이 닿는 높이는 신장의 1.2배 정도이며, 어깨 폭은 신장의 약 1/4 정도의 비가 됨을 알 수 있다.

2. 비례와 주거계획

1) 비 례

비례의 문제는 한 시대를 통하여 아름다운 조형의 형태를 만들어내기 위한 가장 기본적인 문제중의 하나이다. 따라서 고대부터 비례관계에 기초를 둔 척도기준이 연구되어 조형의 원리로서 중시되어 왔다.

모든 비례이론은 시각구성 요소들 간에 질서감각을 창출하는 데 있다. 유클리드(Euclid)에 의하면 비율은 두 개의 비슷한 객체에 대한 양적 비교를 말하는 반면, 비례는 비율의 동등성을 뜻한다. 그러므로 어떤 기초적인 비례체계는 특정한 비율이요, 하나의 비율은 또 다른 비율로 변환되는 영구적 성질을 지닌다. 이처럼 비례체계는 건물의 각 부분과 부분뿐만 아니라 부분과 전체와의 연속적 시각관계를 수립한다. 또한 비례체계는 주거공간과 형태의 각 부분의 치수에 대한 미적인 근본원리를 부여한다.

비례에 관한 이론은 끊임없이 발전해 왔다. 먼저 우리의 전통적 비례 감각에 대해서 살펴보자.

한국사람은 신체구조나 눈의 높이를 매우 중요시하였다. 눈을 수평 기준으로 잡고 위쪽에 있으면 높다 하고 아래 있으면 낮다고 한다. 그리고 어깨 넓이를 기준으로 크면 넓다 하고 작으면 좁다 하며, 같으면 알맞다고 한다.

또한 비례의 설정에서도 인체의 조직에서 유래된 법식을 응용한다. 그 중의 하나가 '구 · 고 · 현법'인데 서양식 기하학에서의 직각삼각형과 같다. 구(勾)는 넓적다리이며, 고(股)는 종아리를 말한다. 그리고 현(弦)은 구와 고가 직각일 때 빗변으로 생기는 변을 말한다. 다시 말해 허리를 펴고 반듯하게 앉아 바닥에 넓적다리를 붙이고 종아리를 직각이 되게 하면 넓적다리는 삼각형의 밑변이 되고, 종아리는 높이가 된다. 발뒤꿈치에서 사타구니로 선을 그리면 빗변이 되면서 3, 4, 5의 비례를 갖는 직각삼각형이 된다. 이러한 비례적 치수는 국부적인 구조에 국한되지 않고 대규모 건축물에서도 적용하였다. 한 사례로 경복궁 광화문을 들 수 있다.

그리고 치수의 기본단위는 척(尺)이란 단위를 사용하였는데, 한국사람의 평균 신장은 5척(尺)으로 하였다. 사척단구(四尺短軀)와 육척장신(六尺長身) 사이에 오척이 있어 이를 평균치 혹은 중심치라 할 수 있기 때문이다. 특히, 우리는 3과 5의 숫자에 우주의 기본 질서적 의미를 부여하였다. 3의 수는 《천부경》에서 천일, 지일, 인일(天一, 地一, 人一)의 천지조화의 수로 해석하였으며, 또한 환인, 환웅, 단군의 삼신 사상이 3의 개념이다. 따라서 3은 우주 구성의 기반이 되는 수라고 해석하였다. 그리고 5는 1에서 9까지 이르는 수의 중심으로서 우주의 중심이며 반천(半天)의 기축(基軸)이 된다. 생성의 기반이 여기에 달린 것으로 보므로, 5는 우주의 중심이고, 반천의 기축이며, 또한 한국인의 평균 신장(5척)으로 하였던 것이다. 따라서 한국의 전통주택에서는 방의 적정규모를 설정하는 데 있어 사람의 느낌과 더불어 신체치수와 수리학적 요소들이 복합적으로 사용하고 있는데, 백성들의 살림집 규모는 3의 배수인 15, 18, 21, 24, 27척으로 규정하였다.

인간을 소우주, 집을 중우주라 여기려는 이 해석은 인간이 들어 생활할 집은 인간과 적합해야 하고 융화되어야 한다고 주장하는 것이다. 그래서 평균신장 5척에 우주의 기본수 3을 곱하여 15라는 수치를 설정한 것이다. 따라서 15척×15척의 방 중앙에 사람이 앉으면 사방 7.5척의 간격이 생기는데, 여기의 7.5척은 평균신장 5척과, 앉은 자세의 눈 높이까지의 평균치 2.5척이 합쳐진 것이다. 또한 이 2.5척의 눈 높이는 모든 입면의 기준선이 된다. 방의 천장 높이는 보통 7.5척으로 잡는데, 이것도 역시 앉은키 위(2.5척)에 서 있는 사람의 한 길을 합한 수치이다.

서양에서의 비례에 관한 내용은 레오나르도 다빈치(Leonardo da Vinci)에 의한 비트루비우스적 인간의 표현으로 대표되어진다(그림 5-7). 비트루비우스(Vitruvius)는 1세기 전 무렵의 고대 로마의 건축가로 그의 저서 《건축 제3서》에 "신전은 인체의 비율에 의해 구성되어야 한다"고 설명하였다. 이 비율의 몸체를 가진 인간이 이른바 '비트루비우스적 인간'이다. 수족을 벌린 성인 남자가 머리를 올려 누울 때 배꼽을 중심으로 하여 원을 그리면 수족의 양끝이 원에 내접하고 양손을 벌려 직립하면 정방형에 내접한다. 그리하여 인간 전신의 형태에 대응하는 원과 정방형은 가장 아름답고 조화로운 형태라고 하였다. 비트루비우스는 이를 도릭(Doris), 이오니아(Ionia), 코린트(Corinth)의 각 양식의 원주 지름과 길이와의 비례를 인체척도에서 찾아내어 각각 1 : 6, 1 : 7, 1 : 8로 하였다. 그림 5-8은 서양건축의 기둥양식 중 코린트양식의 비례체계를 설명하고 있다.

그림 5-6

한국인의 인체척도에 따른 공간척도

출처 : 공간과 생활, 김영철, 1993.

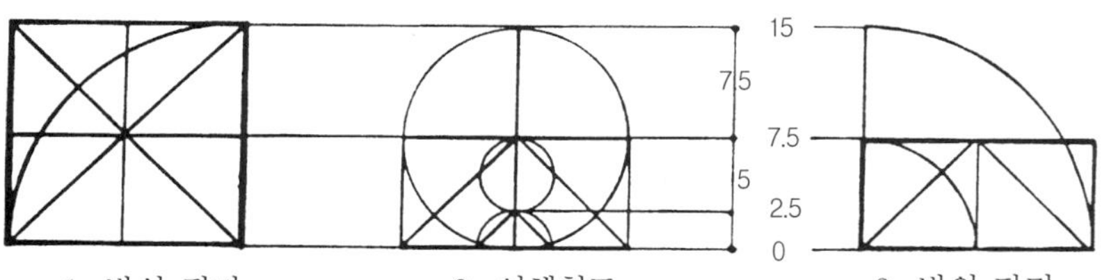

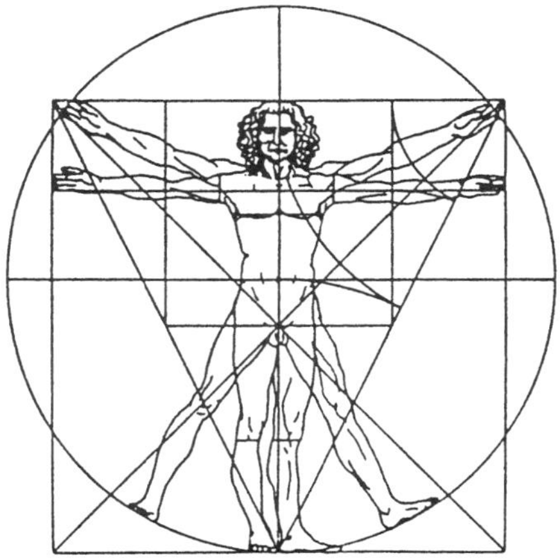

그림 5-7

레오나르도 다빈치에 의한 비트루비우스적 인간 표현

출처 : 건축설계, 자료집성, 1983.

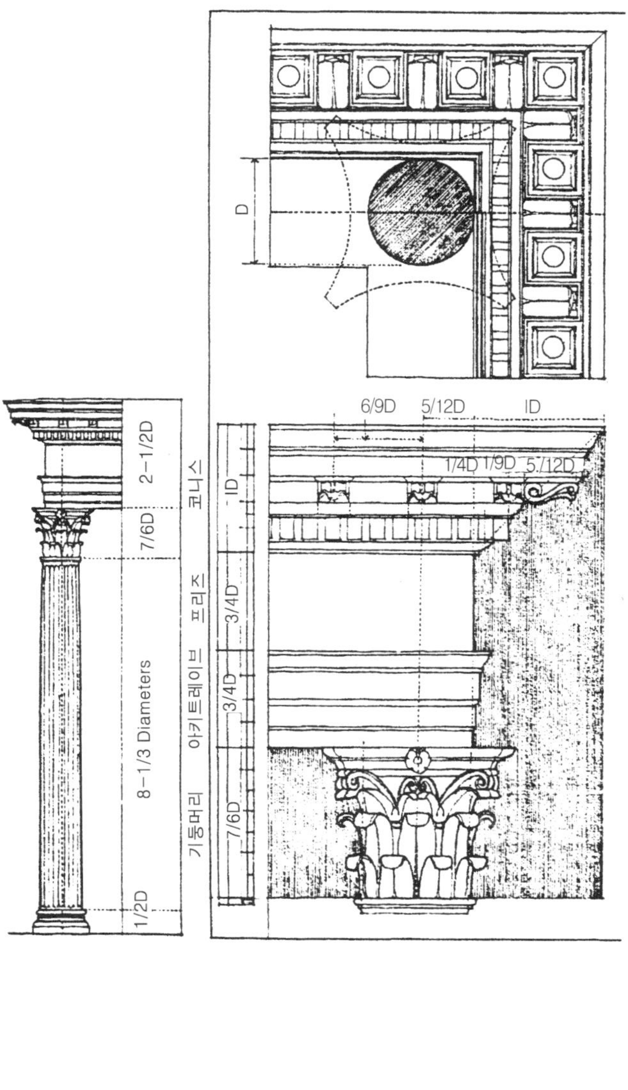

그림 5-8

비례에 따른 기둥양식의 예 (코린트 양식)

출처 : Form, Space, and Order, Francis D.K. Ching, 황연숙 역, 1997.

한편, 피타고라스 학파는 모든 사물은 수에 따라 배열된다라고 주장하였으며, 이후 플라톤은 피타고라스 수의 미학을 비례의 미학으로 발전시켰다. 그는 단순수열을 1, 2, 4, 8이나 1, 3, 9, 27과 같은 2배나 3배의 수열로 만들어 내기 위해 면적과 입방체를 이용하였다. 플라톤은 이러한 수와 비율을 그리스의 음악적 화음범주에 포함시키고, 조화로운 구조로써 표현하였다(그림 5-9).

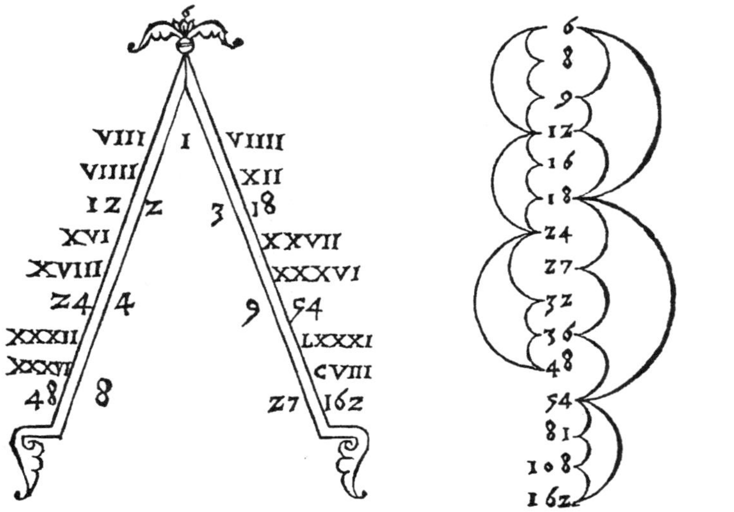

그림 5-9

그리스 음악이론의 모체가 된 피타고라스의 이론에 따른 비례

출처 : Form, Space, and Order, Francis D.K. Ching, 황연숙 역, 1997.

모든 건물은 고도의 질서체계 안에서 이루어져야 한다고 믿었던 르네상스 건축가들은 그리스의 수학적 비례체계를 이용하기 시작했다. 그리스인이 기하학을 소리로 해석한 것이 음악으로 생각했던 것처럼, 르네상스 건축가들도 수학을 공간적 단위로 해석한 것이다. 이들은 피타고라스의 이론을 그리스 음악의 스케일 숫자간 간격비율에 적용함으로써 깨어지지 않는 비율의 수열을 개발하였다. 이러한 비율의 연속은 단위공간이나 파사드의 치수뿐만 아니라, 연속된 공간이나 완전한 평면에 대한 맞물림 비율의 산출에 있어서도 적용하였다.

한편, 이탈리아 르네상스에 가장 큰 영향을 미친 팔라디오는 1570년 베니스에서 출판된 《건축 4서》에서 방을 가장 아름답고 비례에 맞게 만드는 기법으로 원, 정사각형, 1 : $\sqrt{2}$, 3 : 4, 2 : 3, 3 : 5, 1 : 2의 비례체계 7가지를 제안하였다.

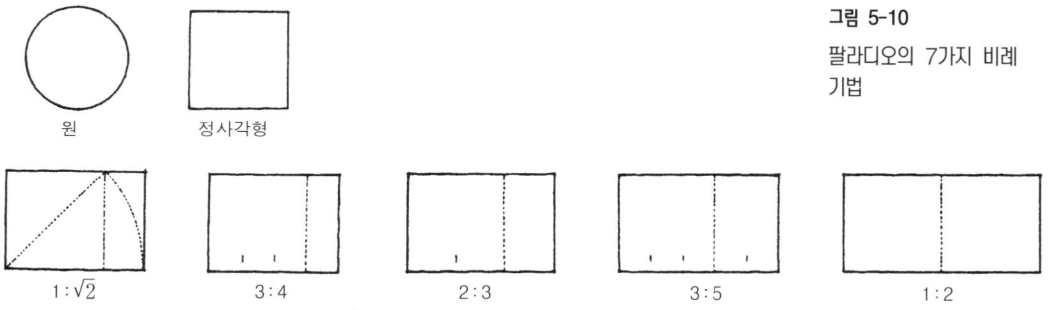

그림 5-10
팔라디오의 7가지 비례 기법

출처 : Form, Space, and Order, Francis D.K. Ching, 황연숙 역, 1997.

또한 그는 방의 폭과 길이의 적당한 비례로 높이를 설정하는 방법을 제안하였다. 편평한 천장이 있는 방의 높이는 폭과 같이 하며, 볼트형 천장으로 된 정방형의 방에서는 방의 높이를 폭보다 1/3 정도 더 높여야 한다고 하였다. 그 외의 방에 대한 높이의 결정은 피타고라스의 이론을 적용하였다. 여기에는 산술적, 기하학적, 조화적인 세 가지 유형의 방법이 있다(그림 5-11).

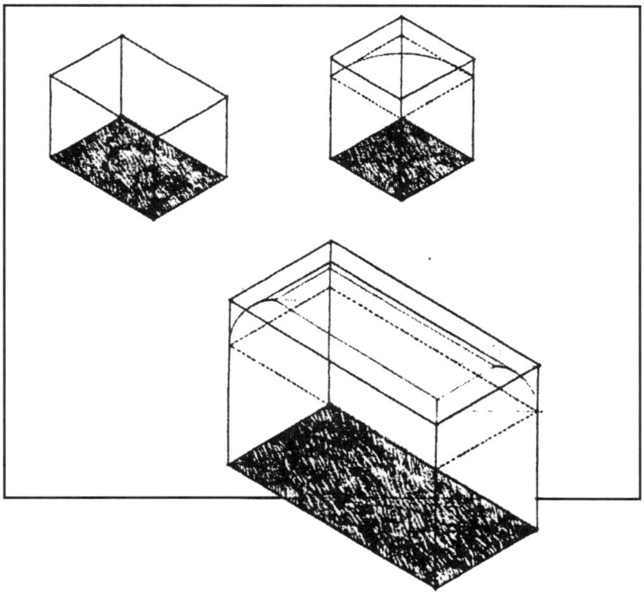

그림 5-11
비례에 의한 방의 높이 결정
출처 : Form, Space, and Order, Francis D.K. Ching, 황연숙 역, 1997.

산 술 적 : c−b/b−a=c/c (e. g. 1, 2, 3 … 또는 6, 9, 12)
기하학적 : c−b/b−a=c/b (e, g. 1, 2 ,4 … 또는 4, 6, 9)
조 화 적 : c−b/b−a=c/a (e. g. 2, 3, 6 … 또는 6, 8, 12) 등

이 각각의 경우에 있어서, 방의 높이(b)는 방의 최대 폭이 된다.

그리하여 그는 비례의 체계를 적용하면서 “아름다움이란 각 부분과 전체와의 관계를 전체적인 형태와 일치되게 함으로써 얻어지는 결과이다. 그렇게 함으로써 구조는 완벽한 몸체를 이루어 각 부품이 의도한 형태를 구성할 수 있게 된다”고 주장하였다.

18세기 이후 비례는 인간의 감각에 따라야 된다는 이론이 주장되면서 비례의 의미는 점차 축소되어졌지만, 르 코르뷔지에가 모듈을 제안함으로써 인체척도와 비례의 중요성은 또 다시 강조되어졌다.

2) $\sqrt{2}$의 비례

루트구형은 황금분할과 함께 그 응용의 예를 한국전통 공예에서도 찾아 볼 수 있다. 한 예로, 한국의 전통 반상(飯床)은 한국 여인이 팔로 양쪽을 쥐었을 때 어깨 넓이에서 약간 더 나온 크기로 만들었다. 이는 인체공학적으로 편안할 뿐만 아니라, 반상의 긴 변을 8로 볼 때 세로 폭은 5 정도가 되어 보기에도 훌륭한 황금분할의 구형을 갖추고 있다.

$\sqrt{2}$구형은 그림 5-12에서와 같은 작도법에 의하여 구할 수 있다. 직사각형의 단변 AD가 1일 때 장변 DE가 $\sqrt{2}$의 무리수가 되는 구형이 된다. 변 DC가 1일 때 피타고라스 정리에 따라 DB는 $\sqrt{2}$가 된다. 이것은 2등분, 4등분, 8등분되어도 그 비례가 항상 같이 되므로 종이의 절단규격으로도 널리 사용된다. KS통칙에 따라 A_0, A_1, A_2, A_3… 가 됨에 따라 전지, 2절, 4절… 로 나누어도 그 비례는 항상 같게 되어 있다. 고대 희랍인은 이러한 원리를 높이 평가하여 신전건축이나 항아리의 비례 기타 다른 구형의 기물을 디자인하는데 조형의 기본으로 삼아 왔으며, 오늘날에까지 주거공간의 형태나 파사드 계획에 널리 적용되어 오고 있다.

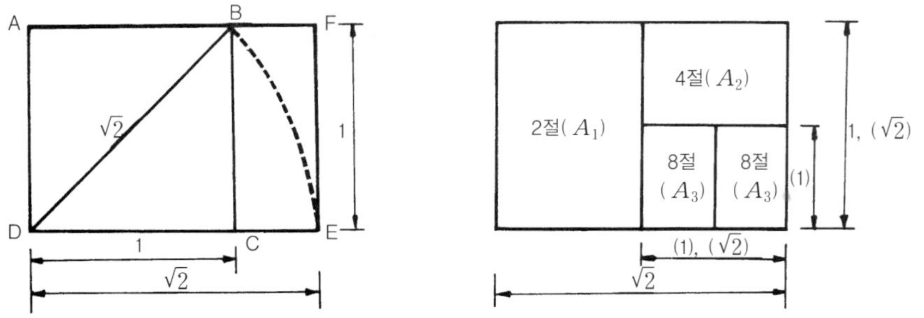

그림 5-12
$\sqrt{2}$구형과 그 응용

3) 황금비와 피보나치의 수열

유럽에서는 고대시대에서부터 피타고라스의 개념과 조화로운 우주의 구조를 명백히 할 수 있다는 믿음을 주었던 비례의 수학적 체계는 황금분할이라는 비례이다. 황금분할은 생체구조에서 뿐만 아니라 건축에 있어서도 그 존재를 설명해 주는 중요한 대수학적, 기하학적 비례개념이다. 이것은 $1 : (1 \pm \sqrt{5})/2 = 0.618 : 1 = 1 : 1.618$ 라고 하는 비율로, 이러한 황금분할에 가장 근접하는 수열이 피보나치의 수열이다.

피보나치 수열(Fibonacci series)이란 12세기 이탈리아 수학자 피보나치의 연구에 의한 것으로, 1, 2, 3, 8, 13, ……로 배열되는 각 숫자는 앞에 위치한 두 숫자의 합이며, 두 개의 연속되는 숫자 사이의 비율은 급수수열로써 황금분할에 가까워지는 경향이 있다(그림 5-13).

황금비로 분할된 것을 황금분할(golden section)이라고 하며, 종횡의 비가 이 수치로 된 장방형은 황금비 장방형이라고 하여 가장 아름다운 형태로 간주하였다. 그리하여 고대 그리스의 파르테논 신전을 비롯하여 역사적으로 유명한 많은 건축물들의 정면이 황금비로 구성되었음을 볼 수 있다.

황금분할은 그림 5-14와 같은 작도에 의하여 구할 수 있다. 정사각형 A, B, C, D에서 DC의 2등분점 O를 B와 연결하여 OB를 반지름으로 하는 원호(圓弧)를 O를 중심으로 그어 DC와의 연장선과의 교점 E를 잡는다. AB와의 연장선상에 DE와 같은 길이가 되게 점 F를 취하여 E와 연결하면, 직사각형 AFED는 세로 : 가로의 비례가 1 : 1.618인 황금분할의 구형(矩形)이 된다. 이러한 비례의 응용으로 $1 : 1.618 \fallingdotseq 3 : 5 \fallingdotseq 5 : 8 \fallingdotseq 8 : 13 \fallingdotseq 13 : 21 \cdots$ 등의 식이 성립되어, 작은 것 대(對) 큰 것의 비율은 큰 것 대(對) 전체의 비율이 됨을 유도할 수 있다. 이러한 황금분할의 구형을 이용한 것으로는 고대부터 현대에 이르기까지 많은 건축물뿐만 아니라 생활도구 등에서도 찾아볼 수 있다.

그림 5-13
피보나치 수열

		2쪽의 비
	0	
	1	
0 + 1 =	1	
1 + 1 =	2	2
1 + 2 =	3	1.5
2 + 3 =	5	1.6
3 + 5 =	8	1.625
5 + 8 =	13	1.6153
8 + 13 =	21	1.6194
……		1.6176

그림 5-14
황금분할과 분할의 계속원리

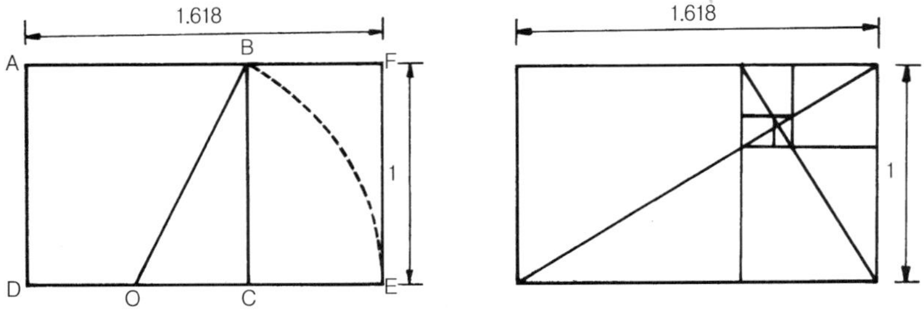

4) 모듈과 치수

모듈(module)이란 건축이 다수의 부재에 의해 구성될 때 여기에 포함되는 치수의 시스템을 가리키는 것으로 디자인의 의도에 따라 비례를 위한 모듈, 기본모듈, 규격치수로써의 모듈, 조직화된 척법계열 내지는 수열로써의 모듈로 구분해 볼 수 있다.

비례를 위한 모듈은 인간의 아름다움에 대한 욕구를 충족시키기 위해 모든 치수를 비례적으로 분할하는 것을 의미한다. 그리고 기본모듈(basic module)이란 일정한 치수를 단위로 하여 격자계획(grid planning)을 할 때 이 단위를 모듈이라 하기도 한다. 규격치수로서의 모듈은 부재를 조립하여 건축하기 위한 모듈이며, 건축 구성재의 치수관계를 모듈로서 조정하는 것을 모듈러 코디네이션이라고 한다. 이 경우 부재치수를 내법(內法)으로 마감하는 방법과 외법(外法)으로 마감하는 방법이 있으며, 그 주위를 면밀하게 체움으로써 조립은 말끔하게 이루어진다. 이러한 모듈러 코디네이션의 목적은 건축생산의 합리화와 건설비의 인하에 있다.

조직화된 척법계열 내지는 수열로서의 모듈에는 체계화된 수열이라는 의미도 포함되어 있다. 이 경우의 모듈수열은 가산성, 분할성,

배수성, 약수성 등을 어느 정도는 갖추고 있어야 한다. 여기에서 가산성과 분할성은 수열 중의 수치의 합이 같은 수의 수치의 배수가 역시 수열 안에 포함되어 있다는 것이다.

이러한 모듈 중에서 대표적인 코르뷔지에의 모듈과 르나르 수에 대해 살펴 보면 다음과 같다.

(1) 르 코르뷔지에의 모듈

르 코르뷔지에는 자신의 비례체계인 모듈러(moduior)를 개발했는데, 그것은 비례체계가 포함하는 것들의 치수에 질서를 부여하기 위한 것이었다. 그는 그리스와 이집트, 그리고 그밖의 측정도구를, "인체의 수학적 부분을 형성하기 때문에 무한히 풍족하고 미묘하며, 우아하고 품위가 있고, 우리를 감동시키는 조화와 아름다움의 원천"으로 보았다. 이 모듈은 두 가지의 수학식(황금분할의 미적 치수와 피보나치 수열)과 인체비례(기능적 치수)를 기초로 하고 있다.

그림 5-15

모듈러 르 코르뷔지에와 그의 작품

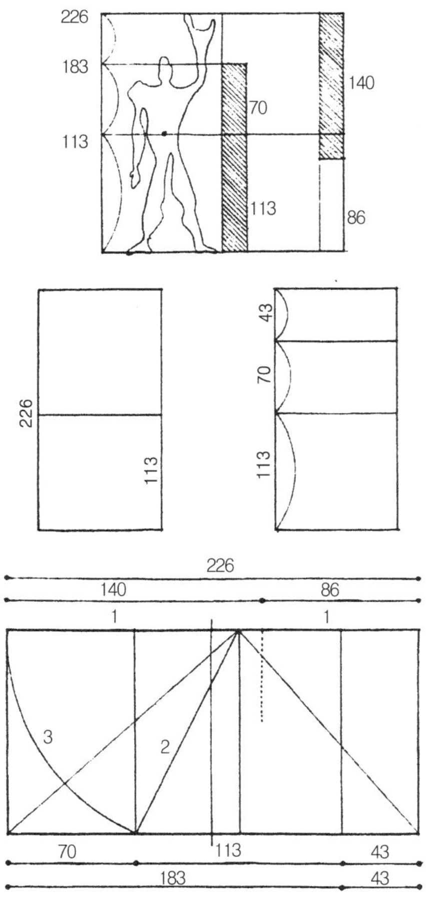

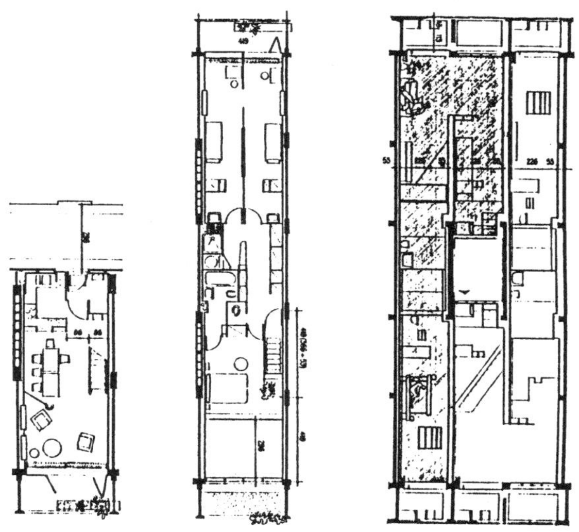

기본적인 그리드는 황금분할에 따라 43, 70, 113의 세 가지 측정단위로 이루어진다.

$$43 + 70 = 113$$
$$113 + 70 = 183$$
$$183 + 43 = 226(2 \times 113)$$

이 모듈 수열은 다음과 같이 유도되었다.

① 인간이 손을 올렸을 때의 높이를 배꼽높이의 두 배로 한다.

② 신장을 1,829mm로 하여 배꼽 높이를 황금분할에 입각하여 구해서 1,130mm로 한다.

③ 따라서 손을 올린 높이는 2,260mm가 된다.

④ 황금비에 의해 1,829mm를 전개하여 적계열(赤系列)로 하고, 2,260mm를 전개하여 청계열(적계열의 2배 수열이 된다)로 한다.

르 코르뷔지에는 모듈러를 단순히 선천적으로 조화를 이루는 수의 연속이 아니라, 길이와 외관, 크기를 조절하고 인체척도와 유지시키는, 즉 상이한 여러 요소들을 통일시키는 것으로 간주하였다. 그러나 르 코르뷔지에의 모듈은 미적 비율을 추구하는 고전적인 견해가 강하고, 치수치 자체의 것과 무리수를 사용하기에 어려운 점이 있다. 하지만 오늘날의 모듈에 불가피한 등비성(等比性), 가산성(加算性)을 구비하고 있어 여러 모듈의 기초가 되고 있다.

(2) 르나르 수(Renard number)

이 수열은 제1차 세계대전 당시 프랑스 포병장교였던 르나르(Renard)가 착탄관측용 기구(氣球)의 크기를 통일하기 위하여 창안한 것으로, $n\sqrt{10}$을 공비로 하는 등비수열로 되어 있다.

1에서 10까지를 등비적으로 분할한 수열로, 5분할(공비 : $5\sqrt{10}$), 10분할(공비: $10\sqrt{10}$), 20분할(공비: $20\sqrt{10}$), 40분할(공비: $40\sqrt{10}$)을 각각 R5, R10, R20, R40이라 부른다. 이것들은 당연히 무리수가 되므로 적당히 묶여 있다. 그러나 이 수열은 여러 분야에서 유효하게 사용되고 있지는 못하다.

이 수치의 성질을 열거하면 근사적이지만 다음과 같다.

① 르나르 수끼리의 더하거나 빼도 르나르 수이다.

② 르나르 수의 누승(累乘)도 르나르 수이다.
③ 르나르 수의 2배와 1/2도 르나르 수이다.
④ 분할 수가 많은 르나루 수는, 그보다 적은 분할에 의한 르나르 수를 포함한다.

R5	R10	R20	R40	R5	R10	R20	R40
1	2	3	4	1	2	3	4
1.00	1.00	1.00	1.00	2.50	3.15	3.15	3.15
			1.06				3.35
		1.12	1.12			3.55	3.55
			1.18				3.75
	1.25	1.25	1.25	4.00	4.00	4.00	4.00
			1.32				4.25
		1.40	1.40			4.50	4.50
			1.50				4.75
1.60	1.60	1.60	1.60		5.00	5.00	5.00
			1.70				5.30
		1.80	1.80			5.60	5.60
			1.90				6.00
	2.00	2.00	2.00	6.30	6.30	6.30	6.30
			2.12				6.70
		2.24	2.24			7.10	7.10
			2.36				7.50
2.50	2.50	2.50	2.50		8.00	8.00	8.00
			2.65				8.50
		2.80	2.80			9.00	9.00
			3.00				9.50

그림 5-16
르나르 수

5) 치수의 사용방법

디자인 작업은 최종적으로는 여러 가지의 설계조건을 만족하도록 재료·공법·치수를 결정함으로써 완결된다. 예컨대, 설계조건이 공간을 어떻게 연출하는가에 따라서 그것이 실현되고, 의도대로의 효과가 얻어지도록 상기의 세 가지 사항에 대해서 지시하는 매우 구체적인 형식으로 대응하지 않으면 안 된다. 여기서는 특히 치수의 결정에 대해서 언급하고자 한다.

설계치수를 결정하는 조건으로서는 기능적 조건, 디자인(아름다움)적 조건, 부품과 재료의 조건 등을 고려하지 않으면 안 된다. 기능적 요구치수는 기능적으로 취급해야 할 치수로서는 인체의 동작치수, 물품치수 등이 있지만, 이것이 그대로 설계치수로 이용되지는 않는다.

즉 인체활동에 적합한 여유공간의 확보가 요구된다. 따라서 기능적 조건에 의한 치수는 다음과 같이 구성되어 있다.

{인체동작치수}+{물품치수}+{여유공간치수}=설계치수

여기서 인체치수와 동작치수는 평균치로 결정되며, 물품의 경우 규격치수 등은 자주 변경될 것을 예측해야 한다. 또한, 공간의 기능과 사용방법, 가구의 수 및 크기 등은 고정된 것이 아니라 변동된다. 따라서 이러한 변화를 고려한 설계치수의 결정이 요망된다.

다음으로, 디자인상 요구되는 치수는 균형과 비례적인 치수 이외에도 원하는 분위기의 연출과 공간의 상징적인 효과 등을 살리기 위한 심리적, 시각적 효과를 고려해야 할 것이다. 그림 5-17은 파사드 계획의 예들을 보여 주고 있다. 파사드의 계획에 있어 기하학적인 비례의 적용은 표현의 심리적, 시각적 효과를 더해줌을 확인할 수 있다. 또한 비례의 적용은 전체건물과 분리되어 적용되는 것이 아님을 보여준다.

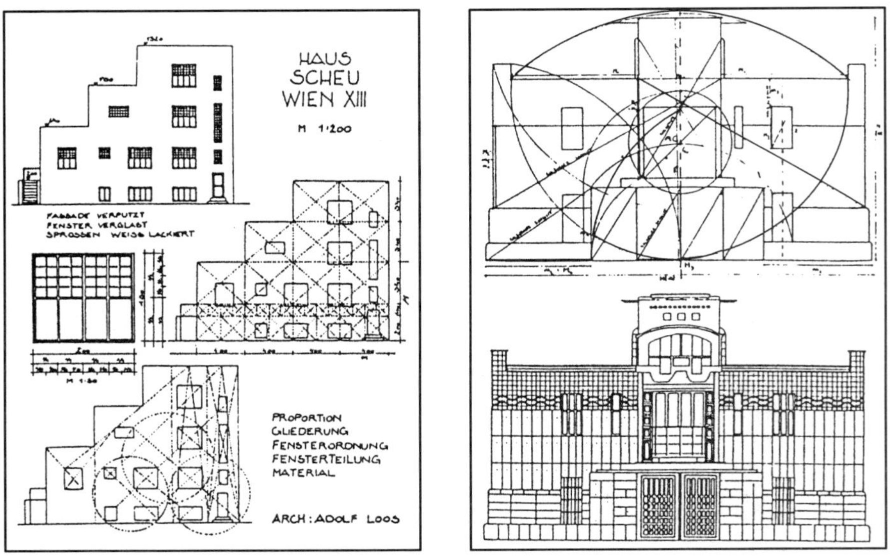

그림 5-17
비례체계에 따른 파사드 계획 예(학생작품)
출처 : Architectural Composition, Rob Krier, 진경동 · 박종호 역, 1994.

그리고 재료에 의한 치수 결정은 재료나 제품의 규격이 일반화된 부품과 경판(panel) 등의 치수를 무시하고 설계를 하면 비경제적이

될 수 있다. 따라서 규격제품의 종류와 이들 제품의 치수를 충분히 이해하고 설계에 적절히 활용하여 경제성을 높이는 방안을 모색해야 할 것이다.

3. 주거공간의 각실 치수 결정

1) 거실공간

거실공간은 사람들의 휴식과 신체활동을 위한 기구들을 수용해야 하기 때문에 인체와 거실공간의 대상물과는 여러 각도에서 검토되어야 할 것이다. 그 중에서도 사용자와 의자 또는 소파와의 관계는 특히 중요하다. 이러한 입장에서 본다면 의자의 높이는 뒷무릎 높이를 고려해야 하며, 의자 깊이는 엉덩이 끝에서 뒷무릎까지의 길이에 맞아야 한다. 의자들 사이에서 움직일 수 있는 최대의 신체 폭을 수용해야 하며, 반면 커피 탁자와 의자 사이는 신체의 도달치수가 적합해야 한다. 그리고 벽에 걸려 있는 그림의 높이는 눈높이와 밀접한 관계가 있다. 이와 같은 내용들을 중심으로 거실 공간계획시 기본적으로 고려해야 할 인간공학적 치수들에 대하여 살펴보자.

먼저, 거실에 소파를 배치할 경우 소파와 인체치수의 관계를 고려하는 것은 기본적인 고려사항이다.

그림 5-18의 (a)는 남성을 기준으로 한 소파의 앉은 인체측정치를 나타내고 있다. 소파에 앉아 있을 때 인체를 위한 공간을 결정하기 위한 주요 인체 측정치는 최대 신체 폭과 엉덩이 끝에서 뒷무릎까지의 길이이다. 95퍼센타일의 남성으로 옷을 입지 않은 상태인 신체의 폭 57.9cm를 기준으로 한다. 앉아 있는 자세의 성인남자에게는 옷과 신체동작과 자세의 변화에 따른 여유치수를 감안하면 71.1cm가 필요하다. 그러므로 전체 치수는 개인의 여유치수와 소파 제작시의 팔걸이 폭을 더해야 한다. 팔걸이의 폭은 디자이너의 개성에 따라 차이가 있으나 평균적으로 7.6~15.2cm가 권장치이다. 체격이 작은 사람의 엉덩이 끝에서 뒷무릎까지의 길이에 15.2~22.9cm의 여유치수를 더한 후, 등판시공에 필요한 길이와 다리를 움직이기 위한 공간을 합하면 106.7~121.9cm의 전체깊이가 권장된다.

다음으로, 순환을 고려하여 소파를 배치한다면 순환을 위한 공간적 여유치수가 필요하다. 그림 5-18의 (b)는 거실의 구석부분에 소파를 배치할 경우 순환적 통행에 방해받지 않고 편안한 휴식을 취할 수 있는 여유공간의 치수를 설명한 것이다. 인체측정학적으로 중요한 고려사항은 최대 신체 폭의 치수이다. 여유치수가 포함되어 있으므로 작은 사람보다 큰 사람을 기준에 따라 치수를 결정함이 바람직할 것이다.

그리고 그림 5-18의 (c)는 휴식과 대화를 가능하게 하는 좌석 배치상의 주요 여유치수를 설명하고 있다. 대화를 전제로 한 좌석배치의 경우 의자의 앞면과 탁자 끝선 사이의 여유치는 40.6~45.7cm가 되어야 한다. 이 여유치수로 이동과 접근에 있어 어느 정도의 신체접촉과 측면 접근이 발생할 수밖에 없다. 그러나 이 수치는 인체측정학적으로 앉아 있는 사람이 일어서지 않고 커피 테이블까지 접근이 가능한 인체 도달거리를 적용시키고 있다.

그림 5-18의 (d)는 거실공간에 설치되어 있는 높고 낮은 선반과 수납장소로의 접근가능치수와 인체치수를 설명한 것이다. 여기에 도식된 가구들은 거실공간에서 볼 수 있는 일반적인 유형의 가구를 나타낸 것이다. 성별이나 신체규격 등 사용자가 뚜렷하지 않은 상황에서는 작은 사람의 치수를 기준으로 삼는 것이 원칙이다. 사용자가 분명할 경우에는 실제적인 공간과 신체규격에 적절한 치수가 사용되어야 한다. 이 경우는 여성의 치수를 표시하였다. 키가 작은 경우 5퍼센타일의 신체규격을 데이터로 사용하였고, 키가 큰 경우 95퍼센타일의 데이터를 사용하였다.

한편, 거실의 크기 결정은 상기한 기본적 치수를 고려하여 그 적정치를 구하면 된다. 거실의 적정규모는 주택의 전체 규모나 가족 수, 가족구성 또는 경제적인 제약, 주생활방식, 타실과의 관계 등에 따라 결정된다. 일반적으로 거실면적은 주택전체 면적의 20~25%를 할애한다. 또한 가족 1인당 약 $4m^2$로 산정하면 무리가 없다. 일반적으로 양식 거실의 경우, 최소 규모로는 4m×5.5m, 표준치로는 5m×6m, 큰 거실의 경우는 6m×8m 이상이 필요하다.

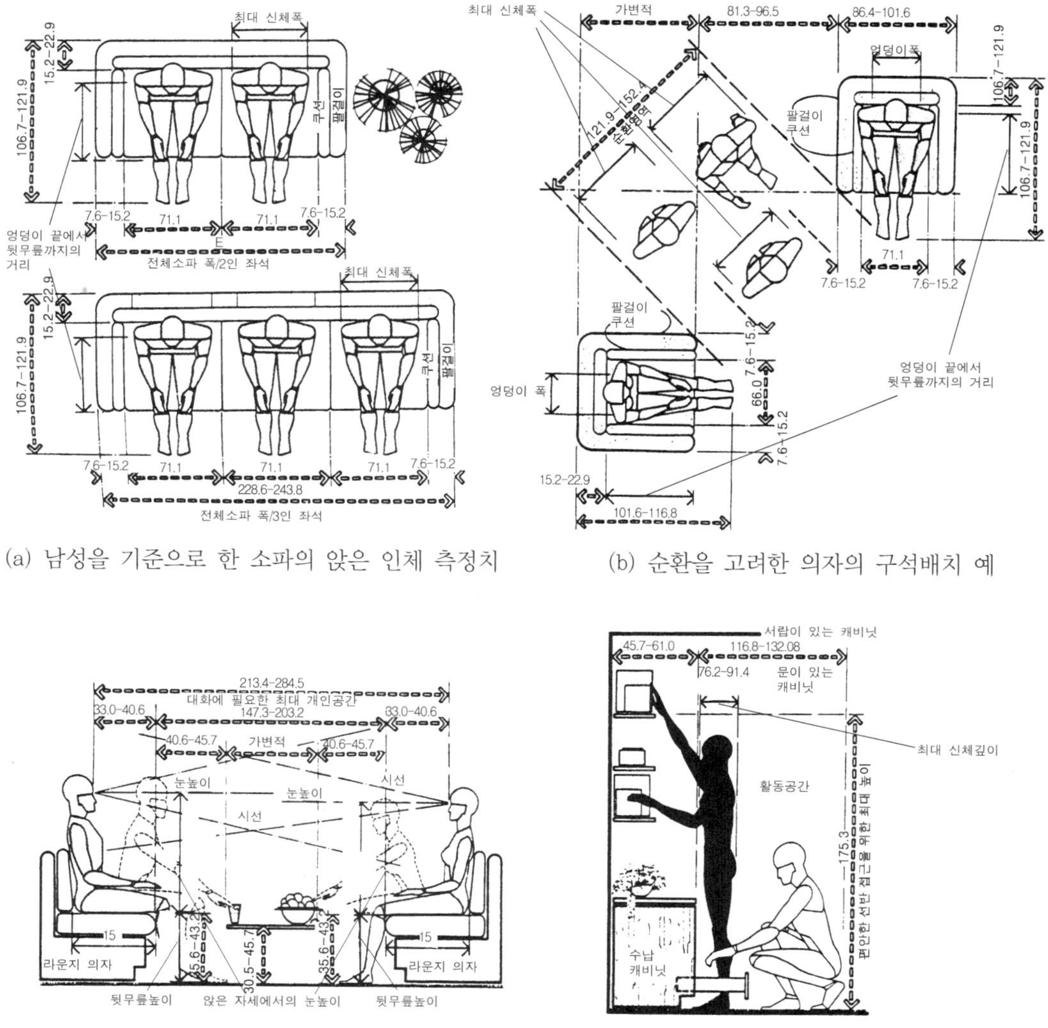

(a) 남성을 기준으로 한 소파의 앉은 인체 측정치

(b) 순환을 고려한 의자의 구석배치 예

(c) 의자배치의 수평거리

(d) 거실 수납공간의 치수

그림 5-18
거실공간을 계획할 때 인체 치수의 고려사항

2) 식사공간

식사공간에 대한 인간공학적 고려는 무엇보다 탁자 주위의 여유치수와 특정치수의 탁자가 수용할 수 있는 인원수이다. 탁자 주변과 벽 또는 다른 대상물과의 공간 여유치수는 다음의 두 가지 요소가 적용되어야 한다. ① 의자로 점유되는 공간, ② 몸집이 큰 사람이 의자와 벽 사이를 이동하는데 필요한 최대 신체 폭 등이다. 의자에 점유될

공간치수를 정하는 데 있어서는 식사 중에 있을 수 있는 몇 차례의 자세 이동을 고려해야 한다. 식사가 끝날 무렵 사람들은 일상적인 대화로 식사시 자세를 바꾸려 하기 때문에 식탁으로부터 보다 멀리 떨어지게 된다. 사람들이 자리에서 일어설 경우에는 의자가 뒤쪽으로 물러나야 한다. 의자가 식탁에서 가장 멀리 떨어져 있는 상태를 여유치수 기준으로 고려해야 한다.

먼저, 식탁은 식사공간의 계획은 생활양식과 음식종류, 식사의 형식 또는 비공식적 상황, 서비스의 정도, 사람 수에 따라 그 규격은 매우 다양하다. 일반적으로 45.7cm가 식탁의 최적 깊이이다. 최소치는 25.4cm이다. 만일 공동영역의 절반 정도가 개인영역으로 할애된다면, 식탁을 이용하는 사람의 숫자가 임의로 주어지더라도 그 숫자만큼 증가시키면 최적이나 최소의 치수를 산출할 수 있다. 이 때 최적 규격의 권장치수는 76.2cm×68.6cm이며, 최소 규격은 61cm×53.3cm이다(그림 5-19의 (a)).

그림 5-19의 (b)는 지름이 91.4cm의 4인용 원형식탁을 배치할 때 주위에 필요한 여유치를 나타내고 있다. 이 그림에서처럼 공간이용의 한계가 있고, 네 사람의 가벼운 식사 이외에는 개인공간이 매우 제한되어 있으며, 공동공간 활용도 매우 비좁아서 접시나 컵, 기타 식탁장식 등을 놓기에는 부족하다. 따라서 식탁 주위에서 벽이나 가까운 장애물까지는 최소 121.9cm는 떨어져야 앉아 있는 사람의 뒤로 이동이 가능하다. 따라서 식탁으로부터 이동시와 의자의 조정을 가능케 하는 최소 거리는 76.2cm~91.4cm이다.

그림 5-19의 (c)는 식사공간에서 일어날 수 있는 모든 동작들을 수용하기 위하여 식탁으로부터 벽 또는 가까운 장애물까지 91.4cm는 떨어져야 한다는 것을 나타내고 있다. 이 때 의자의 높이는 발이 바닥에 편안하게 닿을 수 있도록 해야 한다. 만일 의자가 정도 이상으로 높으면 다리는 의자에 매달리게 되어 대퇴부와 뒷무릎에 압착이 오게 된다. 41.3cm 정도가 의자의 일반적인 높이이다. 바닥에서부터 식탁 표면까지의 높이는 73.7~76.2cm이면 적합하다. 또한 식탁에 앉아 있는 사람 뒤로 서비스나 통행시 필요한 여유공간치수는 벽으로부터 121.9~152.4cm의 간격이 필요함을 보여주고 있다.

이상과 같은 요구 치수들은 고려한 후, 식사실의 크기는 가족수, 식사실내 가구의 종류 및 크기 등에 의해 결정하면 된다. 이 때 4~5

인 가족의 경우 식사공간의 최소 크기는 대략 3m×3.6m(3평) 정도이다.

그림 5-19
식사공간을 계획할 때 인체치수의 고려사항

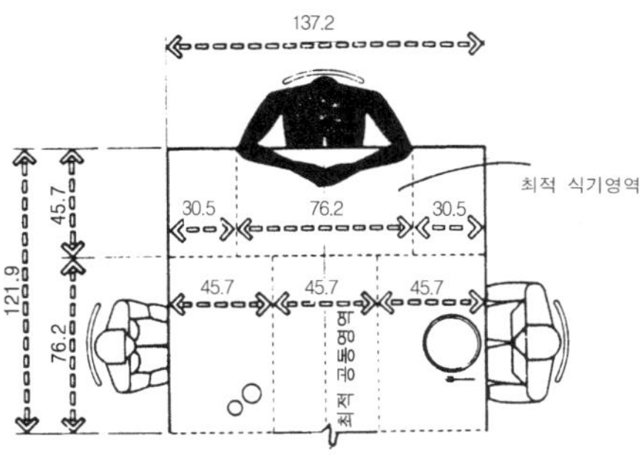

(a) 식탁의 최적 넓이

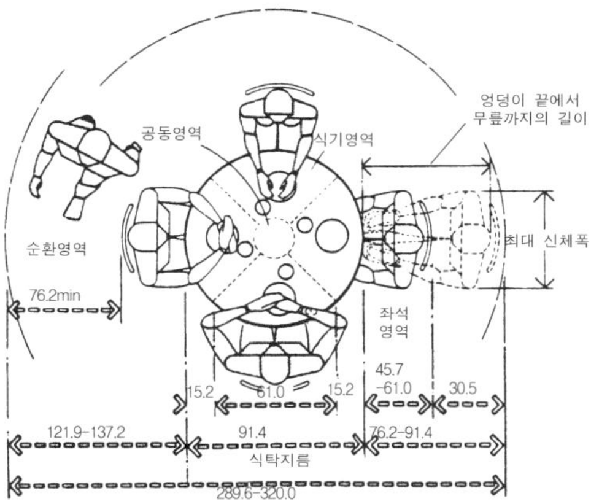

(b) 4인용 원형식탁의 여유치수

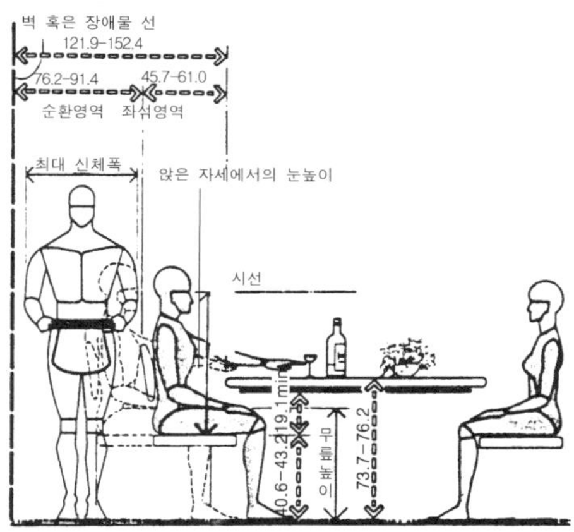

(c) 의자 뒷면의 여유치

3) 침실공간

침실공간 계획시 고려해야 할 인체치수와 침실공간의 다양한 구성요소들 사이의 관계를 살펴보고자 한다. 만일 디자이너가 침실공간을 지나치게 낭만적으로 장식하는 것에만 신경을 쓴다면 침실계획에 있어서 기본적인 인체치수의 고려사항을 소홀히 할 수 도 있다.

침실계획시 고려해야 할 인간공학적 측면은 다음과 같다.

① 침대 주위에 여유공간이 있는가?

② 이동공간뿐만 아니라 시트를 깔거나 침대 밑을 청소하기에 적절한 공간이 있는가?

③ 침대와 옷장 사이의 서랍을 열 수 있는 적당한 여유공간이 있는가?

④ 만일 창 밖의 풍경이 침실 분위기에 중요한 요인으로 작용한다면 창틀의 높이는 누워 있는 자세에서 인체의 눈 높이와 어떤 관계를 갖는가?

⑤ 2단 침대나 로프트형 침대에서 아래층 침대에 사람이 앉을 경우, 위층 침대 밑부분에 머리가 닿지 않도록 하기 위해 필요한 허용치수는 얼마인가?

⑥ 문을 열고 들어가 옷을 갈아입을 수 있는 옷장의 경우에 옷걸이에 걸린 옷들과 사람의 접근 사이의 허용치는 얼마인가?

⑦ 수납선반이 얼마만큼의 높이여야 손이 닿을 수 있는가?

⑧ 거울을 편하게 사용하려면 화장대 위로부터 얼마만큼의 높이에 있어야 하는가?

이러한 내용들 중 기본적인 사항들을 살펴보면 다음과 같다.

먼저, 그림 5-21의 (a)는 일반적인 1인용, 2인용 침대의 여러 가지 기준을 설명하고 있다. 여기에 그려진 인체는 단순히 침대에서 인체가 차지하는 공간면적을 보여주는 것이므로 이 치수를 정확한 치수로 적용해서는 안 된다. 사람이 수면하고 있는 중에는 그림에 나타나 있는 자세보다 훨씬 더 많은 공간이 필요하다. 침대 주위에 제시된 여유치수는 실제보다는 이론적인 내용이다. 그러므로 단지 침대규격을 쉽게 파악하도록 하며 인체규격과 침대규격의 일반적인 상관관계를 보다 쉽게 설명해 주고 있다.

그림 5-21의 (b)는 앉거나, 서거나, 누워 있을 때의 눈 높이와 이때의 각 자세에 따른 다양한 창턱 높이를 보여준다. 이러한 치수들은 외부의 조망에 관심을 둘 때는 매우 중요한 사항이다.

한편, 어린이들의 침실을 2단 침대로 계획할 경우는 그림 5-21의 (c)에서 보는 바와 같이 수직치수가 매우 중요하다. 여기에서 앉은키는 중요한 고려사항이다. 만일 천장 높이가 243.8cm인 경우에, 하부 침대에 앉은 어린이들을 모두 수용할 수 있다. 상부 침대의 바닥에서부터 천장까지의 높이는 사용자 어린이의 앉은키를 수용할 수 있는 최소치로 설정하며 오르내리는 사다리의 높이가 필요 이상으로 높지 않게 한다.

그림 5-21의 (d)는 침실 갱의실의 선반과 수납에 관련된 수직 여

유치를 보여주고 있다. 선반 설치는 인체의 도달이 가능한 위치여야만 한다. 높은 선반치수는 5퍼센타일의 남성과 여성의 데이터에 근거하고, 이 때 체격이 작은 사람도 이용이 가능해야 한다. 바닥으로부터 제일 높은 곳에 위치한 선반은 사용빈도가 낮은 물건들의 수납에 쓰인다. 옷을 거는 걸대 바로 위의 선반은 걸대의 높이와 중요한 관계가 있다. 선반의 밑바닥과 걸대 위와의 여유치는 옷걸이를 쉽게 넣고 꺼낼 수 있는 공간 정도여야 한다.

그림 5-21의 (e)는 사람의 출입이 가능하도록 만든 두 가지 유형의 수납시설이다. 걸려있는 옷들과 뒤의 선반수납장과의 여유치 91.4cm는 절반으로 줄여도 가능하다. 그러나 원하는 옷을 편안하게 선택하고 이동하려면 91.4cm의 공간치수를 유지하는 것이 바람직하다.

이상의 인간공학적 치수는 침실의 크기 및 형태를 결정하는 데 기본적 사항이 될 것이다. 침실의 크기는 실내 취침 인원수, 침구의 종류, 실에 설치할 가구의 종류, 환기 등의 문제에 따라 결정된다.

1실에서 취침하는 인원수는 특별한 경우 3인 이상일 수도 있으나, 최대 2인을 기준으로 하는 것이 이상적이다. 따라서 한식 침실의 경우는 가구 설치를 위한 면적을 제외한 최소 면적은 1인용 침실의 경우 2.7m×1.8m(약 1.5평) 정도이며, 2인용 침실의 경우에는 2.7m×2.7m(약 2.5평)이나, 적정치수로는 2.7m×3.6m(약 3평) 정도이다. 양식 침실의 경우는 침대의 종류나 침대의 위치, 각종 가구의 종류나 갱의실, 전용욕실 등의 유무에 따라 결정되나 비교적 작은 침실의 경우는 8~10m^2이나 표준적인 것은 10~15m^2 정도이며, 여유공간을 고려한다면 20m^2 정도의 면적이 요구된다.

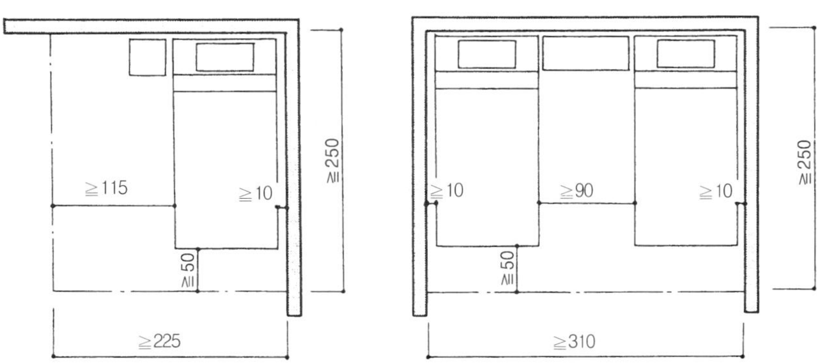

그림 5-20
침대의 필요치수

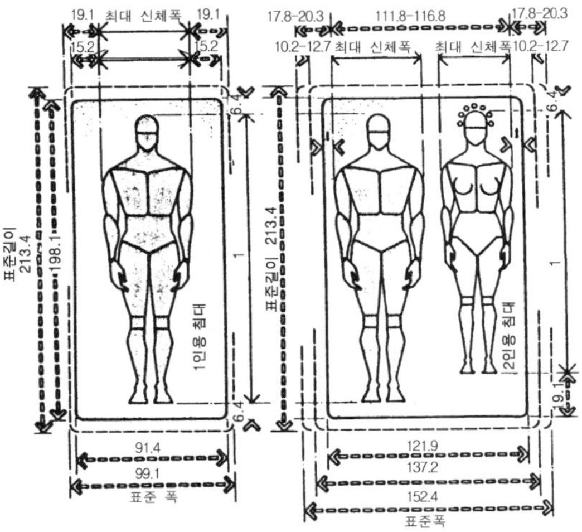

(a) 1인용과 2인용 침대의 크기

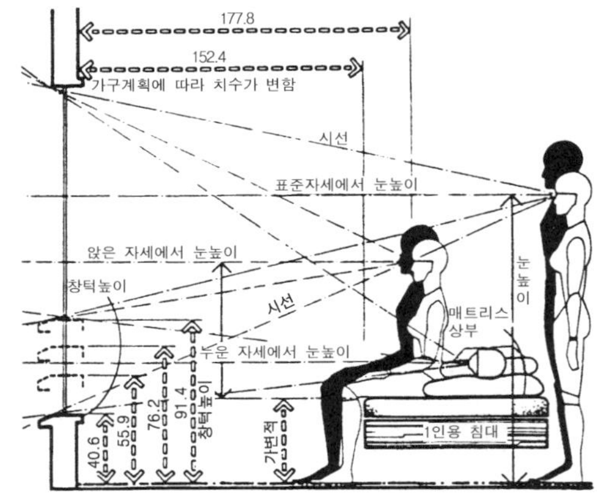

(b) 침대에서의 눈높이와 시선

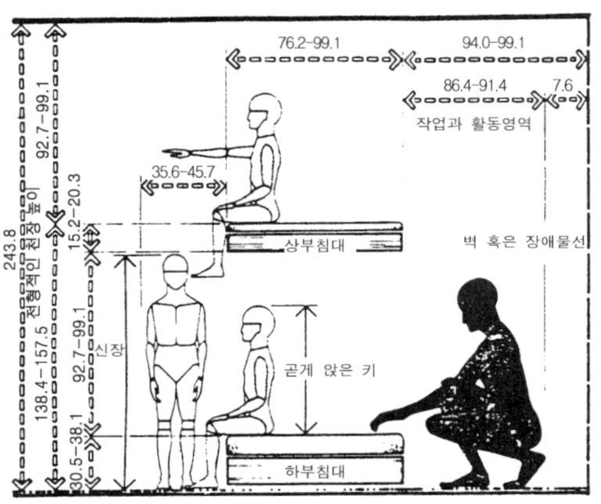

(c) 어린이용 2단 침대/측면도

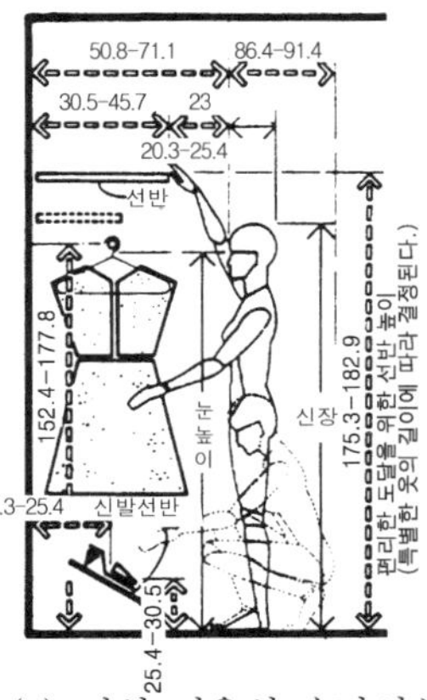

(d) 여성 이용의 수납시설

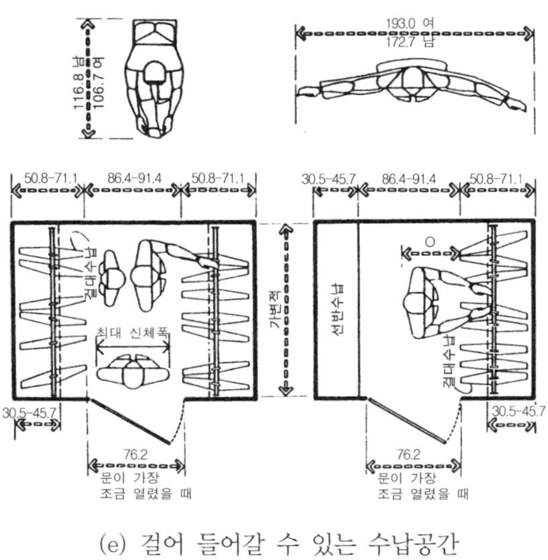

(e) 걸어 들어갈 수 있는 수납공간

그림 5-21

침실공간을 계획할 때 인체 치수의 고려사항

4) 부엌공간

부엌의 조리공간에 관한 인간공학적 측면의 고려는 부엌 작업대의 높이, 부엌장비 및 도구와의 적절한 간격, 머리 위와 수납공간의 적절한 근접성, 그리고 적절한 시계(視界) 등이 고려해야 할 사항이다. 사용자와 부엌시설과의 상호관계가 원활히 이루어지면 모든 요소가 신체치수와 규격에 적합해야 한다.

보통 부엌 카운터의 높이는 약 91.4cm이다. 그러나 이 높이는 부엌 안의 모든 활동과 사용자의 관계를 수용하는 수치가 아니다. 어떤 음식은 일어선 상태에서 보다 능률적으로 조리할 수 있으므로 91.4cm 이하의 카운터 높이는 곤란하다. 머리 위에 위치한 선반은 작은 사람이 도달하기에 힘들며, 아래쪽의 선반은 구부리거나 무릎을 꿇지 않으면 접근이 어렵다. 이에 대한 이상적인 방법은 사용자 개인의 인체측정을 수용할 수 있도록 부엌 캐비닛 시스템을 개발하는 일이다. 이 시스템은 대인, 소인은 물론이고 노인이나 장애인까지도 사용이 가능해야 한다. 다음에 설명하고자 하는 내용들은 단지 신체규격과 여유치, 도달거리의 관계를 설명한 것이다.

그림 5-22의 (a)는 부엌의 기본평면의 여유치를 나타낸 것이다. 캐비닛이 딸린 두 카운터 사이의 여유치로서 총너비가 152.4~167cm는 되어야 서랍을 열거나 미닫이형 캐비닛의 문을 열 수 있음을 보여준다. 이 때 사용자의 최대 신체 폭을 기준으로 생각해야 한다.

그림 5-22의 (b)는 수직 여유치를 나타낸 것이다. 점선으로 표시된 머리 위 캐비닛 안의 선반높이 표시는 도달에 필요한 치수로서 캐비닛 아래의 돌출을 허용한다. 실선으로 되어 있는 선반의 높이는 조금 높지만 역시 도달 안에 포함된다. 이 경우에는 캐비닛 아래부분이 도달을 방해하지 않기 때문이다. 선반높이는 5퍼센타일에 해당하는 작은 신체의 여성이 수직으로 도달할 수 있는 거리로서 결정한다.

그림 5-22의 (c)는 접시닦기 공간의 수평면 여유치를 보여 준다. 자동 접시닦기 속의 내용물의 유무와 관계없이 101.6cm의 권장치가 요구되며 이는 인체와 접시길이를 돌출시켰을 때의 문의 길이를 포함한 치수이다. 이동을 용이하게 하기 위해서는 여기에 76.2cm를 더해야 한다.

그림 5-22의 (d)는 (c)의 단면이다. 카운터 높이의 권장치는 81.9~91.4cm이다. 만일 싱크대 위에 창문이 있고 대신 벽에 붙박이 캐비

닛이 부착된다면 카운터 위와 캐비닛 바닥면 사이의 높이는 55.9cm가 적당하다.

그림 5-22의 (e)는 레인지를 중심으로 한 배치로서 그에 관련된 여유치를 설명한 것이다. 위의 그림은 설비물 사이의 최소 여유치를 121.9cm를 보여주고 있다.

그림 5-22의 (f)는 단면을 표현한 것이다. 돌출된 오븐의 문을 사용하는 데 필요한 치수는 101.6cm이며, 이는 사용자의 최대 신체 폭까지 고려한 것이다. 점선으로 표시한 서 있는 사람에게 101.6cm이며 이는 사용자의 최대 신체 폭까지 고려한 것이다. 점선으로 표시된 서 있는 사람에게 101.6cm의 허용치는 양방향에서 모든 설비물을 동시에 사용할 경우 순환이 용이하지 않다. 레인지 작업공간의 허용치 101.6cm는 무릎을 꿇은 상태의 사용자와 레인지의 문을 열었을 때의 치수를 수용하는 거리이다.

부엌 디자인에서 흔히 잊기 쉬운 인체측정학적인 눈높이는 중요한 사항이다. 레인지위에서 환기 후드 밑까지의 공간은 사용자의 시계 안에 위치하여 안쪽의 버너를 볼 수 있도록 해야 한다.

이와 같은 각 부분의 치수들을 고려할 때, 부엌의 크기는 대체적으로 10평 내의 소규모 주택에서는 주택 전체면적의 12%, 20평 내외의 주택에서는 10%, 20평 이상의 주택에서는 8% 정도로 대략 전체 주택면적의 10% 정도를 확보함이 일반적이다. 너무 협소한 부엌은 작업에 불편을 주며, 너무 넓은 경우는 작업동선이 쉽게 피로를 느끼게 되므로 유의해야 한다.

그림 5-22

부엌공간을 계획할 때 인체 치수의 고려사항

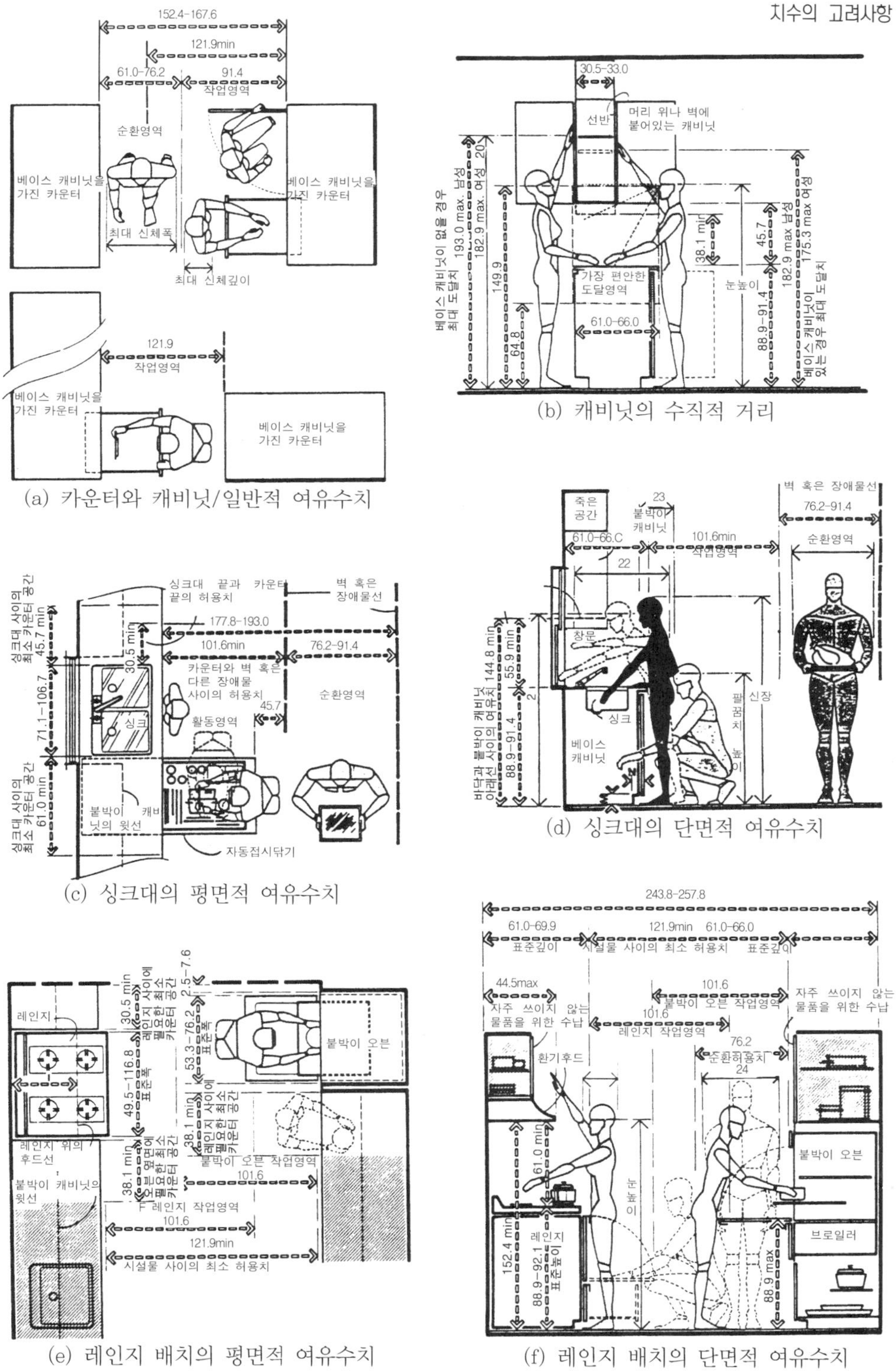

(a) 카운터와 캐비닛/일반적 여유수치

(b) 캐비닛의 수직적 거리

(c) 싱크대의 평면적 여유수치

(d) 싱크대의 단면적 여유수치

(e) 레인지 배치의 평면적 여유수치

(f) 레인지 배치의 단면적 여유수치

5) 욕실공간

욕실의 크기와 형태는 욕실내의 기능, 내부 위생기구의 종류 및 배치형태, 욕조의 크기 등에 따라 결정된다. 욕실공간은 신체치수와 규격을 환경에 맞추는 배려가 부족한 공간중에 대표적인 것이다. 디자이너, 시공자, 사용자 등은 세면대의 높이를 정하는 데 무감각하다. 적당한 색채나 설비물, 모델이나 장식 등의 선택에 있어서도 즉흥적이다. 세면대 설치 높이의 경우에는 특정화된 표준치 없이 이 분야의 계약자에 의해 설치된다. 디자이너가 도면이나 설명서에 높이를 정해주는 것은 이제까지 사용해 왔던 표준치에 지나지 않지만, 이것을 도면에 구체화시킴으로써 당위성이 부여된다.

몸을 굽혀 세면을 하는 것은 자연스럽지 않다. 이는 현재 사용하고 있는 세면대의 높이가 76.2cm인 것에서 기인한다. 76.2cm의 높이는 흥미롭게도 책상과 식탁의 높이와 거의 일치한다. 그러나 만일 사람이 서서 글을 쓰거나 음식을 먹을 경우에는 책상이나 식탁의 높이가 15.2~30.5cm 더 높아져야 한다. 다음은 욕실공간을 디자인할 때 감안해야 할 중요한 인체측정치를 나타낸 것이다.

그림 5-23의 (a)는 세면대 위의 거울 위치를 정하기 위해서는 눈높이가 우선되어야 함을 보여준다. 한 가족의 다양한 신체규격을 수용하기 위해서는 높이를 조절할 수 있는 조절장치의 여유가 요구된다.

그림 5-23의 (b)는 변기와 비데(bidet)의 개별적 설치와 변기와 비데가 나란히 위치할 때의 허용치를 나타낸 그림이다. 변기로부터 벽이나 기타 장애물까지의 활동범위 61cm를 제시하고 있다. 사용자의 정면이나 측면의 설치물은 활용범위내에 있어야 한다. 팔과 엄지손가락 끝의 도달거리와 팔의 측면 도달거리는 이러한 설치물들의 위치를 정하는데 참고되어야 할 사항이다. 바닥에서부터 휴지걸이까지의 높이는 76.2cm가 보편적이다.

목욕실의 규격은 원하는 안락도에 따라서 변화된다. 안정도 역시 매우 중요한 고려사항이다. 목욕물의 온도를 조절할 수 있는 장치가 없다면 급작스런 냉온수로 피해를 당하지 않기 위해 수도관으로부터 직접 나온 냉온수 조절밸브가 도달거리내에 위치하도록 고려해야 한다. 그림 5-23의 (c)는 벽과의 허용치수는 137.2cm로서 이는 인체의 다양한 자세를 수용할 수 있는 거리일 뿐만 아니라 앉을 수 있는 자리 30.5cm를 더한 치수이다. 조절할 수 있는 샤워의 꼭지는 대인·소인의 도달치내에 위치하도록 하는 한편, 대인 대부분의 신장치내에서 장애가 되지 않도록 한다. 어린이들이 함께 사용하여 어린이들의 조작이 가능하도록 한다.

이상의 인간공학적 치수를 고려하여 욕실의 크기를 결정하면, 욕실의 일반적인 크기는 양변기와 소규모의 세면기만을 설치할 경우 2m² 내외, 양변기와 세면기 그리고 소규모 욕조를 설치할 경우는 3m² 정도이며, 욕조와 변기, 세면기를 설치한 일반적인 형태의 경우는 4m² 내외, 이외의 기능을 포함한 욕실의 경우는 7m² 이상의 면적이 요구된다.

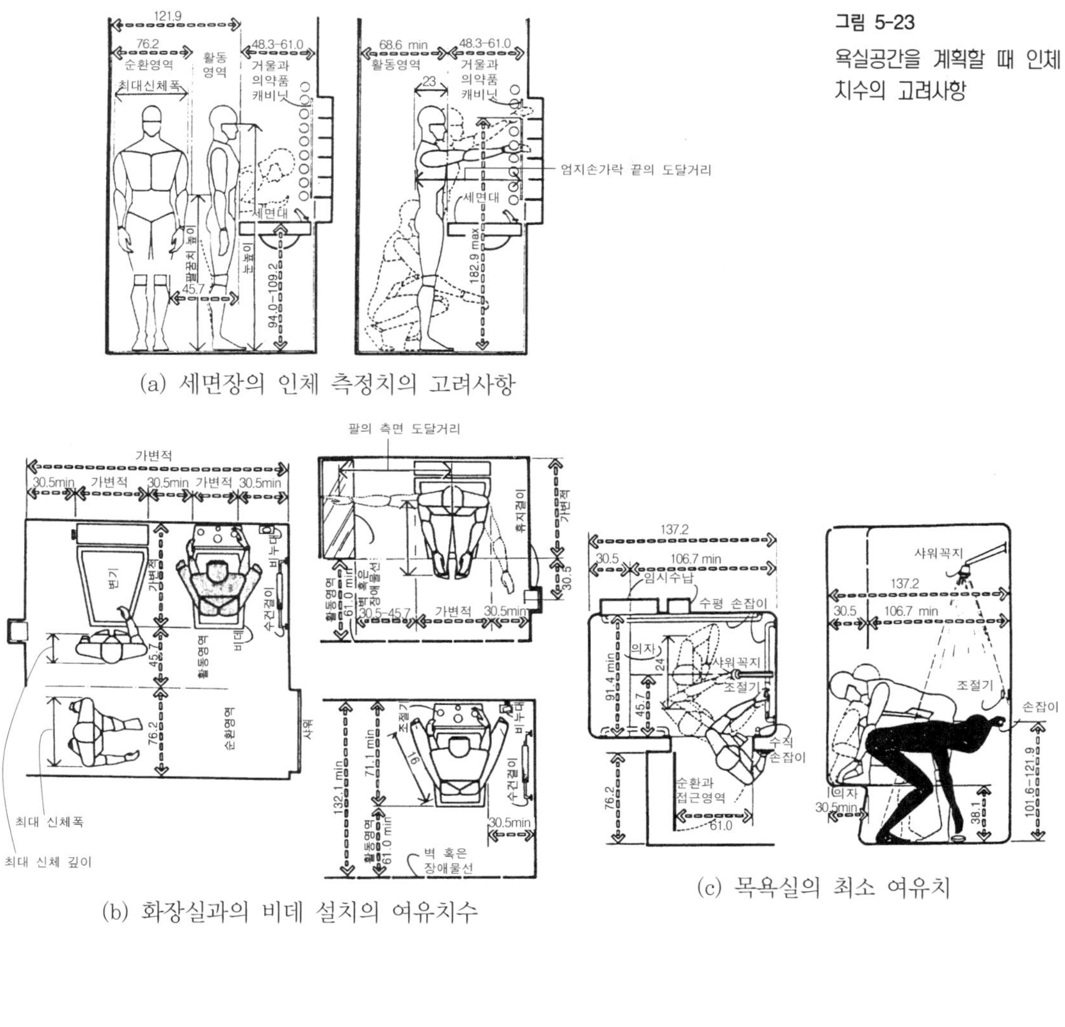

(a) 세면장의 인체 측정치의 고려사항

(b) 화장실과의 비데 설치의 여유치수

(c) 목욕실의 최소 여유치

그림 5-23
욕실공간을 계획할 때 인체치수의 고려사항

6) 복도

복도는 각 실을 연결해 주는 통로이므로 복도가 차지하는 면적과 그 길이는 가능한 작고 짧게 할수록 합리적이나 지나치게 합리성만을 강조할 경우, 원활한 동선처리에 지장을 주거나 거실 등 실의 일부분이 통로로 사용되는 경우가 발생할 우려가 있으므로 유의해야 한다.

복도의 폭은 그림 5-24에서와 같이 통행 인원수와 통행 방법 등에 따라 다양하다. 1인 통행 시 양측 난간이 있을 경우는 최소 45cm이면 가능하나, 한쪽에만 난간이 있을 경우는 60cm 이상이 되어야 한다. 또한 건강인과 휠체어를 탄 사람이 교행할 경우는 140cm는 되어야 한다. 또한 편측 출입구가 있을 경우는 160cm 정도가 되어야만 한다. 일반적으로 복도의 폭은 동선의 빈도나 길이에 따른 고려가 있어야 하겠으나, 일반주택에서는 최저 90~120cm 정도 확보하는 것이 좋고, 주요 통로 폭의 경우 240cm 정도 확보하는 것이 이상적이다.

그림 5-24
복도계획을 할 때 인체치수의 고려사항

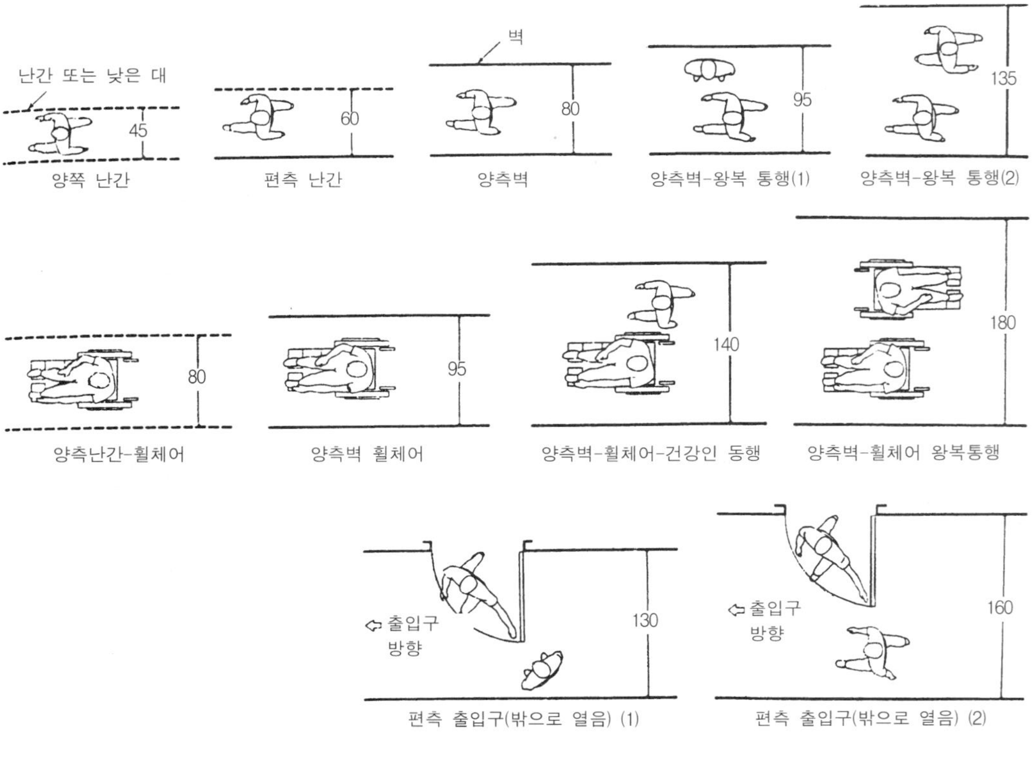

7) 계단

알베르티는 “계단은 건축 내부에서는 작을수록 또 점유하는 면적이 적을수록 좋다”라고 하였는데, 이러한 사고는 르네상스 이후 오늘에까지도 영향을 미치고 있다. 그러나 계단은 단순히 오르내리기 위한 수단뿐만 아니라 공간의 연출을 위한 중요한 장치로서의 기능을 지닌 상징적인 계단도 많이 볼 수 있다.

종래, 건축법규에는 계단의 최소 단높이와 단너비의 치수는 규정하였으나 이용상 불편을 초래하지 않도록 좀더 여유를 가진 완만한 치수의 계단이 필요하다. 계단의 폭도 될 수 있으면 넓고 여유가 있도록 하는 것을 권장하고 있다. 주택의 경우 건축법규상에는 높이 4m를 넘는 계단은 높이 4m마다 너비 1.2m 이상의 계단참을 설치하도록 규정하고 있으나 일반적으로 챌판의 높이는 16~18cm, 디딤판의 너비는 27~30cm, 계단 폭은 110~120cm 정도가 적합하다. 계단 손잡이(hand rail)의 높이는 70~90cm 정도가 적합하나, 어린이에게는 높다. 어린이와 노약자를 위해서는 65cm와 85cm의 2단 손잡이도 고려해 볼만하다. 계단의 경사는 29°~35°의 범위가 적합한데, 30°~35°가 가장 일반적인 계단 구배이며, 55°가 법규상 허용되는 계단 구배의 상한이다. 또한 안전을 위하여 계단의 끝부분에는 논슬립(nonslip) 설치나 홈을 파서 미끄럼을 방지하는 것이 좋다.

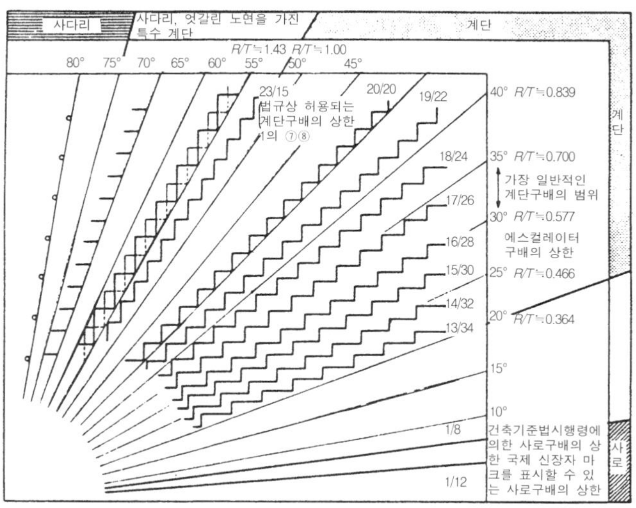

그림 5-25
계단, 경사로의 구배

그림 5-26
계단계획을 할 때 인체치수의 고려사항

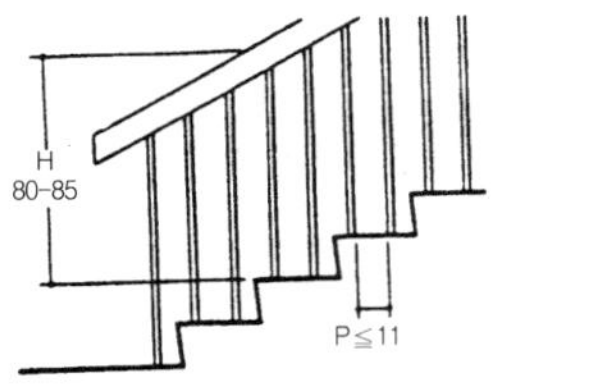

난간의 높이 H와 난간살의 간격 P

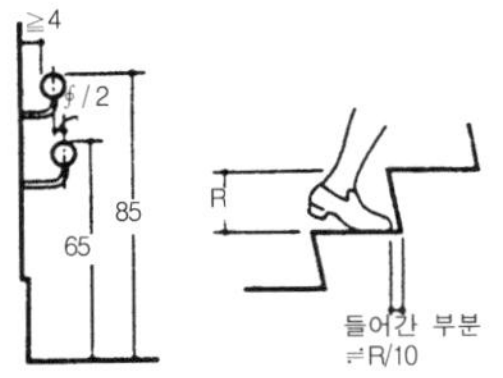

2단난간 들어간 부분

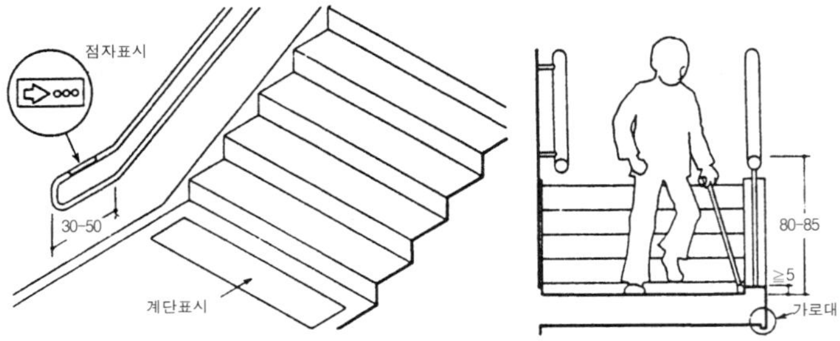

시각장애인을 위한 계단표시의 단상단부와 보더의 예

제6장 가구와 인간공학

1. 가구와 인체동작

가구는 일반 기계류와는 달리 조작하는 과정이 배제되는 경우가 대부분으로서 인간공학적 측면에서 볼 때 인체치수와 가장 밀접한 관련성이 있다. 즉 가구의 디자인은 미적이고 기능적인 내용의 충족뿐만 아니라 우리의 인체치수에 적합한 디자인이 무엇보다 중요하다고 할 수 있다.

가구 디자인에 직접적으로 연관되는 인체치수는 인체 특성부위의 구조적 · 기능적 · 동적 인체치수와 그 분포의 퍼센타일을 고려해야만 한다. 가구 디자인에 적용되는 대표적인 구조적 인체치수는 인체 일부의 동작변화가 없는 상태에서의 신체치수를 가리키는 것으로, 이때 고려되어지는 인체치수 항목은 표 6-1과 같다.

기능적 인체치수는 신체의 일부를 확장한 상태로, 예를 들어 한쪽 팔을 든다든가 혹은 옆으로 펴거나, 한쪽 발을 펴거나 구부린 상태 등의 치수를 가리킨다. 기능적 인체치수의 고려 항목은 주로 엄지손가락 끝 도달, 팔의 측면 도달, 엉덩이 끝에서 발뒤꿈치까지의 길이, 앉은 자세에서의 수직도달거리, 선 자세에서의 수직도달거리 등이며 가구 디자인에 있어서의 중요성은 구조적 인체치수보다는 비교적 적다. 동적 인체치수는 생활행위를 중심으로 인간의 이동에 필요한 공간 및 사람과 물건과의 관계를 고려한 공간적 치수를 말한다. 동적 인체치수는 가구의 디자인 및 기능과 밀접한 관계를 지닌 것으로 이들 치수는 가구의 디자인에 우선적으로 고려되어야 할 사항이라 할 수 있다. 동적 인체치수 중에서 가구 디자인에 적용되는 항목은 가구의 종류에 따라 다르나, 일반적으로 가구를 움직이다, 몸을 지탱하다, 작업하다, 수납하다 등을 행할 때의 인체치수 항목이다.

표 6-1 가구와 관련된 인체치수

항 목	내 용
신 장	· 바닥에서 머리 끝까지의 수직거리 · 각 가구의 높이나 침대의 길이 결정에 적용
곧게 앉은 키	· 의자에 곧게 앉은 자세로 바닥에서 머리끝까지의 수직거리 · 위로 지나는 장애물 설치시의 허용치나 바닥에 장애물 설치시 적용
팔꿈치 높이	· 직립상태에서 바닥에서 팔꿈치 높이 · 작업대, 화장대, 조리대와 같이 직립상태에서 작업을 하는 실내 시설물 설치에 적용
양팔꿈치 사이의 폭	· 팔꿈치를 구부려 몸체에 가볍게 댄 자세에서의 팔꿈치 사이의 거리 · 탁자류의 폭 결정에 적용
엉덩이의 폭	· 엉덩이의 가장 넓은 부위의 폭 · 의자 안쪽의 폭과 손잡이(bar), 좌면 폭의 결정에 적용
팔걸이 높이	· 의자판 위에서부터 팔꿈치 밑부분까지의 높이 · 의자의 팔걸이, 작업대, 책상, 탁자 등의 디자인에 적용
대퇴부의 허용높이	· 자리 판에서 대퇴부와 배가 만나는 대퇴부 윗부분 까지의 수직길이 · 탁자류 사용시 앉은 자세에서 다리를 작업면 아래에 두는 경우에 적용
무릎높이	· 바닥에서부터 무릎 종지뼈 중간 지점까지의 수직 거리 · 바닥에서부터 책상, 탁자 등의 밑부분까지의 높이 결정 등에 적용
엉덩이 끝에서 뒷무릎까지의 길이	· 엉덩이 끝에서 뒷무릎까지의 길이 · 의자 디자인시 다리의 위치나 의자의 깊이 결정에 적용

출처 : 주거학의 이해, 안옥희 외, 1997에서 재정리.

2. 가구의 기본조건과 기능

가구란 엄밀히 말하면 건축에 부속하는 설비용구로서, 건물에 고정되어 있지 않고 움직일 수 있는 것을 말한다. 특히 실내공간계획에 있어서 가구계획은 무엇보다 인체에 대하여 세밀한 부분까지 신경을 써야 한다. 즉 디자인 센스 못지 않게 인간공학적 시각도 매우 중요하다는 것을 뜻한다. 가구는 기능적, 인간공학적, 형태적, 소재, 장소, 이동성, 건물용도 등에 따라 표 6-2와 같이 분류할 수 있다.

표 6-2
가구의 분류

분 류	항 목
기 능	휴식용, 작업용, 수납용
인간공학	인체계, 준인체계, 건물계, 에너지계, 공간계
형 태	상자형, 다리형, 작은형
소 재	목재, 금속, 플라스틱, 유리, 천, 종이 등
장 소	거실, 식당, 안방, 사랑방, 응접실, 침실 등
이 동 성	붙박이, 가동식, 조립식
건물용도	주거용, 공공용, 상업용 등

가구는 건물공간이 거주자의 일상생활에 적합하도록 만들어 주는 매개체 역할을 하는데, 다음과 같은 기능을 가지고 있다. 첫째, 가구는 대공간적(對空間的) 기능이 있다. 즉 가구는 건축공간이 생활적 공간으로 전환시키는 물리적인 요인으로 작용한다. 공간을 조직하는 건축적 요소로서 수납공간을 형성하거나 각 공간을 분할하는 역할을 하기도 하고, 그 배치방법에 따라 동선이 결정되기도 하며 또한 공간의 분위기를 좌우하기도 한다. 둘째, 대인적(對人的) 기능을 가지고 있다. 즉 인간의 공간사용 행위 척도와 관련되는 것으로 작업, 휴식, 수납의 기능이 충족될 수 있는 인간행위 척도에 적합해야 한다. 셋째, 대환경적(對環境的) 기능을 가지고 있다. 즉 생활환경의 질을 높이기 위한 기능을 말하는 것으로 통일성 있는 디자인과 크기로 미적 효과를 높이며 다른 기물과 함께 공간의 순위, 질서, 체계를 유지하고 유기적으로 변동시켜 다양한 공간을 만들어 나갈 수 있어야 하다. 넷째, 대사회적(對社會的) 기능을 가지고 있다. 즉 재료면에서의 자

원의 재순환, 대체자원의 연구가 이루어져야 하며 환경적으로 재생의 연구면에서도 대처할 수 있는 기능을 가져야 한다.

가구의 선택시 가장 먼저 고려해야 하는 것은 기능성이다. 흔히 장식성이 높은 가구를 선택하는 경우도 있으나 가구가 차지하는 공간의 크기, 다른 가구와의 관련성, 이동의 편이성 등을 먼저 생각해야 한다. 다음으로 견고성(안전성)을 고려해야 한다. 가구의 견고성은 인체계 가구에 있어서는 안전성과 수납가구에서는 편리성과 연결되므로 가구 재료의 성질과 가공법에 대해 생각해야 한다. 그리고 형태성, 창조성, 실내와의 조화, 개성, 기호 등과 관련된 아름다움을 생각하지 않으면 안 된다. 즉 편리성, 견고성의 검토와 함께 미적인 욕구도 충족되어야 한다. 특히 실내디자인에 있어서가구는 실내분위기를 좌우하므로 디자인의 아름다움을 고려해야 하며, 또한 사용에 있어서 싫증이 나지 않는 디자인을 결정하는 것도 매우 중요하다. 그리고 유지관리(경제성)적 측면도 고려해야 한다. 위생적이고 아름다움이 지속되는 제품으로 유지하기 위해서는 매일의 손질이 중요하므로 너무 복잡한 구조나 디자인을 피하는 것이 좋다. 마지막으로 쾌적성(편안함)을 고려해야 한다. 주로 휴식용 가구에 요구되는 것이나 작업용이라도 장시간 사용할 경우 편안함을 고려해야 한다.

3. 가구 디자인과 인간공학

가구의 종류는 매우 많으나 주거생활에 필요한 가구는 사용목적에 따라 침대 · 의자 등의 휴식용 가구, 책상과 조리대 등의 작업용 가구, 선반 · 서랍장 등의 수납용 가구로 분류할 수 있다.

이들 중 일상생활에 중요한 비중을 차지하고 있는 각각의 디자인과 사용에 있어서 인간공학적 측면의 고려사항들을 살펴보자.

1) 침대 디자인

우리는 인생의 약 1/3을 침대에서 지낸다. 침대는 무엇보다 편안함이 우선되어야 하다. 따라서 침대의 디자인은 매트리스의 탄성과 잘 때의 자세, 그리고 편안함이 문제된다. 이에 관한 실험의 한 예가 그림 6-1이다.

이 실험은 매트리스의 스프링 강도가 일정한(바네정수 k = g/cm)

침대에서 잘 경우(a)와, 스프링의 강도를 다양한 침대(b)에서 잘 때의 자세의 변화가 있음을 보여주고 있다. 이러한 미세한 차이점이 편안함에 영향을 미친다는 것으로 보고되고 있다.

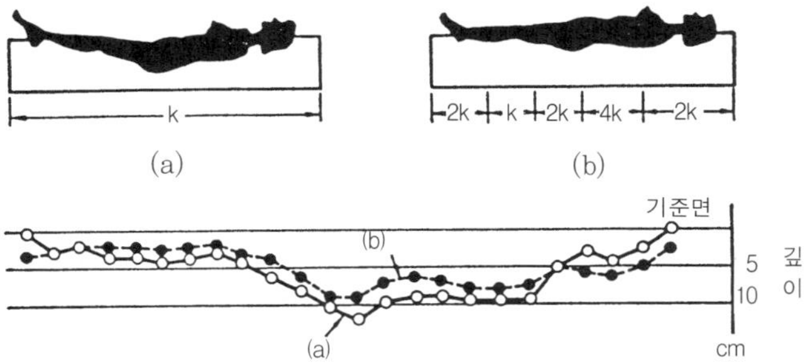

그림 6-1
스프링 강도와 취침자세 (k는 스프링의 바네정수)
출처 : 生活工學, 居垣千尋 · 太田 敏, 1983.

또한 잠잘 때의 체압분포도 역시 편안함을 좌우하는 중요한 요소이다. 그림 6-2는 표준적인 딱딱한 침대(a)와 너무 푹신한 침대(b)와의 체압분포를 비교한 것이다. 표준적인 딱딱한 침대에서는 압력이 견갑골, 허리, 팔꿈치, 발꿈치에 집중되어 있음을 보여주며, 이들은 모두 등쪽의 감각이 예민하지 않은 부분이므로 숙면이 가능한 것이다. 이에 반해 너무 푹신한 침대에서는 체압분포가 집중되지 않고 넓은 면에 압력이 가해짐으로써 신체의 불필요한 곳까지 압박이 되고, 중앙을 향해서 누르는 곡선상태가 됨을 보여주고 있다. 그 결과 너무 푹신한 침대는 올바른 자세를 유지할 수 없어 불편하게 된다.

따라서 바람직한 침대는 침대의 탄성을 별개의 탄성재료를 조합한 3층 구조로, 인체에 직접 닿는 상층부는 부드러운 것으로 하고, 중간층은 다소 딱딱한 것으로 하며, 하층부는 완충적인 힘을 흡수할 수 있는 스프링을 넣는 것이 좋다. 이들 3요소를 잘 조합하며 인간공학적으로 합리적인 디자인의 침대가 될 것이다.

그림 6-2

침대의 압력분포

출처 : 生活工學, 居垣千尋 · 太田 敏, 1983.

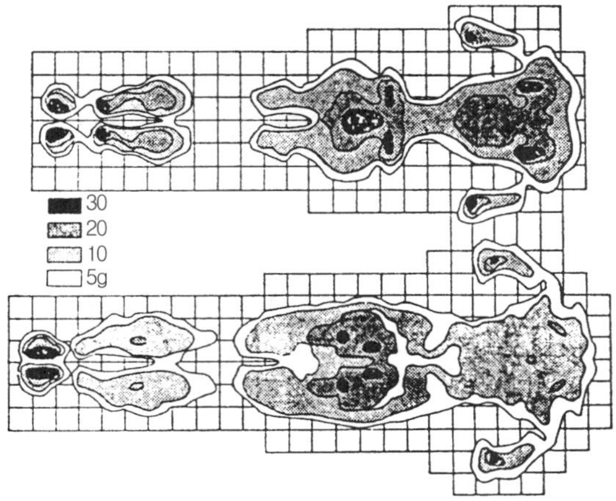

(a) 위는 바람직한 침대에 잤을 경우

(b) 아래는 너무 푹신한 침대에서 잤을 경우의 체압분포

2) 의자의 디자인

의자는 탁자와 책상, 카운터 또는 작업대와 직접적인 관계가 많다. 의자는 장시간 앉아 있어도 피로함이 적은 것이 이상적이다. 앉는 자세는 다리나 좌골부, 등의 정적인 근육작업을 감소시키므로 의자의 척추판에 걸리는 압력을 감소하여 등이 굽어지지 않도록 하는 자세가 요구된다. 인체의 자세변화에 따라 요추의 변화가 일어나므로 앞으로 굽히는 자세나 뒤로 젖히는 자세를 바르게 할 수 있고, 몸체를 곧바르게 할 수 있게 요추가 앞으로 약간 숙여지도록 의자 디자인을 하는 것이 좋다.

의자디자인을 위해서는 인체공학적으로 의자 높이, 깊이, 폭, 각도, 팔걸이의 높이와 공간, 등판의 치수와 경사 등의 측정치가 필요하다.

의자디자인에 필요한 주요측정 인체 측정 부분은 그림 6-3에 나타낸 것이며, 의자디자인에 필요한 기본적인 인체 측정에 의해 산출된 요구치수와 일반적인 안락도의 합리적인 변수를 고려한 각 부분의 인체치수는 표 6-3과 같다.

그림 6-3

인체자세의 변화에 따른 요추의 변화

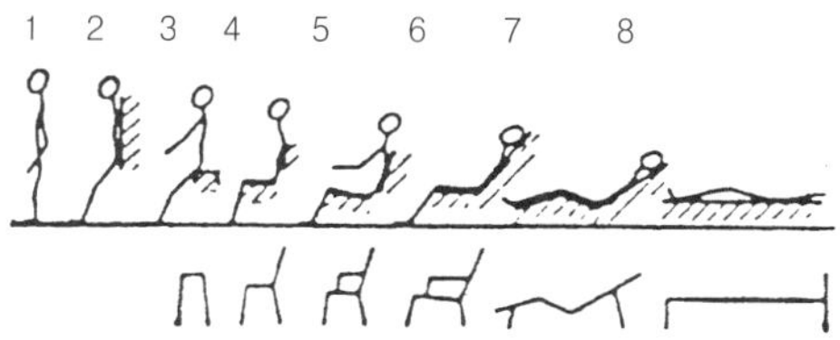

인체자세의 변화단계와 지지형태

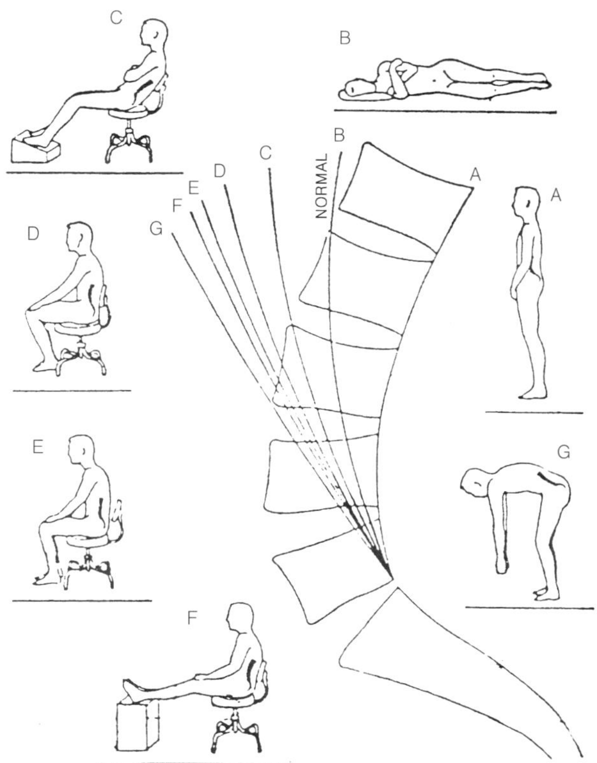

자세와 요추

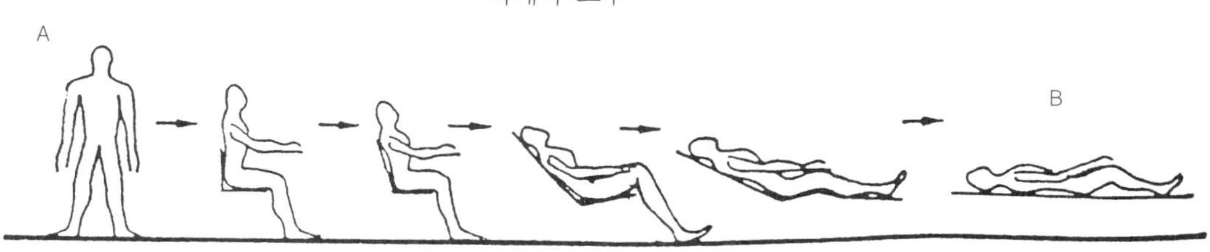

표 6-3

의자 디자인에 필요한 인체 치수

측정부위 \ 구분	남성		여성	
	퍼센타일		퍼센타일	
	5	95	5	95
	cm	cm	cm	cm
A. 뒷무릎 높이	39.4	49.0	35.6	44.5
B. 엉덩이 끝~뒤무릎 길이	43.9	54.9	43.2	53.3
C. 팔꿈치 높이	18.8	29.5	18.0	27.9
D. 어깨 높이	53.3	63.5	45.7	63.5
E. 보통 자세로 앉은 키	80.3	93.0	75.2	88.1
F. 양팔꿈치 사이의 폭	34.8	50.5	31.2	49.0
G. 엉덩이 폭	31.0	40.4	31.2	43.4
H. 어깨 폭	43.2	48.3	33.0	48.3
I. 허리등뼈 높이*	—	—	—	—

*현재까지는 허리등뼈의 높이에 대하여 언급한 자료를 많이 찾지 못하였다. 영국의학 논문집 5권 pp. 31~7에서는 영국인들의 90%가 20.3~30.5㎝라고 나와 있다. 디프리엔트는 등뼈만곡 부분의 중앙 부위는 압축되는 의자 쿠션의 22.9~25.4㎝에 위치한다고 지적한다.

그림 6-4

의자 디자인에 필요한 주요 인체 측정부위

출처 : 디자인 인간공학, 임연웅, 1994.

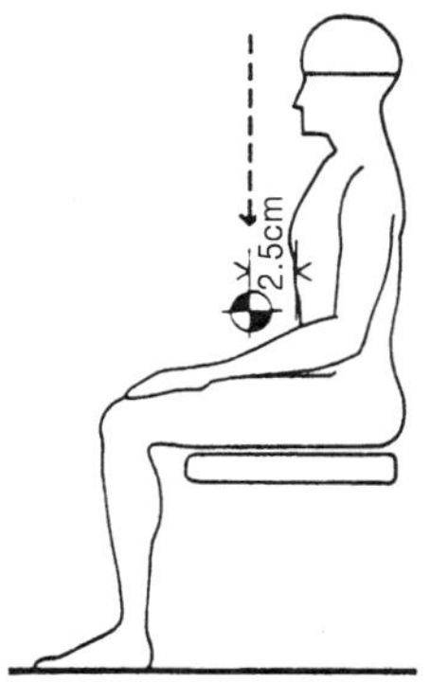

곧게 앉은 자세에서의 중력중심점

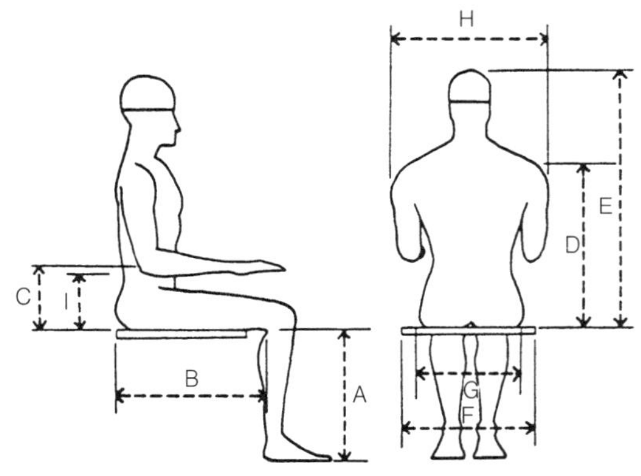

의자 디자인시 필요한 주요 인체측정값

의자 디자인과 관련된 일련의 연구들에 의하면, 우선 앉는 면의 높이와 인간의 근육피로와의 관계를 근전도(筋電圖) 측정에 의하여 근육의 활동량이 적은 의자가 좋다는 보고가 있다. 그림 6-5는 의자의 앉은 높이와 근육활동도를 표시한 것이다. 이 그림에서 보면 의자등이 없는 좌석일 경우, 40cm의 높이일 때가 등의 근육활동이 최대가 되고, 앉는 면이 그것보다 높아지거나 혹은 낮아져도 근육활동도가 낮은 것으로 설명되고 있다. 의자등이 없는 좌석은 좌면의 높이를 조절할 수 있으며, 대퇴부 아래부분의 압박을 줄일 수 있어서 좋다. 대퇴를 압박하지 않도록 좌면은 오금 높이보다 높지 않아야 하고 앞 모서리는 5cm 정도 낮아야 한다. 다용도 의자는 45cm 좌면 높이가 많은데 좌면 높이 치수는 5퍼센타일 이상 되는 모든 사람을 수용할 수 있게 해야 한다.

다음으로 의자등에 관한 내용으로서, 경사각도를 90°에서 120°의 사이로 변화시켜 측정한 결과에 의하면, 의자등의 경사각이 낮을 때는 제2~제4 요추를 지지하도록 함이 바람직하고, 그보다 경사각이 큰 경우는 척추의 하부를 지지하도록 디자인하는 것이 바람직하다는 것이다. 그리고 각도가 114°를 넘을 때는 요추부분과 흉추 하부 이외에 머리부분도 지지할 수 있도록 함이 바람직하다. 이러한 일련의 연구의 결과에 비추어 볼 때 바람직한 의자 지지면의 모양과 치수는 그림 6-5와 같다.

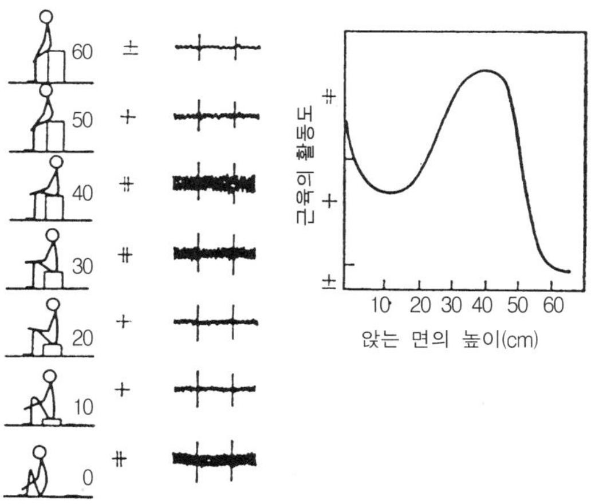

그림 6-5
의자 좌면의 높이와 근육활동도

의자 디자인에 있어서 팔걸이의 위치 결정도 의자의 안락성에 영향을 미치는 매우 중요한 변수이다. 그림 6-7의 (a)는 팔꿈치 높이의 변화에 따라 근육활동의 변화를 나타낸 것이다. 좌골결절(座骨結節)과 팔걸이의 윗부분과의 거리는 24~25cm가 적합하다. (b)는 팔걸이의 간격(폭) 결정을 위한 좌우 팔 간격과 근육활동도를 나타낸 것으로, 그 폭은 42~44cm일 때가 적당함을 보여주고 있다. (c)는 팔걸이의 경사와 근육활동도를 나타낸 것으로, 의자등의 각도와 관계없이 몸의 축에 대해서 90°±20°의 범위가 적합하다. (d)는 팔꿈치의 좌우 방향의 열린 각도에 따른 근육활동의 변화량을 나타낸 것이다. 그림에 의하면 전면방향으로 평행되거나 벌어짐 혹은 오므라질 경우에도 근육활동의 면에서는 큰 변화가 없음을 보여주고 있다.

의자의 디자인은 이상의 요인 이외에도 앉았을 때의 편안함을 유지할 수 있도록 좌면의 체압분포를 고려해야만 한다. 그림 6-8은 의자의 체압분포를 나타낸 것이다. (a)의 그림은 압력이 좌골결절의 부분에 집중되어 있어 허벅지 부분에는 가볍고 일정한 압력만이 작용되나, (b)는 상당한 압력이 앉는 측면과 앞쪽 끝에까지 분포되어 있기 때문에 허벅지의 안쪽 면에 압박이 가해지는 결과가 된다. 따라서 (b)와 같은 경우는 피로가 빨리 와서 바람직하지 못하다. 이러한 원인은 앉는 부분의 철판곡면의 완곡도가 너무 크기 때문이며, 이것을 쿠션재만의 조정으로는 문제가 해결되지 않는다. 사람은 체중을 좌골

그림 6-6
의자 지지면과 형상 및 치수

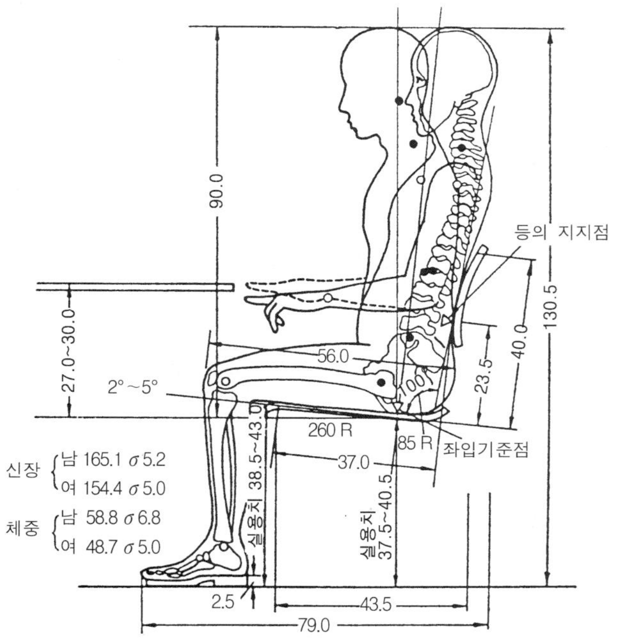

에 실을 때 가장 편안하므로 체중이 말단 쪽으로 가면 피로하다. 즉 체중이 주로 좌골결절에 실려야 몸통 안정이 쉬워지며, 좌면과 등판의 만곡이 안정성에 중요한 요소가 된다. 등판이 곧거나 등판의 지지가 미흡하면 척추가 자연스러운 S자 만곡에서 벗어나 곧게 되며, 앞으로 미끄러지는 것을 방지하고 허리 지지를 돕기 위해서 좌판은 약간 경사져야 하고 등판은 뒤로 기댈 수 있도록 뒤로 기울여야 한다.

허리를 받쳐주고 등 전체를 지지할 수 있는 등판이 중요한데, 5cm 정도 두께의 완충재를 두는 것이 좋다. 2~4cm 두께의 고무 큐션의자는 다용도 의자용으로 좋으며 독서와 휴식에는 6cm 크기의 스프링이 가장 좋다. 또한 의자 패딩의 압착상태와 쿠션의 표면은 의자의 편안함에 영향을 미친다. 의자압착의 권장치로는 1.3~5.1cm로 그 범위가 다양하며, 사용 재료와 패딩의 방법에 따라 변수가 생길 수 있음을 고려해야 한다.

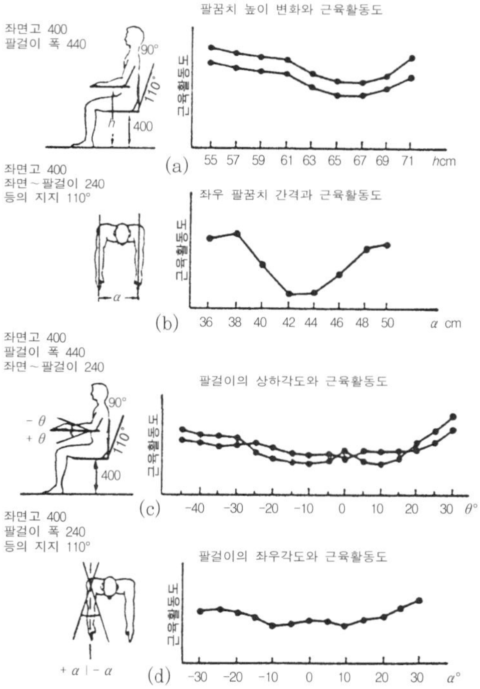

그림 6-7
팔걸이 조건 (좌)

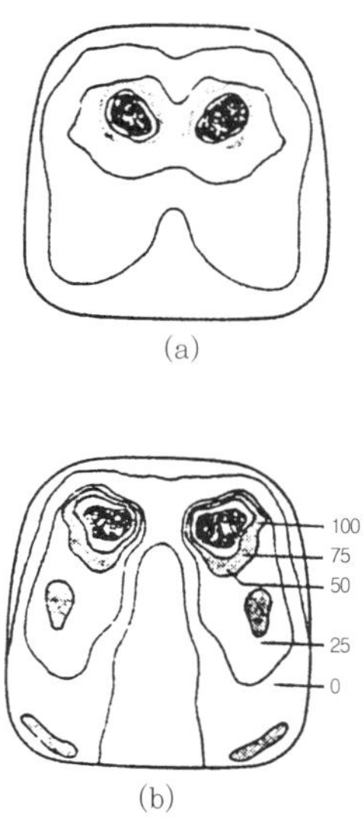

그림 6-8
좌면의 체압분포 (우)

또한, 의자의 종류에 따라 디자인시 주의사항이 달라진다. 작업용 의자와 휴식용 의자의 차이점을 표 6-4와 같다.

표 6-4 작업용 의자와 휴식용 의자

작업용 의자	휴식용 의자
· 좌면의 높이는 하퇴의 길이가 짧은 사람에게 맞추어야 한다. · 좌면은 수평으로 하는 것보다 약간 뒤쪽으로 경사져야 한다. · 좌면의 길이는 실제 치수보다 짧게 해야 한다. 즉 대퇴 길이가 가장 짧은 사 람을 표준으로 한다. · 좌면의 앞 가장자리는 둥글게 한다. 또 좌면은 쿠션을 사용하지 않을 경우에 도 어느 정도 만곡시키는 편이 좋다. · 골반의 양측에 있는 좌골결절에 의해 체중을 지탱시키도록 한다. · 좌면의 높이는 책상 윗면 모서리에서 아래로 27～30cm로 한다. · 사무용 의자는 좌판 각도 3°, 수평으로부터의 등판 각도는 100°로 한다.	· 좌면을 작업의자보다 낮게 하여 발을 앞으로 내뻗을 수 있는 것이 좋다. 그러나 너무 낮게 하는 것은 일어서기에 불편하다. · 좌면 폭은 작업의자의 경우와 같은 자세의 규정이 없고 상당히 자유롭다. · 좌면의 지지곡면은 좌우로 완만하게 하는 것이 바람직하다. · 등받침의 각도는 대체로 116～117°정도가 좋다. · 등받이는 좌면에서 8～14cm에 볼록형 패드를 설치하여 등뼈가 완만한 오목형이 되게 한다. · 좌면 높이는 사무용 의자보다 7～8cm 낮은 37～38cm, 좌면 각도는 25～26°가 좋다.

3) 수납고의 디자인

앞에서도 언급한 바와 같이 수납가구의 디자인에 있어서 인체의 동작적 치수 중 작업영역은 매우 중요하다. 작업영역이란 인간이 일정한 장소에서 신체 각부를 움직일 때, 거기에 평면적 또는 입체적인 어떤 범위의 공간이 만들지는 영역을 말한다.

그림 6-9는 수평면 작업의 영역을 나타낸 것으로, 좌우로 이동하지 않아도 되도록 작업영역 안에 작업상 다루는 물품을 배치하면 작업자는 단지 손을 뻗는 것으로 작업동작이 마무리되도록 한다. 또한 피로를 경감하기 위해서는 그 위치에서 의자에 앉아 작업해도 무난하다. 그러나 작업이 가장 편한 범위는 그림의 통상 작업영역이고, 손을 크게 뻗어야 하는 최대 작업영역을 포함하는 작업에서는 피로가 증가된다.

수직면 작업영역은 그림 6-10에서와 같이 팔을 상하로 움직여서 그려지는 영역이다. 이는 선반의 높이와 전기스위치 등의 위치결정에 도움이 된다. 또 그림 6-11은 각종의 자세를 취할 경우에 손이 닿는 범위를 나타낸다. 이는 선반이나 수납고 등의, 위치에 의한 안쪽길이 등을 정할 경우에 참고가 될 것이다. 작업대의 높이 선정 시, 작업의 종류, 작업상태를 고려해야 한다. 즉 섬세한 작업일수록 높고 거친 작업에는 약간 낮은 편이 좋으며, 서서 작업하는 경작업의 경우에는 작업대가 팔꿈치 높이보다 5~10cm 정도 낮은 것이 좋다.

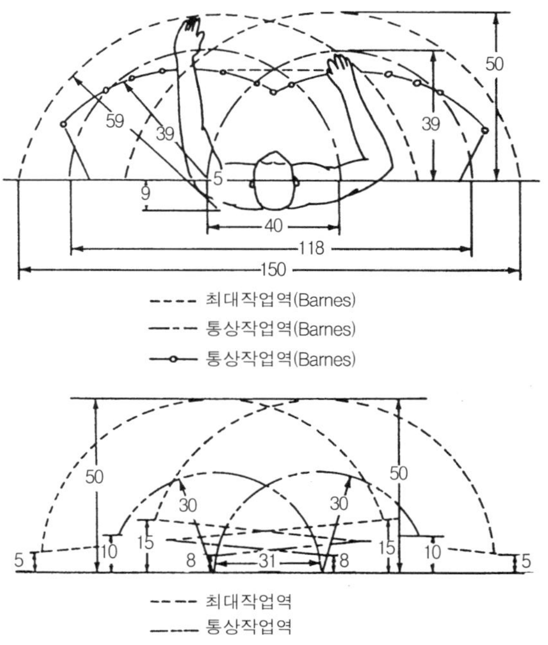

그림 6-9
수평면의 작업영역

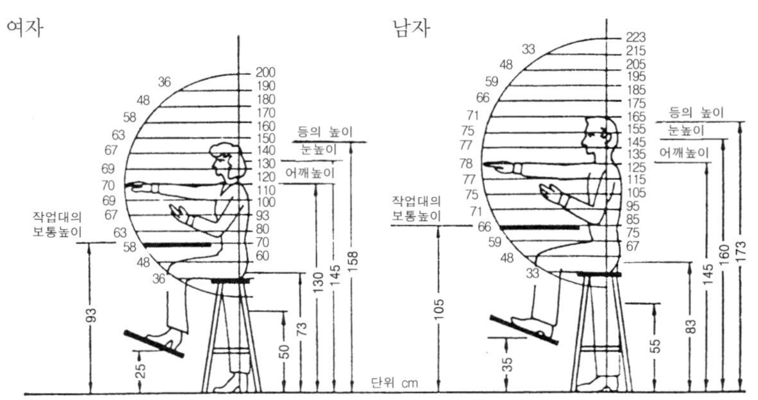

그림 6-10
남·녀 수직면의 작업영역

그림 6-11
수납행위시 손이 닿는 범위

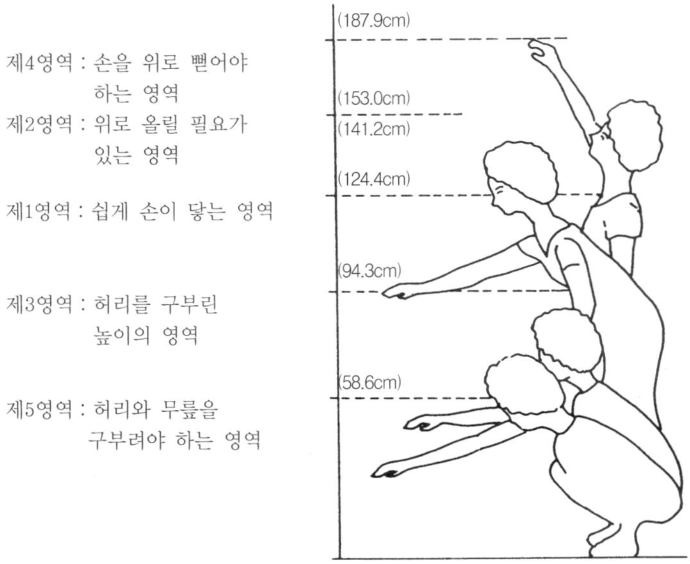

4. 장치와 도구

주거공간 안에는 가구와 같은 여러 가지 도구와 설비의 스위치와 같은 여러 장치가 있다. 이들을 잘 사용하기 위해서는 기본적으로 시각디자인의 일반원리에 따라 계획되어야 한다. 시각디자인의 일반원리는 다음과 같다.

① 전시가 복잡하면 할수록 그 전시물이 주는 정보를 이해하고 판독하는데 더 많은 시간이 소요된다.

② 필요이상으로 정확성을 기하도록 요구하는 것은 그들이 반응하는데 걸리는 시간을 증가시키고 피곤을 증가시킨다.

③ 가장 자연스럽고 예상할 수 있는 전시도형을 사용한다. 친숙하지 못한 도형은 그 도형에 익숙해지기 위해 쓸데없이 시간을 소모시키게 하며 눈에 익은 도형의 간섭작용으로 인하여 그것이 주는 정보를 판독하고 이해하는 데 있어 실수를 유발하게 된다.

④ 예상하는 환경과 시각자가 처한 시각 환경조건(조명, 속도, 진동, 사용자의 위치, 운동저항 등)에 맞는 가장 효과적인 전시기술을 사용한다.

⑤ 전시물의 특질을 완벽하게 갖추도록 한다(가시도, 눈에 잘 띄는 정도, 읽기 쉬운 정도, 이해 가능도).

1) 시각표시

시각표시장치(visual display)란 기기에서 발생하고 있는 상태를 전달하는 장치물을 나타내며, 여기에는 조작, 공정, 기타의 상태를 표시하고 사용자에게 상태 현상을 간단히 파악할 수 있게 하는 중개 역할을 하는 것이다. 이 때 시각표시의 각도가 작으면 형태가 일그러지게 보이거나 시차(parallax)가 생기므로 앞면이 기구의 조준선으로부터 45°이상의 각도를 이루도록 해야 한다.

시각표시는 온도계, 압력계 등의 동적인 것의 표시와 도표, 그래프 등의 정적인 표시가 있는데 그 방식으로는 양적인 정보를 나타내는 표시방식, 질적 정보와 상태를 나타내는 표시방식, 정보를 나타내는 표시방식, 묘사적인 정보를 나타낸 것, 문자 · 숫자 · 상징적 정보를 나타내는 표시방식 등이 있다.

표시를 나타내는 계기는 눈금이 고정되고 지침이 움직이는 지침 이동형(moving pointer), 지침이 고정되고 눈금이 움직이는 지침 고정형(moving scale), 정확한 값을 표시한다든가 자리수가 많은 정확한 경우에 사용하는 계수형(digital)이 있다.

시각표시 장치의 지침설계는 다음과 같은 유의해야 한다.

① 지침의 끝은 가장 가는 눈금선과 같은 폭이어야 하며 지침의 끝과 눈금의 사 이는 될 수 있으면 좁은 것이 좋고 1.6mm 이상이 되어서는 안 된다.

② 지침은 시차(Parallax : 비스듬히 보았을 때 지침이 다이얼 면에 떨어짐으로 써 생기는 오독(誤讀)을 최소가 되게 붙어야 하며 될 수 있는 한 숫자나 눈 금과 같은 색으로 칠한다.

③ 될 수 있는 한 하나의 축에 2개 이상의 지침을 붙이지 말 것이며 자리수가 많을 때는 지침식 지시장치와 카운터를 병용하는 것이 가장 좋다.

④ 다이얼형의 계기에서는 될 수 있으면 필요한 범위에서 지침이 왼쪽에서 오른 쪽으로 또는 아래에서 위로 움직이게 하여 읽어 가는데 착오가 없게 해야 한다.

시각표시에 사용되는 숫자와 문자는 표 6-5와 같은 사항을 고려하여 결정해야 한다.

그림 6-12
계기의 종류

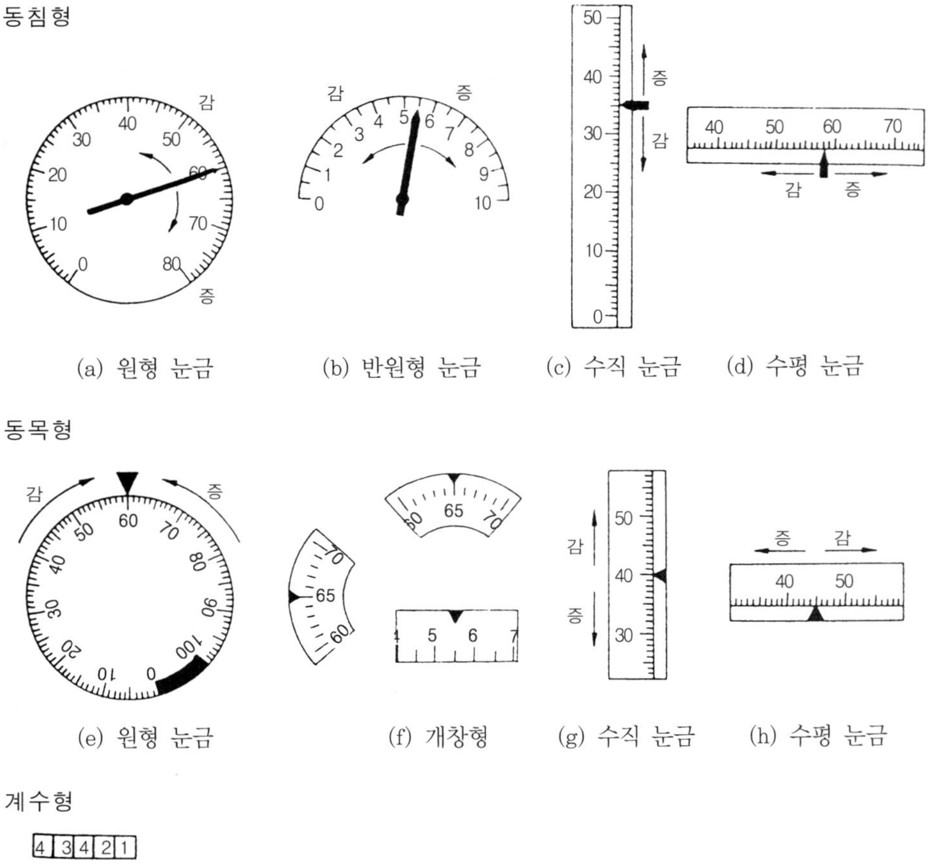

표 6-5 시각표시의 숫자와 문자

고려사항	주의사항
· 적당한 높이와 넓이의 비율, 즉 적 당한 글자의 비율을 사용한다. · 적당한 글자 획의 폭으로 한다. · 바탕색과 글자의 색을 최대한으로 대비시킨다. · 예상 관망거리에 적절한 크기로 한다. · 간단한 활자체, 즉 장식선이 없는 직선체를 사용한다. · 이탤리체보다 고딕체를 사용한다. · 글자와 글자 사이의 공간을 적당히 띄워 놓아야 한다.. · 간결한 말로 된 상표나 표시판에는 모두 대문자를 쓴다(긴 안내문에는 대문자와 소문자를 함께 사용한다).	· 획의 두께가 일정하지 않은 것. · 너무 긴 장식줄이 있는 것. · 글자 안에 무늬나 줄을 넣은 것. · 이탤릭체로 된 것. · 스텐실로 찍은 것. · 손으로 쓴 것처럼 보이는 것. · 그림자를 표현하여 입체감을 준 것. · 고대 영어체처럼 생긴 것. · 너무 길거나 가늘거나 넓게 보이도록 만들어진 것.

한편, 표시의 특성에 따라 시각표시 장치가 유리한 경우와 청각표시 장치가 유리한 경우가 있으므로, 표시의 특성을 잘 파악하여 이를 적용해야 한다.

표 6-6 시각장치와 청각장치

시각장치가 유리한 경우	청각장치가 유리한 경우
· 전언이 복잡하다. · 전언이 길다. · 전언이 다중에 참조된다. · 전언이 즉각적인 행동을 요하지 않는다. · 전언이 공간적인 위치를 다룬다. · 수신자의 청각계통이 과부하 상태 일 때 · 수신장소가 너무 시끄러울 때 · 직무상 수신자가 한 곳에 머무르 는 경우	· 전언이 간단하다. · 전언이 짧다. · 전언이 나중에 재참조되지 않는다. · 전언이 시각적인 사건을 다룬다. · 전언이 즉각적인 행동을 한다. · 수신자의 시각계통에 과부하가 생길 때 · 수신장소가 너무 밝거나 암순응 유지 가 필요할 때 · 직무상 수신자가 자주 움직일 때

2) 지시장치

지시장치는 요구된 방법으로 빨리 읽을 수 있는가, 조작원이 필요로 하는 정도로 읽을 수 있는가, 명확히 읽을 수 있고 크게 틀릴 우려는 없는가, 지시가 변한 것을 쉽게 발견할 수 있는가, 가장 직접적인 표시방법을 사용하고 있는가, 제어의 움직임과 계기의 움직임이 직관적으로 일치하고 있는가, 가장 새로운 데이터를 제공하고 있는가, 다른 계기와 구별되는가, 계기가 멈춰 있는 것을 작업원이 곧 알아 볼 수 있게 설계되어 있는가, 조명은 충분히 배려되어 있는가 등을 고려하여 설치해야 하며, 계기판의 숫자나 문자에는 장식을 해서는 안 된다.

계기를 점검할 경우 계기의 배치는 좌측에서 우측, 위에서 아래의 순서가 되도록 배치하고, 정밀한 조정을 요하는 조작은 가능한 왼손, 오른손을 고루 사용할 수 있도록 배치한다. 그리고 제어장치는 가능한 제어 대상의 지시계기에 가까이 배치하며, 판독순서는 작업원이 왼편에서 오른편으로, 위에서 아래로 판독할 수 있도록 배치하는 것이 좋다. 계기판의 치수는 일반적으로 작업원의 어깨로부터 팔길이로 정한다.

2) 장치의 색채

기계의 색채는 설치한 기계의 큰 면이 회색과 같은 중간색으로 눈을 쉬게 하는 색으로 하여 항상 작동하는 부분을 잘 볼 수 있는 밝은 황토색으로 칠한다. 그리고 파이프나 호스의 연결부, 소방용수의 본관 등은 적색을 칠하며, 급수관은 황색으로, 급수전은 적색으로 칠한다. 공장내에서 작업하는 기계는 선명한 황색을 칠한다. 그 중에서 대형인 것은 약간 어두운 색으로 하고 범퍼(bumper)는 황색 바탕에 흑색 무늬를 놓는다. 또한 전기의 배전반이나 두꺼비집 상자의 외부는 청색으로 문짝 내부는 주의를 환기시키는 황색을 칠한다. 고압전기가 들어와 있는 곳은 주황색으로 표시한다. 구급 용구의 표지는 백색 바탕에 녹십자가 표준으로 되어 있다.

한편, 장치 색채의 명도와 채도 결정에는 다음과 같은 고려를 해야 한다.

① 정상적인 조명상태에서는 밝은 바탕에 진한 색의 글씨를 사용한다.
② 어둠에 익숙해져야만 하는 상황에서는 진한 바탕에 밝은 색의 글씨를 사용한다.
③ 글씨는 적어도 바탕색보다 두 배 정도 밝거나 어두워야 한다. 대비정도가 크면 클수록 좋다.
④ 광택이 있거나 반사력이 높은 금속재료를 글자나 바탕재로 쓰지 말아야 한다. 지시등에서는 명도가 가장 중요하다. 긴급을 요하는 지시등의 명도는 적어도 바탕의 두 배 이상이어야 하므로 바탕을 어둡게 하는 것이 좋다.
⑤ 광택이 없는 어두운 페인트를 등불 주위에 칠하는 것은 옥외 신호의 경우에 는 효과가 있다. 암순응이 필요할 때 중요하다. 될 수 있으면 적색은 위험을 나타내는 등화용으로 하고 적색과 주황색이나 자색과 청색 등 닮은 색은 피한다.
⑥ 조작원이 다른 일에도 종사할 때 경계등은 보통 시선의 30° 이내로 한다. 경 계등은 중앙에 설치한다. 1초간에 3~10회로 점멸하고 점등시간이 적어도 0.05초 이상일 때는 점멸식 등화는 주위를 모으는데 효과가 있다. 등불로 나 타날 때는 무엇보다도 간단함이 생명이다.

이와 같이 장치의 가동상태를 색으로 나타내는 일이 많으며 각 색상별로 가동상태를 나타내는 내용이 다르다. 대표적인 것을 표 6-7에 나타내었다.

표 6-7 대표적인 장치의 색채

색채	가동상태
빨강	실수나 파손, 정지 또는 생명이 위험한 상황과 같은 어떤 상황이 그 기구로 하여금 가동하지 못하도록 한다는 것을 사용자에게 경고할 때 사용된다.
번쩍이는 빨간 불빛	극도의 위험이 닥쳤을 경우에만 사용한다. 1초당 3회에서 5회 정도로 켜졌다가 꺼지는 것이 가장 바람직하다.
노랑	주의나 재검사 또는 지연이 필요한 상황, 다시 말해 위험한 상황에 처한 것은 아닐지라도 위험한 상황이 이를 수 있는 상황에 있다는 것을 사용자에게 알릴 때 사용한다.
녹색	기기가 만족할 만하게 가동중이거나 계속 가동시켜도 좋다는 것을 나타낼 때 쓰인다. 다음 단계로 옮겨 갈 수 있다는 것을 나타낼 때도 쓰인다.
흰색	어떤 상태나 양자 택일의 기능과 선택의 유형, 시험단계나 그밖에 이와 유사한 경우, 즉 그 기기의 가동상태가 성공적이라든가 파손상태에 있다는 것을 의미하지 않는 경우에 사용된다.
청색	청색은 자동차의 헤드라이트가 잘 가동하고 있다는 것을 나타낼 때와 같이 어떤 특정 물체 안에서 특별한 의미를 부여받고 사용되는 경우를 제외하고는 표준 의미를 갖고 있지 않기 때문에 가동상태를 나타내기 위해 청색을 사용하는 것은 금물이다.

3) 표지판

표지판은 읽기 쉬운 정도, 표지판과 표지판을 보는 사람과의 거리, 조명, 의미의 정확성, 표지판의 위치를 고려하여 제작해야 한다.

표지판의 색은 이미 표준화된 색 신호를 준수하면서 보는 이가 확실히 구별할 수 있는 제한된 수의 색채만을 선택하는 것이 좋다. 또한 시계조건이 좋지 않은 상황에서도 구별하기 쉽도록 형광색을 사용하고 완전히 흰색의 조명을 사용한다. 미적 색상구성을 위해 위급신호에 사용되는 표준색을 바꾸어서는 안 된다.

표시판 중 경고 표시판을 제작할 때에는 먼저, 눈에 잘 띄어야 하며, 내용을 강조해야 한다. 그리고 읽기 쉬워야 하며 간결해야 하는데, 준말 사용은 피하는 것이 좋다. 또한 명료하고 가시도가 크며, 견고하고 표준 규격에 맞추어야 한다.

그리고 단어와 불빛을 동시에 사용할 경우에는 바탕에 불을 켜고 글자를 어둡게 하는 방법과 그 반대로 글자에 불을 켜고 바탕을 어둡게 하는 방법이 있다. 비상표시판이나 경고 표시판은 바탕에 불을 켜는 것이 일반적인 원칙인데, 이는 표시판을 훨씬 눈에 잘 띄게 하고 주목을 끌게 하기 때문이다.

표지판의 형태(Pictorial Graphics, 그림 표지판)는 다음과 같은 것이 있다.

① 원형 : 허가(Permission)
② 원형 내부 빗금 : 금지(Prohibition)
③ 삼각형 : 경고(Warning)
④ 다이아몬드(내부 번개 표시) : 전기설비(Electric Facilities)

4) 조정장치

(1) 제어장치

제어기기의 선택시에는 제어장치의 작동이나 위치와 제어대상의 작동이 적합해야 한다. 그리고 작업원이 제어장치나 표시장치를 사용할 때의 심리적, 해부학적 능률을 생각해야 한다. 그리고 제어장치를 설치할 때 그 위치 선정에는 다음과 같은 점을 유의해야 한다.

① 가장 많이 사용하는 제어장치는 팔꿈치에서 어깨의 높이에 설치해야 한다.
② 손으로 더듬을 때는 앞쪽에서 조금 아래쪽이 가장 닿기 쉽다.
③ 서 있을 때에는 어깨의 높이로, 앉아 있을 때는 무릎의 높이에서 잡을 때가 가장 큰 힘이 작용한다.
④ 작업원의 중심선보다는 좌우 어느 쪽이든지 쏠리는 것이 좋다.
⑤ 크랭크(crank)를 돌리지 않으면 안 될 크랭크는 회전축이 신체 전 면에서 90° 내지 60° 위가 되게 한다.
⑥ 어깨 벨트로 좌석에 묶여 있는 항공기 조정사와 같이 고정된 위치에서 조작 하는 제어장치는 작업원의 어깨에서 70cm 이내의 거리여야 한다.
⑦ 제어장치의 크기를 결정하는데는 보통 사람의 손크기로 잡을 수 있는 한도 이내이어야 한다.
⑧ 전시관 장치 등의 조절 손잡이는 될 수 있으면 50mm 이하의 지름이면 가장 잡기 쉽다.

⑨ 손목, 손가락 등을 빨리 움직이지 않으면 안 되는 크랭크는 길이 38mm, 지름 13mm 정도가 좋고 무거워서 팔의 힘을 요할 때는 길이 96mm, 지름 25mm 정도가 좋다.

⑩ 크랭크를 빨리 돌리려면 일반적으로 지름은 76~230mm의 범위가 좋으나 특히 115mm 정도를 선택하는 것이 좋다.

(2) 손잡이

손을 사용하는 장치들이 많이 있는데, 이 때 손잡이의 특성에 따라 조정상태가 달라지는 경우가 많다. 즉 손잡이의 유형에 따라 조작력이 따라진다. 누름단추, 탐블러 스위치, 작은 회전 손잡이 등은 조작력 30~50g중으로 작은 힘이 필요하며, 손 전체에 사용하는 큰 회전 손잡이, 수평추 등은 조작력 250~300g중이 필요하다. 그리고 수직추, 핸들, 페달 등은 조작력 2~10kg중의 큰 힘이 필요한 손잡이이다.

손잡이는 크게 세 가지 유형이 있다.

① 도어의 손잡이

모양에 따라 손을 대는 방식이 다르므로 그와 관련하여 치수를 정하지 않으면 사용하기 어려워진다. 그리고 재질의 차이에 따라 손의 조작력에 차이가 생기므로 그러한 점도 고려하여 치수를 정할 필요가 있을 것이다.

② 서랍의 손잡이

모양에 따라 손이 걸리는 방법이 다르므로 이 점을 고려해서 치수를 정하지 않으면 사용하기가 불편하다. 이것은 또 재질의 차이에 따라 손의 조작력에 차이가 있으므로 이것도 고려하여 치수를 정해야 한다.

③ 잡기 쉬운 크기

잡을 때 손의 모양과 그에 대응하는 손잡이 크기를 고려한다. 손잡이의 치수는 조작에 필요한 힘의 크기와 밀접한 관계가 있다. 조작력은 적으나 정밀한 눈금을 맞출 때 (작은 손잡이) 또는 정밀도는 요구되지 않으나 큰 힘이 필요할 때 (큰 손잡이) 등 목적에 따라 손잡이의 모양이 다르므로 힘도 고려하여 치수를 구하는 것이 좋다.

손잡이에 필요한 조건은 표 6-8과 같다.

표 6-8 손잡이의 필요 조건

· 촉각에 의해 식별할 수 있다.
· 필요한 힘에 대하여 적당한 크기일 것.
· 미끄러움이 적은 것일 것.
· 손이 벗어날 우려가 없을 것.
· 방향성을 한정할 것(예를 들면 전후방향이나 좌우방향으로).
· 한 방향이 아니고 그것을 되돌리는 방향에 대해서도 모양이 좋을 것.
· 장갑을 이용하는 일이 있으므로 장갑이 걸리든가, 장갑을 상하지 않도록 할 것.
· 손에 상해를 주지 않도록 할 것.
· 위치에 따라 그 구별을 쉽게 하도록 할 것.
· 지지면의 합리적인 배려와 착지가 용이할 것.
· 비틀림을 방지할 것.
· 사용자 손의 치수에 대한 적합성과 적절한 손의 단면일 것.
· 각 부위별 체온 변화와 악력분포에 대한 구조상의 특성을 이해할 것.
· 쾌적한 지지면과 압박감을 고려하여 불쾌감을 감소시킬 것.
· 사용시간 경과에 따른 자세의 변화연구와 유형에 대한 실용성과 효용성을 증가 시키는 것.
· 불필요한 운동량을 배제시킬 것과 제어동작을 적용시켜 올바른 운동방향을 유지 할 것.
· 컨트롤 포지션을 근접시킬 것과 함께 변위량을 조절할 것.
· 손잡이 끝부분이 충분히 노출되어 사용이 용이하게 할 것.

제7장 인간을 고려한 주거계획

주거공간은 동일 연령층만이 사용하는 경우는 드물고 어린이와 청장년, 고령자가 함께 생활하며 그들의 인간요소는 성별을 비롯하여 신체적 특성, 정서적 특성이 다양하게 존재한다. 그러므로 인간 측면의 고려를 한 공간계획이라고 하더라도 주거계획에 한정하면 동일 연령대가 사용하는 공간이나 시설공간과는 차별되는 계획을 해야 한다.

그러나 본장에서는 건강한 성인남자를 중심으로 계획되는 주거공간을 인간 측면의 고려를 더욱 확대한다는 입장에서 성장기의 어린이, 쇠퇴기의 고령자, 특수한 조건을 가진 장애인을 위한 주거계획에 주목하기로 한다. 따라서 일반적인 주거 계획시에 고려해야 하는 인간공학적 배려에 대해서는 생략하기로 한다.

1. 어린이를 위한 주거계획

1) 어린이와 주거

아동은 일반적으로 신체적으로나 정신적으로 미성숙한 단계에 있는 인간을 총칭하며 주로 연령에 의해 세분하고 있다. 그러나 아동을 정확하게 몇 세에서 몇 세까지로 규정하는가 하는 것은 학자나 관련법에 따라 다르다. 우리 나라의 아동복지법에서는 18세 미만의 자를 아동으로 정의하며 소년법에서는 12세~20세 미만을 아동이라 한다. 근로기준법에서는 13세 미만을 소년으로 규정하고 있으며 민법에서는 만 20세 미만을 미성년이라고 한다. 이와 같이 아동은 그 규정짓는 연령이 중복되어 있고 명칭이 다양하다.

공간계획과 결부시켜 생각할 때는 부모와 함께 생활하며 보호를 받는 신생아나 영아는 예외로 하고 독립적으로 자기 방을 갖게 되는 유아기 이후의 아동기에 초점을 맞추는 것이 좋을 것 같다. 초등학교 이후의 중등교육기와 고등교육기에 해당하는 연령도 법에 따라서는 아동에 포함되기도 하는데 이들은 성장기에 있기는 하나 그 특성이 청장년으로 이동되는 과도기이므로 여기에서는 유아와 학령기 아동을 어린이라 지칭하고 어린이에 한정하여 서술하기로 한다.

어린이를 위한 주거계획을 하기 위해서는 먼저 그들의 신체적·정서적 특성을 알 필요가 있다. 신체적으로 보면 만 3세에서 만 5세에 이르는 유아기는 영아기보다는 신체적 성장 속도가 다소 감소되나 다른 연령대에 비해서는 많은 성장을 하는 시기이다. 이 시기는 매년 6cm 전후의 신장 증가를 보여 만 5세가 되면 출생시 신장의 두 배 정도인 약 104cm가 된다. 체중은 만 5세가 되면 출생시 몸무게의 약 5.5배가 되는 17.5kg 정도로 증가된다. 학동기에는 입학시인 6세 때는 남아 116cm, 여아 113~114cm이던 것이 졸업시인 12세경이 되면 145cm, 146~147cm로 자라게 된다 체중 역시 6세 남아는 21kg, 여아는 20kg이던 것이 12세가 되면 36kg, 39kg 정도로 증가한다. 특히 13세를 경계로 하여 남녀 차가 현저하게 되어 신체적으로 성차(性差)가 두드러지게 된다.

어린이의 정서·사회성 특성을 보면, 만 3세가 되면 자제력이 나타나고 독립심이 발달하게 되며 두려움, 어두움, 큰소리, 도둑 등은 부정적인 감정을 갖게 된다. 그리고 또래집단놀이를 즐기며 성인행동을 모방한다. 4세가 되면 도전적이고 동정심을 표현하며 무서운 꿈을 꾸기 때문에 잠자는 것을 두려워 할 수도 있다. 5세가 되면 어머니에게 강한 애착을 가지고 꾸짖음이나 비평에 대해 민감하고 감정도 쉽게 상한다. 또래와의 놀이를 즐기고 구조화된 게임을 하고 남의 마음에 들고 싶어하며 옳고 그름을 이해한다. 만 6세에서 12세까지의 학령기에는 가족보다 친구의 영향을 더 받으며 혼자서 시간을 즐기고 많은 시간을 공상하며 보내기도 하고 창의성, 호기심이 증가하며 모험을 즐긴다. 이 시기는 타인으로부터 인정받고 비평받는 것 모두 민감하며 또래에게 쉽게 동조하는 경향이 있다.

물리적 환경이 어린이에게 주는 영향은 주로 공간밀도에 관하여 연구되고 있는데 공간면적과 유아의 행동관계를 살펴보면 다음과 같다.

즉 공간이 감소될 때의 유아의 행동은

① 사회적 상호작용이 감소한다.
② 신체적 접촉이 증가한다.
③ 놀이에 참여하지 않고 서 있는 경향이 많다.
④ 사람수가 증가되는 것을 불편하게 여긴다.
⑤ 사회적 행동발달이 지연된다.
⑥ 비참여 행동이 나타난다.
⑦ 방관적이고 목적없는 행동이 나타난다.
⑧ 공격적 행동이 나타난다.

반대로 공간이 증가될 때의 유아의 행동은

① 공격적 행동이 감소한다.
② 사용하지 않던 설비를 사용하게 된다.
③ 유아-설비간의 상호작용이 증가한다.
④ 유아의 주도적 활동이 증가한다.

따라서 어린이의 탐구의욕을 만족시켜 주기 위해 자유롭게 많은 것을 시도해 볼 수 있고 허용적이며 창의력을 발휘할 수 있는 공간을 필요로 한다. 또 어린이의 신체적 요구를 만족시켜 주기 위해 운동기능을 발달시켜 줄 수 있는 계획된 공간이 필요하다. 즉 어린이의 감각기능의 발달과 함께 감각과 운동간의 협응력을 길러 줄 수 있는 공간이 마련되어야 한다.

어린이의 사회성 발달면에서도 공간면적은 필수적인 요건으로 간주된다. 어린이의 사회적 성숙은 물론 긍정적 자아개념 형성을 위한 생활공간은 어린이의 본능적이고 생동적인 자아 수행을 위해서 필요하다. 그리고 어린이의 인성 발달, 성격 특성, 학업 성취도와 주거환경과는 밀접한 관계가 있음이 보고되고 있으므로 성장발달중인 어린이에게 어떤 주거환경을 계획하여 주느냐는 대단히 중요한 문제로 부각된다. 어린이의 발달과 공간과의 관계를 표 7-1에서 볼 수 있다.

표 7-1 어린이의 발달과 공간

시기	연령(세)	공간	행동의 발달
준비기	0~ 1	Bed	· 물체를 인지하기(보기, 핥기, 듣기, 던지기) 위해서 공간이 필요하게 된다. · 부모가 공간의 관리자이다.
시행기	1~ 2	Room	· 물체에 적극적으로 작동(만들기, 부수기)하여 간다. · 물체를 시험하기 위하여 소재공간을 확대시켜 간다.
	2~ 3	Home	· 사물의 기호로서 기억할 공간(언어공간)으로서 작용한다. · 공간과 자아의 결부가 싹터 간다.
유희기	3~ 4	Neighbour	· 생각하는 힘, 호소하는 힘을 공간은 기른다. · 자유로운 활동을 유인하는 공간이 필요하다.
	4~ 6	Kindergarden	· 자기중심적 동료와의 접촉이 쌍방간에 유지되는 공간이 있다. · 자기소유의 공간(나의 장소)이 싹튼다.
표현기	6~ 9	School	· 조직적으로 배운다. 자기를 충분히 표현할 수 있는 공간을 필요로 한다. · 자기에 소속하고 있는 공간에 책임을 지고 선악을 판단하기 시작한다.
조정기	9~12	School-Group	· 시간이나 공간을 약간 의식적으로 보충한다. 동료 사이에 자기 역할을 조정한다. · 프라이버시가 싹틈과 동시에 동료와 충분히 교제할 수 있는 공간이 있다.
과도기	12~15	School-Social	· 독립을 위해 여러 가지 곤란을 생활공 간에서 극복하지 않으면 안된다. · 프라이버시를 준다.
결정기	15~18	School-ego-Social	· 자기의 장래를 결정하기 위하여 가치 판단을 한다. · 공간을 자신이 어느 정도 계획한다.
형성기	18~	Social	· 문화형성을 위하여 집단에 소속한다. · 퍼서낼리티 욕구에 적응하는 공간을 구한다.

출처 : 建築心理入門, 小林重順, 연제진 역, 1977.

또한 어린이와 결부시켜 주거계획을 할 때는 어느 시기에 독립된 개실을 확보하게 하느냐가 그 공간을 어떻게 계획하느냐에 선행되어야 한다.

어린이의 취침분리는 부모와의 분리가 선행된 후 형제자매와의 분리를 행하는 것이 일반적인데, 한 연구에 따르면 독방 사용비율은 초등학교 18.7%, 중학교 48%, 고등학교 56%, 대학교 63%로 연령이 증가함에 따라 자기 방의 소유비율이 높아지고 중학교 진학과 더불어 자기 방 소유가 급격히 늘어난다. 또한 초등학교 4～6학년을 대상으로 한 연구에 따르면 독방 사용은 27.4%, 동성형제와의 사용이 26%, 이성형제와의 사용이 21.9%, 부모와의 사용이 15.1%이다. 따라서 초등학교 저학년때 부모와의 취침분리가, 중학교 진학을 계기로 형제자매와의 취침분리가 많이 일어나고 있다. 어머니들의 인식은 5세 이전이나 6～7세에 부모와 취침분리 하는 것이 좋다는 비율이 65.8%를 차지하여 실태보다는 좀더 빠른 시기에 부모와의 취침분리를 원하는 것으로 나타났다.

우리 나라의 어린이방 소유율은 표 7-2에서 보듯이 다른 나라에 비해 좀 낮은 편이나 어린이의 취침분리는 너무 빨라도 너무 늦어도 문제가 되므로 여러 측면에서의 고려를 종합하여 적절한 시기를 제시해야 한다. 여러 선행연구의 결과, 어린이의 발달단계, 우리 나라의 주택사정 등을 고려하여 늦어도 초등학교 입학을 계기로 부모와의 취침분리를, 초등학교 고학년(4학년)이 되기 전에 이성형제와의 분리를, 중학교 입학을 계기로 동성형제와의 분리를 하는 것이 좋을 것으로 생각된다.

표 7-2
어린이방의 소유

구분 \ 국가(%)		한국	일본	미국	영국	독일	프랑스
0～ 5세	부부전용실	28.1	47.7	89.7	96.3	75.9	89.3
	아동실	26.3	41.3	90.7	98.2	94.8	90.0
6～10세	부부전용실	42.8	55.1	92.0	96.3	77.3	92.3
	아동실	60.8	81.5	95.5	99.5	97.0	98.2
11～15세	부부전용실	51.8	65.8	93.0	96.6	74.2	95.7
	아동실	77.2	89.9	96.1	98.3	97.7	98.0

출처 : 住環境科學, 梁瀨度子외, 1995.

2) 어린이 공간의 계획방향

사실 주택의 경우에는 어린이만을 고려하여 계획되는 경우는 드물다. 왜냐하면 어린이는 주생활의 주체가 아니며 다른 연령층에 비해 신체적 · 정서적으로 급속하게 성장하므로 그에 대응시키는 주택계획을 하기 힘들기 때문이다. 따라서 인간 측면을 고려하는 주거계획을 한다고 해도 구조체에 관련된 부분에 대해서는 제외하게 되고 실내장비적 요소(가구나 커튼 등)나 교체가 쉬운 마감재에 대해 계획하게 되는 것이다.

인간공학에 근거한 어린이 공간계획에서는 어린이들의 불필요한 동작을 줄이고, 피로, 비효율성, 부상 등을 방지하기 위한 것이어야 한다. 즉 어린이가 사용하는 공간은 특별히 안전과 편안함에 관심을 가져야 한다. 따라서 실내에서는 계단, 난간, 현관, 창문, 문 등의 위치, 크기, 재료에 대하여 주의를 기울이고 가열기구, 냉난방기구, 전기기구와 콘센트, 의약품의 설치와 배치, 수납에도 어른만 사용하는 공간보다는 세심한 주의를 해야 한다. 즉 주택내에서 일어나는 안전사고의 대상은 5세 이하가 많은데 어린이의 경우에는 질식, 화상, 추락, 전도, 감전사고 등이 많다. 특히 추락, 전도, 감전사고의 경우에는 건축 설비적 요인에 의해 일어나는 경우가 많으므로 어린이 공간의 계획시에 안전에 대한 고려를 특별히 해야 한다.

① 기어오르기 쉬워 위험하다.

② 기어오르기 힘들어서 안전하다.

난간 높이와 격자간격

그림 7-1
안전계획

주택에서의 어린이 공간의 대표는 역시 어린이방이다. 어린이방은 놀이, 취미활동, 교우관계, 학습, 갱의, 취침 등 다양한 행위가 이루어지는 곳으로 그만큼 요구내용이 다양하다. 따라서 어린이방은 거실과 같은 기능도 필요하고 침실로써의 기능도 필요하다. 공부를 하거나 독서를 할 때는 차분한 분위기, 즉 긴장하여 정신을 집중시킬 수 있는 분위기가 필요하고 휴식이나 취침을 할 때는 편안히 쉴 수 있는 실내공간이 되어야 한다. 이와 같이 때로는 상반된 활동이 하나의 방안에서 이루어지고 있는 것이다.

한편, 어린이가 취침 이외에 집에서 주로 시간을 보내는 장소는 실제로는 자기 방보다 안방이 더 많다는 연구결과도 있고 어린이는 아동실을 "다른 사람의 방해없이 조용히 공부할 수 있으므로" 원하고 있다는 연구결과도 있다. 즉 어린이방이 어린이의 모든 행위를 다 수용하지 못하고 취침이나 아동용품의 수납용으로 존재하거나 공부방 기능만이 강조되고 있는 경향이 있다.

그러므로 어린이방의 계획시에는 사용자인 어린이의 체격, 생활시간, 행동패턴, 연령, 성별 등을 고려하여 방의 크기, 위치, 다른 방과의 관계, 가구, 배색, 설비 등을 결정해야 함이 전제조건이다. 그리고 어린이방의 계획시 어린이는 스스로 판단하거나 요청할 능력이 없기 때문에 어른의 생활방식이나 어린이에 대한 태도에 따라 어린이방의 계획방향이 달라지기 쉬우므로 이에 대한 주의를 해야 한다.

3) 어린이를 위한 실내공간계획

(1) 어린이방의 위치와 크기

어린이방의 위치는 집안에서 일광을 가장 잘 받고 통풍이 잘 되는 위치에 있어야 한다. 특히 학령기까지는 집안에서는 보내는 시간이 다른 가족원에 비해 상대적으로 많으므로 자연환경조건이 좋은 위치에 어린이방을 배치시키는 것이 공간이용률의 측면에서도 좋으므로 동, 동남, 남측의 배치가 좋다. 다른 방과의 관계를 고려하면 우선 부모 특히 어머니가 주로 사용하는 공간과의 관계를 고려해야 한다. 유아기의 경우에는 주부의 생활공간과 연결되어 있거나 시각적 차단을 적게 하는 것이 좋다. 그러나 특히 아동 후기가 되면 부모의 지나친 간섭을 싫어하고 학습과 개성적인 취미생활을 위한 독립된 분위기 조성을 필요로 하므로 어머니의 생활권과 직접 연결할 필요없이 비교적 자유롭게 위치를 결정하는 것이 좋다. 그리고 어린이방은 되도록 옥외 생활공간과 출입이 자유로운 위치에 배치시키는 것이 좋다.

한편, 고층아파트가 많아지고 있는 우리 나라 주택환경의 현실에서는 이러한 주거환경이 자칫하면 어린이의 행동발달을 저해할 우려가 있으므로 쉽게 실외로 나갈 수 있도록 유도하는 것이 좋다. 1~5층에 사는 유아가 14~23층에 사는 유아에 비해 기본적인 생활습관의 자립이 빠르다는 보고에서도 알 수 있듯이 스스로 옥외로 나갈 수 있는 주거형태가 어린이의 행동발달에 유익하다는 것을 잊지 말아야 한다. 단 2층 이상의 높이에 어린이방이 있는 경우에는 발코니, 계단, 창 등의 치수와 높이, 재질 등이 안전한가 하는 것은 반드시 체크해야 함은 물론이다.

어린이방의 크기를 생각해 보자. 방의 크기는 너무 넓거나 너무 좁아도 좋지 않으므로 적정 넓이를 산정할 필요가 있다. 그러나 어린이는 신체적으로 많은 변화를 가지게 되므로 어린이들의 성장에 맞추어 가변적으로 해결할 수 있는 것이 바람직하나 공간의 크기인 경우에는 이것이 용이하지 않다. 따라서 어떤 행위를 하고 어떤 가구를 놓는가를 고려하여 적정 크기를 정하는 것이 보통이다. 어린이방의 기능은 크게 취침, 학습, 놀이이므로 이들 행위를 할 수 있을 정도의 크기가 확보되어야 한다. 즉 인간의 행위는 그 행위를 하기 위한 충분한 공간을 필요로 한다. 예를 들어 옷을 갈아입거나 벗을 때를 생각해 보면, 손을 뻗거나 허리를 굽히거나 때로는 주저앉거나 하므로 그때마다 그에 필요한 공간이 요구된다. 이와 같이 생각해 보면 하나의 방의 크기는 그 안에 들어가는 가구나 도구, 물건이 차지하는 면적에 여러 사람이 움직이기 위한 행동공간과 가구 사용을 위한 공간을 더한 것이어야 한다. 그러므로 어린이방의 크기는 그곳에서의 어린이의 행동에 불편함이 없고 그들의 행동을 지지하는 설비가 차지하는 면적을 고려하여 결정해야 한다.

또한 한 연구에 따르면 아동실이 소유하고 있는 가구와 장비(비품)는 그림 7-2와 같이 그 종류가 다양하며 예전에 비해 가구 및 비품의 보유실태가 증가하고 있음을 밝히고 있다. 그러므로 이러한 가구 및 비품을 배치하고도 충분히 공간을 사용하고 가구 이용에도 불편이 없는 정도의 크기여야 하며 가구배치에 따라서도 공간활용이 달라지므로 이에 대한 고려를 해야 한다.

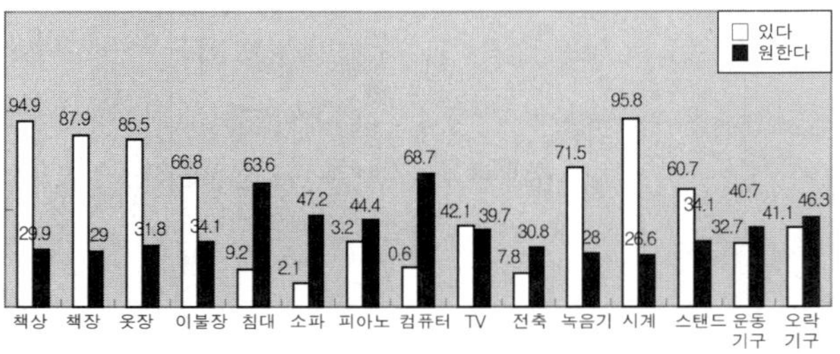

그림 7-2

어린이방의 가구와 장비

출처 : 아동실의 주거환경 및 이용에 대한 실태, 박인전 · 안지연 · 안옥희, 1994.

그림 7-3
어린이방의 계획
출처 : 최신 건축설계 자료집성, 박돈서 편역, 1988.

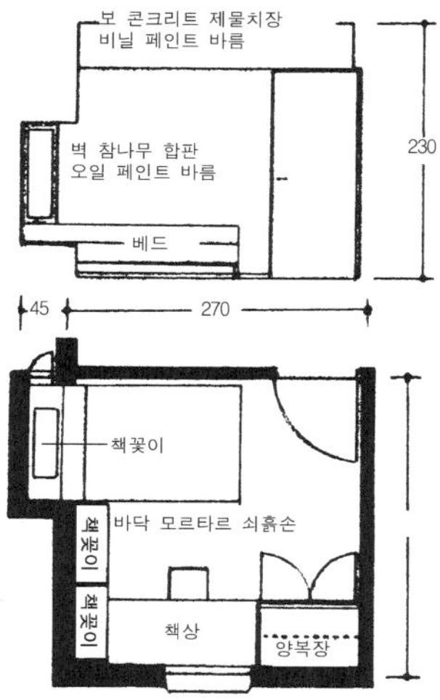

1인용 어린이방

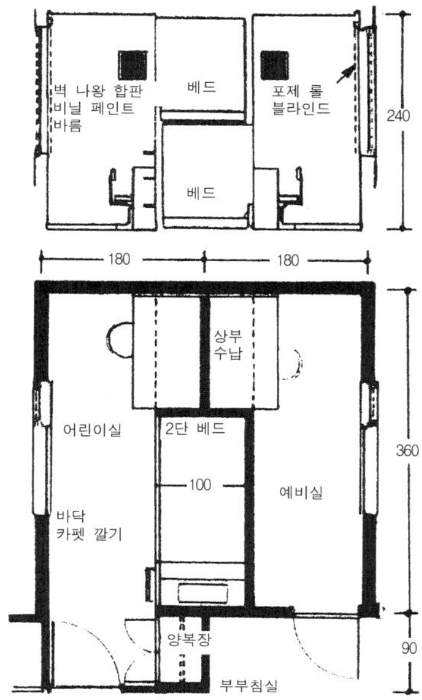

2단 침대의 어린이방

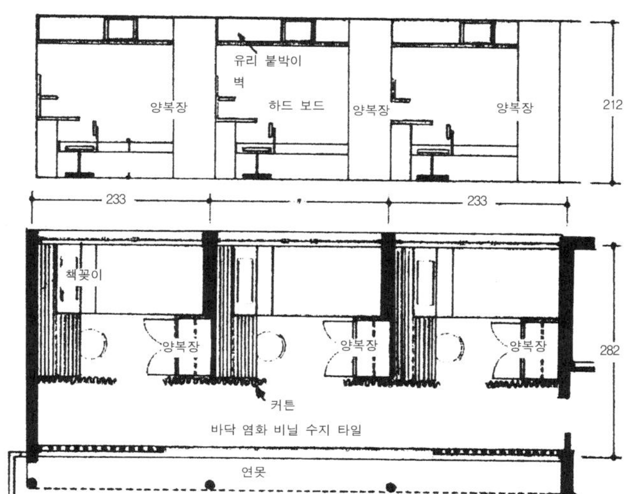

3인용 어린이방

(2) 어린이방의 마감재료와 가구

어린이방의 마감재료는 어린이의 행동특성에 맞고 유지관리상 편리한 것을 택하는 것이 좋다. 바닥의 경우에는 다른 가족원이 사용하는 공간보다 마모가 심하므로 탄력성이 있고 발디딤이 좋으며 청소가 쉽고 무거운 하중에도 견딜 수 있는 재료가 좋다. 우리 나라의 주택은 바닥난방을 하고 있어 개실에는 장판지를 까는 경우가 많은데 어린이방의 바닥마감재로 장판지는 내구성이 적고 너무 딱딱하다. 그러므로 색채가 풍부하고 청소가 용이한 아스타일, 비닐타일, 비닐장판 등을 사용하는 것이 좋은데 이들은 촉감이 차가운 단점이 있으므로 누비이불이나 러그 등을 부분적으로 깔아 부드럽고 따뜻함을 보강해 주는 것이 좋다.

벽의 마감재료는 충격에 강하고 보수가 용이하며 더러움을 지울 수 있고 교환이 쉬운 것을 택하는 것이 좋다. 일반적으로 우리 나라의 주택에서는 개실의 벽처리로 벽지를 바르는데 비닐벽지나 실크벽지는 약간의 더러움은 쉽게 지울 수 있으므로 어린이방의 벽지로 적당하다. 그리고 어린이가 벽에 낙서를 하거나 자신의 작품을 붙이거나 하는 것을 너무 통제하는 것은 좋지 않으므로 한 벽면은 어린이의 손이 쉽게 닿는 높이까지 교환 가능한 종이나 콜크텍스, 파이텍스 등을 부착하여 놀이의 도구로 벽면을 이용할 수 있도록 하는 것이 좋다.

천장의 마감재료는 벽면의 재료와 같으면서 흡음효과가 있는 것을 택하는 것이 바람직하다. 그리고 누워서 잠들기 전까지 천장을 쳐다보면 무섭지 않도록 야광스티커 등을 이용하여 천장구성을 하는 것도 좋을 것이다.

또한 바닥, 벽, 천장의 마감재료와 어린이방의 가구나 커튼의 색채는 통일성 있으면서 어린이의 선호를 고려하여 선정하는 것이 바람직하다.

아동용 가구는 용도별로 분류하면 책상, 의자, 책꽂이, 선반 등의 학습용과 침대, 안락의자, 스툴 등의 휴식용, 책상, 옷장, 정리상자 등의 수납용으로 분류할 수 있다. 이러한 어린이방의 가구는 어린이들이 그들의 방에서 생활할 때 필요한 물품의 수납과 행동을 지지해 주는 역할을 한다. 그러므로 어린이용 가구는 크기, 형태, 배치가 어린이의 신체치수에 맞는지, 형태상 안전한지, 어린이의 성장에 따라 조절 가능한지를 고려해야 한다. 그리고 가구의 재료가 가볍고 운반이 용이하며 부드러운 느낌이 나는 것을 택하는 것이 좋다.

어린이의 체격 표준치는 표 7-3이며 생활자세에 따른 인체치수의 계측부위는 그림 7-4를 참조하기 바란다. 또한 시중에 판매하고 있는 어린이방의 가구는 그림 7-5에 나타내었다.

표 7-3 어린이의 체격 표준치 (단위 : cm, kg)

부위		성별	3세	4세	5세	6세	7세	8세	9세	10세	11세	12세
1	지극	남				108.6	114.3	124.9	129.3	134.9	140.3	147.4
		여				108.0	112.3	122.2	129.0	134.2	140.8	147.1
2	몸통 너비	남				30.2	30.6	31.5	32.2	33.7	34.5	36.1
		여				30.0	30.1	30.8	31.5	32.8	34.5	35.8
3	넓적다리 높이	남	37.4	40.7	45.2	48.0	50.8	56.3	58.8	61.4	64.0	67.6
		여	37.3	41.4	45.1	48.4	51.5	55.5	59.2	61.2	64.0	67.6
4	엉덩이 너비	남				21.1	22.0	22.8	23.6	24.7	25.7	27.0
		여				21.4	22.2	22.7	23.9	25.0	26.4	28.2
5	무릎 높이	남	22.8	23.9	26.3	28.1	31.8					
		여	23.1	24.2	25.9	27.9	31.2					
6	손목 높이	남				55.2	58.3					
		여				55.4	57.7					
7	팔길이	남				46.6	48.9					
		여				46.0	47.7					
8	장골 높이	남	46.1	50.1	55.3	58.5	62.7					
		여	46.1	50.0	54.8	58.6	62.5					
9	등길이	남	23.2	24.1	25.5			30.4	31.4	32.6	33.9	35.5
		여	22.6	23.6	24.8			29.1	30.7	32.3	34.0	35.8
10	키	남	95.7	101.5	108.8	113.9	119.4	128.9	133.0	137.7	142.7	149.2
		여	94.6	100.9	107.3	112.6	117.4	127.3	133.4	137.7	143.9	149.7
11												
12	어깨 너비	남	23.7	24.8	25.5	24.2	25.4	27.7	28.2	29.3	30.4	32.0
		여	22.9	24.3	25.2	24.1	25.3	27.3	28.6	29.5	30.9	32.3
13	앉은 팔꿈치 높이	남				15.7	16.8	18.4	19.0	19.2	20.0	20.8
		여				15.8	16.2	18.2	18.9	19.4	20.2	21.5
14	앉은 키	남				61.3	65.7	70.7	72.2	73.9	76.1	78.9
		여				61.7	64.2	69.3	72.0	74.0	76.7	80.0
15	앉은 무릎 너비	남				17.2	17.6	38.6	40.1	42.0	43.7	45.9
		여				17.3	17.6	38.2	40.3	41.9	43.7	45.2
16	앉은 엉덩이 너비	남				20.8	21.4	24.5	25.5	26.6	27.2	28.4
		여				22.2	22.8	24.3	25.5	26.4	27.8	29.7
17												
18	대퇴위 높이	남				36.5	37.3					
		여				36.0	36.7					
19	대퇴밑 높이	남				27.1	27.6					
		여				26.3	26.9					
20	엉덩이 무릎 높이	남				35.0	36.6					
		여				35.6	36.8					
21	엉덩이 발끝 높이	남				61.4	64.9					
		여				61.3	64.1					
22	몸무게	남	15.0	16.1	17.9	19.7	21.7	27.8	30.2	33.8	37.4	41.8
		여	14.3	15.6	17.3	19.1	20.9	26.8	29.8	33.0	37.1	41.9
23	손길이	남	10.5	11.1	11.8	12.0	12.5	14.0	14.5	14.9	15.5	16.3
		여	10.3	11.1	11.6	11.8	12.3	13.9	14.5	15.1	15.7	16.3
24	손너비	남				7.3	7.3	7.2	7.4	7.7	8.0	8.4
		여				6.9	7.1	7.0	7.3	7.5	7.8	8.0
25	발길이	남	15.1	16.1	17.1	17.5	17.9	19.9	20.6	21.2	22.1	23.2
		여	15.0	15.8	16.8	17.2	17.6	19.6	20.4	21.2	21.9	22.5
26	발너비	남				7.1	7.3	8.0	8.2	8.3	8.6	9.1
		여				6.8	6.9	7.8	8.0	8.3	8.6	8.8

출처 : 3세~7세는 한국 과학기술청, 한국 평균 체위조사서, 1980. 8세 이상은 한국 표준과학연구소, 산업제품의 표준치 설정을 위한 국민 표준체위 조사보고서, 1992.

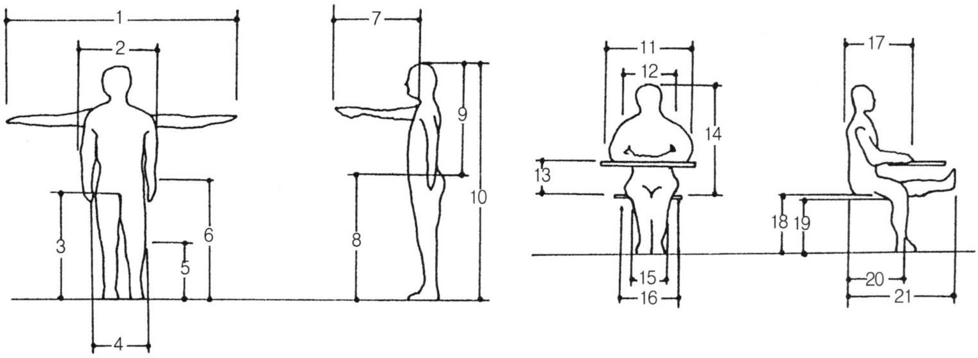

그림 7-4
생활자세와 인체치수(상)

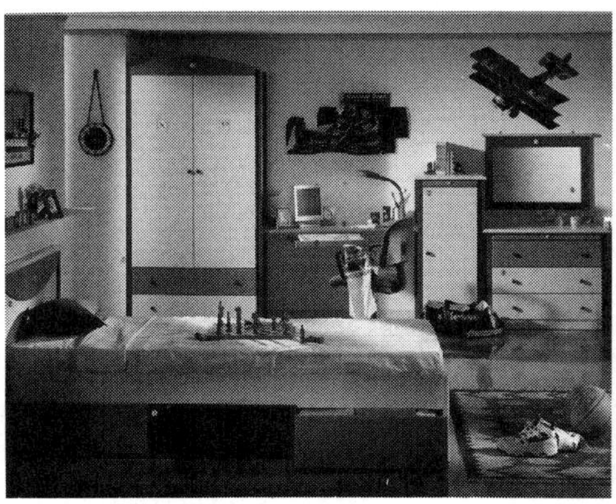

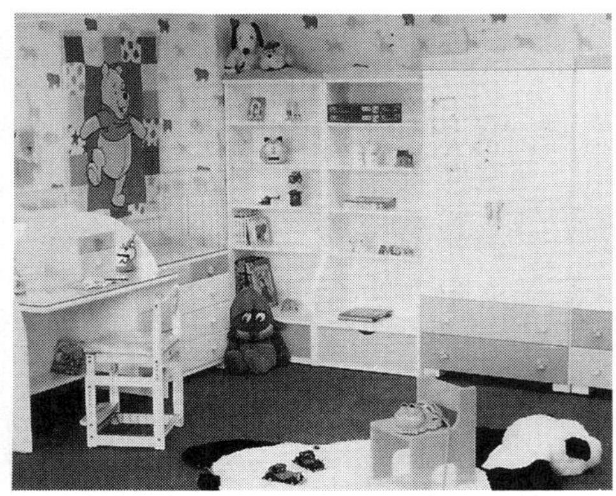

그림 7-5
어린이용 가구(하)

성인들에 맞추어진 공간계획이나 설비기기들은 어린이들에게는 어렵고 힘들며 자칫 사고나 부상의 원인이 되기도 한다. 따라서 어린이들을 위한 공간, 실내, 기구디자인 등에서는 그 공간의 크기 결정에서 뿐만 아니라 용품의 내구연한과 사용연한 등을 충분히 고려하여 해당 연령에만 국한시켜 계획하지 말고 어린이들의 성장에 맞추어 가면서 가변적이거나 교체만으로 해결할 수 있는 방법을 강구할 필요가 있다.

4) 어린이의 실외 놀이공간계획

어린이에게 있어 놀이는 생활 그 자체이며 놀이를 통하여 인지적, 신체적, 사회적, 정서적 발달을 하는 부분이 많다. 이에 주택건설촉진법에서는 공동주택단지 계획시 단지내 복리시설로서 놀이터의 면적과 위치에 관해 명시하고 있으며 상업지역 등에서의 어린이 놀이터 설치기준에 대해서도 명시하고 있다.

실외 어린이 놀이터는 크게 전통놀이터, 현대식 놀이터, 창조적 놀이터, 모험놀이터로 분류할 수 있다. 주택과 관련지어 보면 어린이의 실외 놀이공간은 이러한 놀이터 외에 공원, 학교운동장, 도로, 공터, 주차장, 골목길, 집 근처 공사장, 아파트단지 등 집 주위의 거의 모든 실외공간을 놀이공간으로 이용하고 있다.

실제로 어린이의 놀이공간에 관련된 연구들을 보면, 놀이터와 같은 놀이 전용공간보다는 도로, 공터, 주차장, 자연상태의 공간과 같이 위험성이 내포해 있으나 놀이의 도구성이나 변화성을 이용하여 놀 수 있는 공간을 더 많이 이용하는 것으로 나타났다. 그러므로 이러한 공간계획시에 그 고유의 기능뿐만 아니라 어린이의 놀이공간으로 이용되고 있음을 염두에 두고 계획해야 할 것이다.

뉴욕시에서는 일정기간 동안 도로를 폐쇄하여 마을운동회를 열거나 농구, 배구, 음악 프로그램과의 만남을 도로에서 열고 물놀이를 위해 도로에 있는 소화전을 틀기도 한다. 그리고 더 나아가 가로의 일부를 완전히 폐쇄하여 어린이의 놀이공간을 만들기도 한다.

어린이의 놀이공간으로 계획된 곳에는 기본적인 안전조치만을 해놓으면 달리 특별한 조치를 하지 않아도 어린이들 스스로가 놀이공간으로 전용하여 사용하며 염려하는 것보다 훨씬 안전하게 이용한다.

한편, 주택지나 아파트 단지내에는 어린이 놀이터가 계획되는데 이런 놀이터에는 그네, 미끄럼틀, 시소, 철봉 등 규격화되어 있고 정형화된 놀이기구뿐이어서 어린이의 흥미를 얻지 못하고 있다. 그러므로 어린이 놀이터 계획시에는 안전성만이 아니라 흥미롭고 매력적인 공간조성을 해야 한다. 그러기 위해서는 어린이의 놀이행태를 분석하여 놀이와 어린이간의 상호작용을 자극하도록 놀이기구를 배치하고 놀이활동이 자연스럽게 연결되도록 연관성있게 배치해야 한다. 그리고 너무 좁은 공간에 많은 놀이공간을 두지 말고 비워둔 공간을 마련하여 어린이들 스스로가 놀이기구를 창안하여 놀 수 있도록 유도해야 한다. 또한 놀이터라 하면 놀이와 관계있는 기구만을 설치하는데 화장실, 음료수대, 차양대, 벤치 등 휴식공간 또는 서비스공간을 함께 계획하여 어린이들이 놀이 도중에 쉬거나 어린이뿐만 아니라 어른들도 함께 이용할 수 있도록 하는 것이 바람직하다.

그림 7-6

기존 도로를 이용한 어린이 놀이공간

출처 : 住まいと住環境, 日本家政學會, 1991.

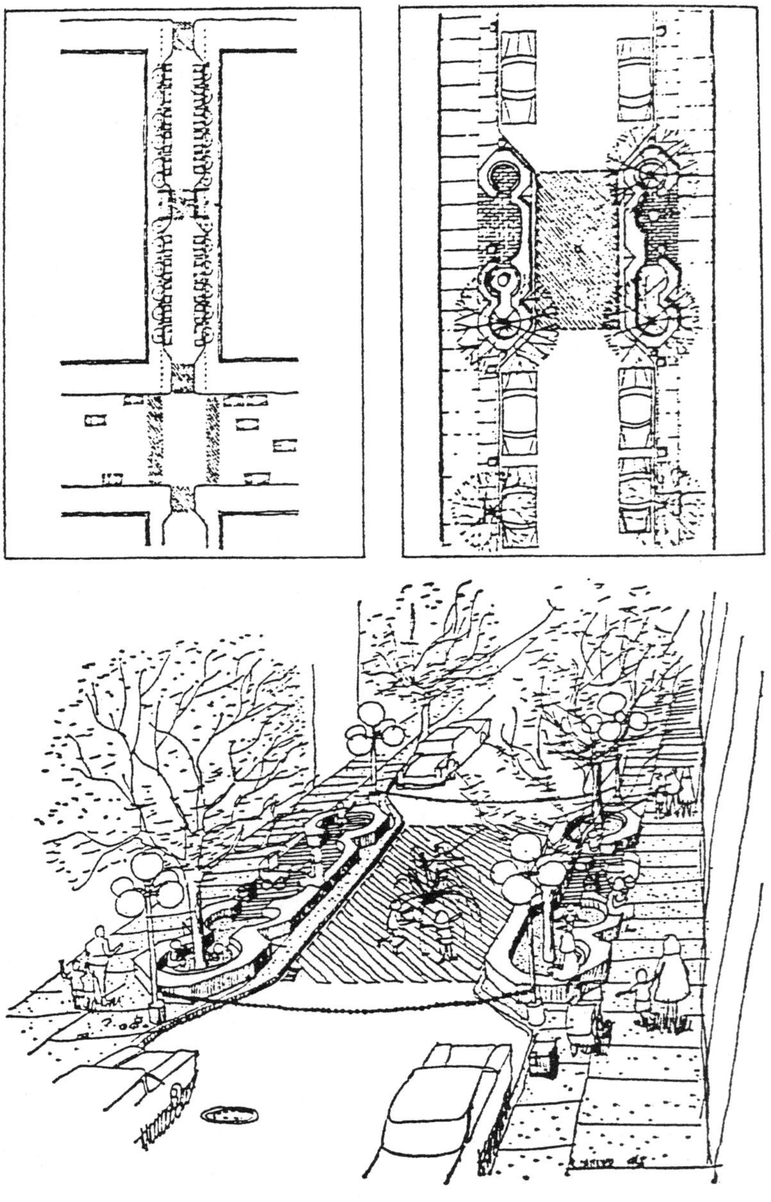

2. 고령자를 위한 주거

1) 고령자와 주거

노인을 몇 세 이상으로 규정하기 어렵고 노인이라는 명칭에 대한 고령자의 인식이 좋지 않으므로 여기에서는 우리가 일반적으로 노인이라고 생각하는 연령을 고령자라고 하기로 한다.

고령자(노인)에 대한 개념은 국가나 사회의 경제적·문화적 배경 및 전통과 관습, 현재 및 미래에 주어지는 여건에 따라 다르게 정의하고 있다. 1951년 제2차 국제노년학회(International Conference of Gerontology)에서는 '생리적, 심리적, 정신적, 환경적 및 행동의 변화가 상호 작용되는 복합형태의 과정에 있는 사람'을 고령자라고 하면서 고령자의 개념을 주로 의학적·생리학적 측면에서 정의하고 있다. 고령자를 몇 세부터로 보느냐는 각 국가의 문화·사회·경제적인 특수성에 따라 다르지만 보통 유럽에서는 60세 전후, 미국에서는 65세 전후로 보고 있다. 우리 나라의 경우는 노인복지법과 생활보호법에서 노인 보호대상자를 65세 이상으로 규정하고 있으나, 은퇴 연령은 은행이나 일반 사업체에서는 55세, 일반공무원의 경우에 5급 이상은 61세, 6급 이하는 57세이며 교육공무원은 65세로 규정하고 있다.

이러한 여러 이론과 정의들을 종합하여 고령자의 개념을 내리면 고령자란 "개념적으로 노화에 따른 생리·신체적 기능의 퇴화와 더불어 심리적인 변화가 일어나 개인의 자기개발 기능과 사회적 역할 기능이 약화되고 있는 사람이며, 시간적 변화에 따른 생리적·심리적·사회적인 면에서의 노화현상으로 인해 생활능력이 감퇴되는 형태에 처한 65세 이상의 사람"이라고 할 수 있다.

고령자에 대한 관심은 평균 수명의 연장과 자녀 출산의 감소로 인하여 노령인구가 계속적인 증가 추세를 보이고 있으며 가족형태가 핵가족화 함에 따라 점차 증대되고 있다. 특히 우리 나라의 경우 고령자의 전통적인 거주형태로서 받아들여진 기혼 장남 가족과 함께 동거하던 확대가족의 형태가 산업화·도시화·개인주의화·세대차이 등에 의해 더 이상 바람직한 거주형태로 인식되고 있지 않을 뿐만 아니라 현실적으로 계속 유지되기도 어려운 실정에 있다.

표 7-4

한국인의 평균 수명과 고령 인구 비율

연도	평균 수명(세)			노인인구(65세 이상)		
	평균	남	여	수(천명)	비율(%)	부양지수*
1960	55.3	53.0	57.8	823	3.3	6.1
1970	63.2	59.8	66.7	1,039	3.3	6.1
1980	65.8	62.7	69.1	1,456	3.8	6.2
1990	71.3	67.4	75.4	2,144	5.0	7.2
1995	72.9	69.5	76.7	2,543	5.7	8.0
2000	74.3	71.3	77.4	3,168	6.8	9.4
2021	77.0	74.9	79.1	6,625	13.1	18.4

*부양지수 = 생산인구/노인인구×100

출처 : 장래 인구추계, 통계청, 1991.

표 7-5

고령자의 가족형태 (단위 : %)

가족형태 \ 연도	1981*1	1985*2	1988*3	1989*4	1990*5	1994*6	1998*7
기혼자녀와 동거	69.1	54.8	미상	48.3	72.4	39.1	17.0
미혼자녀와 동거	11.3	23.5	미상	25.2	−25.5	14.7	39.0
노인단독가구	19.8	20.5	22.9	25.1	(17.2)	11.9	미상
배우자와 동거	미상	미상	미상	미상	2.1	29.1	42.3
기타	−	1.8	미상	1.5		5.2	1.7

(*1 김태현, 1981, *2 임종권 외, 1985, *3 이가옥 외, 1988, *4 박인덕 외, 1989 *5 통계청, 1993, *6 이가옥 외, 1994. *7 한국보건사회연구원, 1998(기혼자녀는 가구주에 한하며, 미혼자녀에는 가구주외 다른 형제가 포함되어 있음. 또한 노인단독가구는 배우자와 동거에 포함 되어 있음)

그러나 고령자의 생태적 욕구는 주거환경의 지원성을 높여 주거환경을 만족시켜 줌으로써 그들의 복지와 정신건강이 이루어질 수 있다고 강조되고 있다. 그리고 고령자의 특성상 이동성이 줄어들어 생활환경 중 주로 주거환경, 그 중에서도 실내공간이 생활영역의 대부분을 차지하게 되며 주거환경이 그들의 복지 감에 큰 영향을 끼치게 되므로 고령자를 위한 주거환경에 대한 연구가 중요하게 부각된다. 선진국에서는 고령자용 주거개발이 다양하게 진행되고 있어 심리 형태적 차원의 기초적 연구에서 제시하고 있는 일반적인 디자인 지침에 관한 연구도 적지 않게 이루어졌다고 볼 수 있다. 그러나 인간 측면을 고려할 경우 우리 나라의 고령자를 대상으로 하지 않은 자료를 우리 나라 고령자를 위한 공간계획에 그대로 적용할 수는 없다.

그러므로 우리 나라 고령자의 생리적 · 심리적 · 사회적 특성을 파악하고 그러한 특성을 고려한 계획으로 고령자의 바람직한 행동과 사고를 유도하여 쾌적하고 보람있는 노후 생활을 영위하도록 해야 할 것이다.

표 7-6 고령자의 생리적 · 심리적 · 사회적 특성

생리적 측면	심리적 측면	사회적 측면
· 동작능력의 저하 · 골격기능의 저하 · 시각기능의 저하 · 청각기능의 감퇴 · 촉감의 둔화 · 소화 · 호흡 · 순환기능의 저하	· 고독감, 체념을 잘 함. · 불평, 의심이 많고 융통 성이 결여됨. · 감상적, 의존적임. · 불안, 공포가 많음. · 과거집착, 새로운 것의 학습 곤란 · 말하기를 좋아함. · 배우자와 친지 · 친구와 의 사별, 자녀와의 별거, 퇴직 등으로 스트레스를 받아 우울증에 빠지기 쉬움.	· 경제능력 약화 · 여가가 많으나 그 여가시간을 주로 가정을 기점으로 하는 가족 중심적으로 보내고 근린생활이 대부분임. · 집단활동에 있어서 자율적, 민주적 훈련이 부족함.

표 7-6은 고령자의 생리적 · 심리적 · 사회적 특성을 간단히 나타낸 것인데, 고령자의 생리적 특성은 모든 기관의 능력저하에 의한 것이라고 할 수 있으며 심리적 특성은 자신이 노인이라고 자각할 때부터 급속히 형성된다. 그리고 과거의 전통적 농경사회와 대가족 제도에서 산업화, 도시화, 핵가족화로 전환하면서 일선활동에서의 은퇴는 고령자의 가치태도, 행동면에서 특유의 사회적 특성을 보이게 된다. 이러한 고령자의 특성을 고려한 주공간 계획을 도식화하면 그림 7-7과 같이 생각할 수 있다.

주생활이란 주거공간에 의해 영향을 받기도 하고 규제되기도 하면서 인간과 공간의 상호관계 속에서 영위되는 생활이므로 신체의 기능이 저하하면 공간에 의한 규제를 더 쉽게 받게 된다. 따라서 고령자의 주거를 계획할 때는 고령자의 심신의 특징을 잘 파악하고, 안전하게 자립하기 쉬운 주환경(住環境)을 만드는 것이 필요하다.

그림 7-7

고령자의 신체적·정신적 기능의 특성

출처 : 인간공학, 박근상 외, 1997.

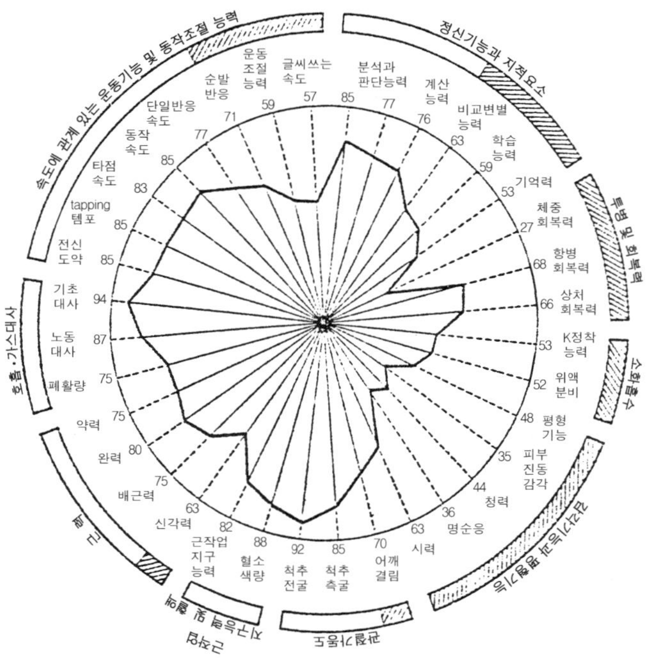

고령자를 위한 주거공간을 고려하기 위해서는 우선, 그들의 주생활이나 기본적인 주요구(住要求)를 알아야 하는데 노인의 신체건강 정도에 따라 주요구가 다르다. 따라서 심신 모두 건강해서 자립적인 생활이 유지 가능할 때와 그렇지 않을 때의 건축계획이 달라져야 한다. 또한 노인의 주생활이 자식이나 다른 동거인과 함께 생활하는지, 노인부부 또는 노인 혼자서 생활하는지에 따라서도 주요구가 상당히 달라진다. 다시 말해 고령자의 주택은 노화에 대한 대응과 가족관계에 대한 대응이라는 두 가지의 주요한 계획과제를 가지고 있어야 하는 것이다.

대체로 고령자의 주요구는 특별한 것이 아니다. 주거내의 생활시간이 청장년보다 길고 질병에 쉽게 걸리는 고령자에 있어서는 일반적인 의미에서의 양질의 주거가 요구되며, 이에 덧붙여 고령자의 기본적인 주요구는 "익숙해진 주거와 지역에서 계속 살고 싶다"라는 것이다. 새로운 공간 인식을 하기가 힘들며 이웃 사람들의 도움이 필요한 고령자는 익숙해지지 않은 환경 속에서는 행동이 제약되고 생활권이 축소되지 않을 수 없게 된다. 생활권이 축소하는 것은 여러 가지 사회적 활동에서 소외되는 것을 의미하고 있다. 그러므로 고령자가 "익숙해진 주거와 지역에서 계속 살고 싶다."라고 하는 주요구는 반드시 충족시켜 주어야 하는 중요한 것이다.

그림 7-8 고령자의 신체적·생리적 특성과 주공간의 배려

항목	신체적 기능 특성		주공간·설비의 배려
인체치수	골격이 단축되어 일반적으로 신체 치수가 작아진다		• 공간치구, 창에서의 조명, 채광의 배려 • 휠체어 사용을 고려하는 것이 바람직하다.
운동능력	• 신체의 경직화 • 평균감각의 저하 • 스피드 관련기능의 저하 • 지구력의 저하 • 골절하기 쉽다.	넘어지기 쉽다	• 미끄럽지 않은 바닥재 • 오염되기 어렵고 청소하기 쉬울 것 • 왁스 사용의 주의 • 바닥의 단차 • 벽의 돌출부분이나 각진 부분 제거 • 조작하기 쉬운 건구, 설비(장금장치, 스위치, 손잡이 등)
	배설기능 저하	요실금 빈번한 소변	• 화장실의 근접배치 • 변기의 선정
감각기능	• 시력 저하, 특히 야간에 • 후각 저하 • 청각 저하 • 급격한 온도차에 약하다.		• 알기 쉽고 명확한 배치 • 조명(복도, 계단 등의 발부분) • 가스경보장치 • 집 전체의 난방이 바람직하다.
심리정신	• 새로운 환경에 대한 적응성 저하 • 생활양식의 패턴화 • 사회에서 은퇴, 역할 상실 • 치매에 걸리기 쉬움		• 교류 공간의 충실 • 손님접객이 쉬울 것
그 외	• 급병, 긴급사고		• 긴급통보장치 • 긴급시의 피난통로, 운반 • 방범

출처 : 老人と生活環境, 高阪謙次 외, 1959

고령자를 위한 주택의 유형은 그림 7-9와 같은데 여기에서는 고령자를 위한 시설주거는 배제하고 일반주택에서 생활하는 고령자를 위한 인간공학적 배려를 중심으로 서술하기로 한다.

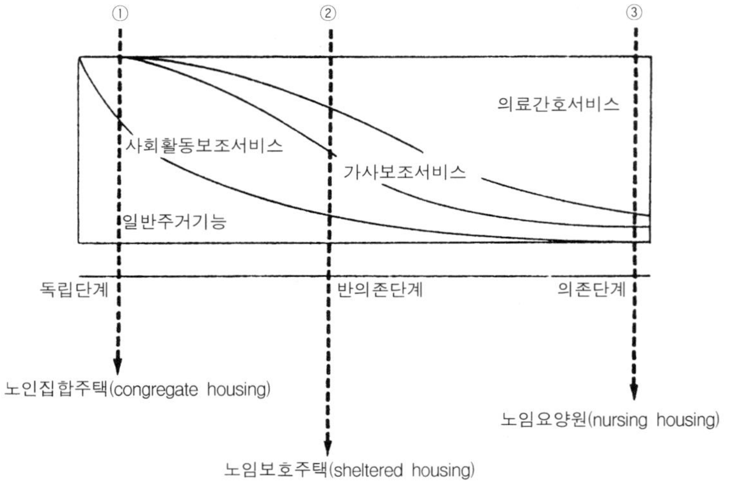

그림 7-9
고령자 주택의 유형
출처 : 고령화 사회의 위기와 도전, 박재간 외 편, 1995.

2) 고령자의 생활권과 생활행위를 위한 배려

어린이와 달리 고령자의 경우에는 일반주택에서 고령자만이 생활하는 경우가 많다. 젊은 때에는 타 지역에서 살던 사람도 나이가 들면 고향을 찾는 경향이 있는데, 고령자는 정든 집이나 고향에서 되도록 자립된 생활을 영위하면서 생애를 마치고 싶다고 원하고 있다. 그러나 고령자의 심신기능 저하는 계속적으로 진행하므로 심신기능 저하의 정도에 따라 필요한 케어서비스를 받지 않으면 정상적인 생활이 불가능해진다.

한편, 케어서비스의 증가 때마다 생활의 거점을 바꾸는 것(relocation)은 환경에 대한 적응능력이 저하된 고령자에게 있어서 심한 불안과 부적응(不適應)을 가지게 하므로 변화하지 않은 주거환경의 조성이 중요하다. 그리고 고령자에게는 가족이나 친지와의 연관성을 유지할 수 있게 적절한 지역 안에서 다양한 선택성이 있는 환경이 필요하다. 즉 고령자는 되도록 일반주거 안에서 자립생활을 원하고 있으나 언젠가는 케어서비스를 받아야 하므로 주거환경을 변화시키지 않고 이런 서비스를 할 수 있도록 건축적 측면의 배려가 고령자

주택에서는 필요한 것이다. 고령자의 심신의 변화는 일상생활의 행동 특성으로 나타나므로 이것들을 잘 파악한 다음에 주환경의 정비가 필요하다.

우리들의 생활행위는 크게 이동, 도달, 동작, 조작, 인지, 커뮤니케이션의 여섯 가지로 나눌 수 있는데 이 여섯 가지가 종합적으로 지장이 없도록 하는 것이 생활행위를 전체적으로 원활하게 하기 위해서 필요하다.

표 7-7 생활행위와 공간측의 배려

생활행위		공간측의 배려
이동	본인의 신체조건, 이동수단과 이동상황, 주공간의 상황에 의해서 전개된다.	계단, 단차, 돌기, 쑥 내민 곳, 개구부의 폭, 그리고 바닥 마무리의 상황 등이 이동의 장애요인이 되는 경우가 많다.
도달	이동과 같은 양상으로 본인의 신체조건, 이동, 신체지지수단, 주공간의 상황에 의해 결정된다.	휠체어 사용자의 경우에는 도달목적의 물건이나 설비의 높이 · 길이 · 깊이 등을 배려해야 하며 휠체어의 발위치, 팔걸이, 앞바퀴의 위치, 팔꿈치 등을 고려하여 사용하지 않으면 도달 장애가 생긴다.
동작	생활을 위한 동작을 그것이 요구되는 장소에서 지장이 없도록 할 수 있는지에 대한 것이 동작행위이다.	예를 들어 욕실의 경우는 착 · 탈의시 걸터앉아서 할 수 있도록 충분한 넓이를 확보하고 욕조는 입욕 동작을 하기 쉬운 반매입형이 좋다. 그리고 그 외에 난간이나 손잡이 등은 행위달성 장애가 일어나지 않도록 보조역할을 한다.
조작	고령자의 주생활에는 도구 · 설비 · 기계 · 장치가 많이 필요하게 되며, 그것을 조작할 수 있는지가 자립적인 생활을 크게 좌우하게 된다.	고령자는 손가락을 사용하는 기교한 동작은 못하므로 도구나 장치를 설치할 때 이를 고려해야 한다. 예를 들어 손 끝 · 발끝을 비트는 동작보다는 미는 동작으로 작동이 가능한 레버식 손잡이가 조작이 쉽다.
인지와 커뮤니케이션	일부 노인의 경우, 인지나 커뮤니케이션에 관한 핸디캡을 가지고 있다.	위험이나 긴급사태가 발생했을 때의 확인, 통보, 원조, 구조, 등을 하기 쉬운 시스템으로 구축해야 한다. 고령자의 경우, 가정내 사고에서 두드러지는 것은 동일 평면상에서의 전도이다. 이것은 고령자는 일반적으로 보행이 불완전하므로 발이 미끄러지기 쉽고, 약간의 돌기나 걸림에서 전도되기 쉽다. 또 휘청거렸을 때의 밸런스 회복력이 약한 것, 뼈의 약화로 인해 골절되기 쉬움 등도 전도될 때의 위험을 더욱 크게 한다. 따라서 주택의 구조방식과 생활방식에 있어서 이들의 경우를 충분히 배려하는 것이 요구된다.

한편, 이러한 생활행위가 원활하게 일어나면 생활권 또한 넓어져 바람직하게 형성될 것이다. 고령자 생활권은 일반적으로 교통사고나 화재 등을 다루는 안전, 공기 · 소음 · 의료시설의 문제 등을 다루는 보건, 교통 · 상점 등의 문제를 다루는 능률, 공원 · 집회소 등의 문제를 다루는 쾌적의 네 가지 측면을 고려하여 계획해야 한다. 또한 이러한 생활권은 그 지역의 인간관계에 따라 달라질 가능성이 크며 그것에는 거주기간과 자식의 생활권과의 거리가 가장 큰 영향을 미친다. 고령자가 그들만의 생활권을 가지고 생활하기 위해서는 주거환경은 물론이고 지역환경까지 함께 고려하는 것이 바람직하겠다.

오랫동안 살면서 생활권이 확대된 주거는 구체적으로는 안전하고 · 가능한 한 자립할 수 있게 · 필요한 경우에 도움을 받아들이도록 · 사람의 유대가 쉽게 이루어지도록 · 활동적인 생활을 쉽게 수행하여 마음이 평온해진 생활을 할 수 있는 주거이다. 이를 위해서는 다음과 같은 사항들이 요구된다.

1) 안전

주거공간은 대부분의 경우 일생동안에 가장 신체기능이 좋은 상태, 즉 청장년에게 맞게 만든 것으로서 그렇지 않은 사람에게는 사용하기 어려울 뿐만 아니라 위험한 것이다. 따라서 주거내에서 안전사고가 일어나는 비율의 반수가 고령자와 유아이다. 이렇게 주택내에서 사고가 많다는 것은 안전에 대한 배려의 필요성을 시사해 준다. 고령자에 대해서 가장 많은 주거내 사고는 동일 평면상의 전도이고, 계단에서의 전락도 많다. 이는 주거에 있어서의 이동에 문제가 있다는 것을 나타내는 것으로 이 때문에 노인의 주거 내부에서의 생활권은 좁아지게 된다. 주거의 외부에서도 같은 상황으로 고령자의 교통사고에 의한 사망률은 높다.

그러나 주거 내 · 외에서 노인의 사고 발생률이 높은 것은 단지 다리(이동력)가 약하기 때문이 아니라 위험을 살펴서 아는 시각 · 청각 등의 감각기능의 저하, 평형감각의 저하, 근력의 저하, 판단력의 저하 등 다면적인 노화가 복합된 것이다. 이에 덧붙여 미끄러지기 쉬운 바닥, 단 차이가 있는 계단, 좁은 방 등 건축상의 배려가 불충분하기 때문이기도 하다. 운동기능이나 순환기능의 저하로 인하여 계단승강이 곤란하므로 침실은 1층이 바람직하고 화장실은 양식 변기로 하며 기거 동작을 안전하게 하기 위하여 손잡이를 설치하는 것이 바람직하다. 그리고 욕실도 미끄러지기 쉽고 위험한 장소이므로 안전성에 충분한 배려가 필요하다.

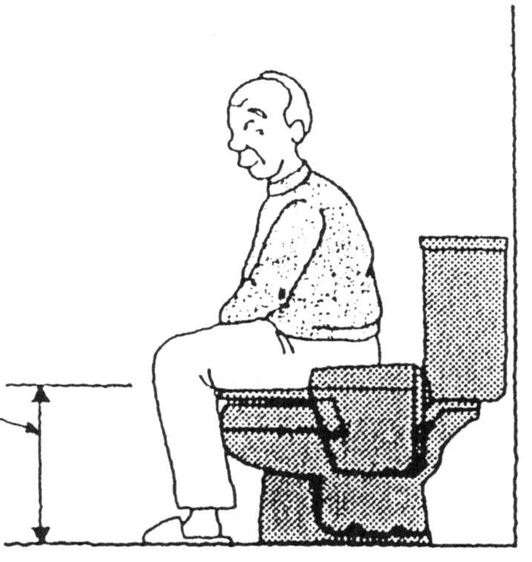

그림 7-10
양식 변기

화재에 의한 사망도 고령자에게 특히 높은 비율로 나타나는데 이는 노인의 경우, 화재 인지의 곤란, 피난상의 위험, 오래되어 연소되기 쉬운 주택, 위험한 조리설비와 난방설비를 사용하고 있다고 하는 특징에 의한 것이다. 게다가 이웃관계에 있어서의 독립화 경향으로 인해 여러 가지 안전을 위한 정보를 전하기 어렵게 하고 피난의 원조를 받기 어렵게 한다.

이와 같은 안전에 대한 주요구에는 노인의 종합적인 심신기능 · 건축조건 · 주거양식 · 주택문제 · 인간관계의 상황을 파악하고 다면적으로 대응할 필요가 있다.

(2) 자 립

심신기능의 저하나 기능장애는 일상생활을 보내는 데 불가결한 행위를 곤란하게 한다. 그 상황을 나타내는 지표가 ADL(Activities of Daily Living : 일상생활 동작)이다. ADL은 이동, 식사, 입욕, 배설, 갱의 등에 대한 자립도를 체크하고 사회복귀요법(rehabilitation)의 목표로 하는 것이다. ADL능력은 적절한 건축적인 대응이나 보조기구의 사용에 의해서도 향상되며 특히, 주생활의 자립에는 이동의 자립이 중시되므로 휠체어로 움직일 수 있도록 공간을 계획하면 주거내

그림 7-11

저하되는 ADL

출처 : Duncan, Linda L.(ed.), Toward Health Aging, 3rd. ed., 1990.

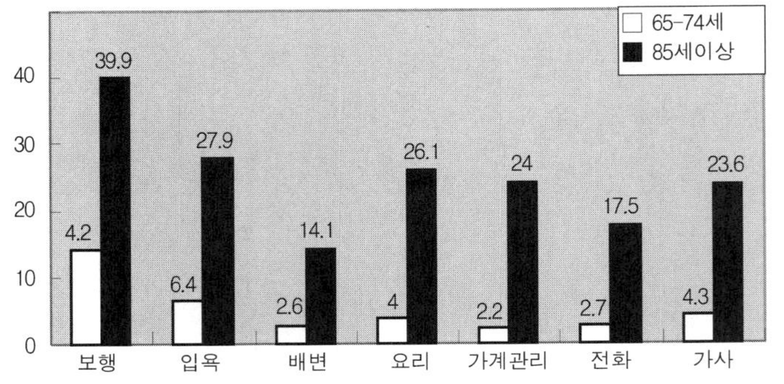

생활권은 확대된다.

생활의 자립에는 우선 부엌과 식공간(食空間)의 전용화가 포인트가 되며, 현관이 이것 다음이다. 가족과의 교류를 위한 장으로서의 공용공간(리빙룸)은 중요한 위치를 차지한다. 또, 고령자의 전용공간으로서의 접객공간이 있다면 보다 활동적인 주생활이 이루어질 것이다. 또한 고령자를 위한 공간은 장래 휠체어 이용에도 대응될 수 있도록 여유있는 공간을 확보해 두는 것이 중요하다. 나이가 듦에 따라 자기 방에서의 생활시간이 증가하지만, 배뇨횟수의 증가나 한랭에 대한 혈압의 상승 등에 대응하기 위하여 화장실은 가능한 한 침실에 인접하여 설치하고, 옥외로 나가지 않고 실내에서 용변을 볼 수 있게 하는 것이 바람직하다.

그림 7-12

페어하우스

출처 : 住宅都市公團年報, 住宅都市整備公團, 1986.

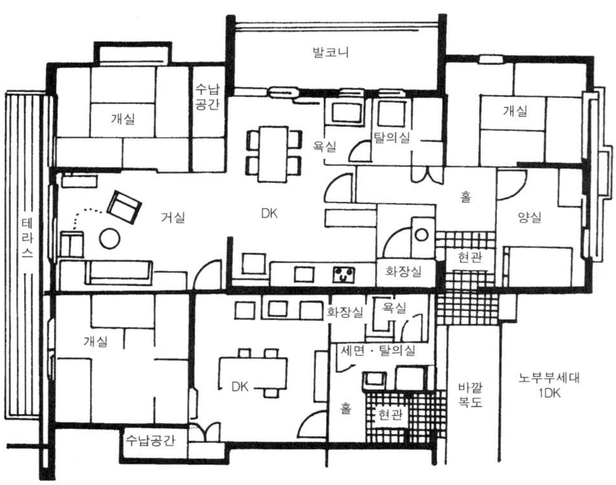

(3) 도움

고령자의 생활을 바람직하게 영위하기 위해서는 건축이나 기기에 의한 물적 대응만으로는 한계가 있으므로 사람에 의한 보살핌이 필요하게 된다. 따라서 복도, 계단, 화장실, 욕실 등에는 고령자를 도와주는 사람(생활지원자)을 위한 공간의 여유가 필요하며 보살핌을 쉽게 하기 위해 개발하고 있는 복지 기기를 활용하는데도 이러한 공간의 여유는 불가결하다.

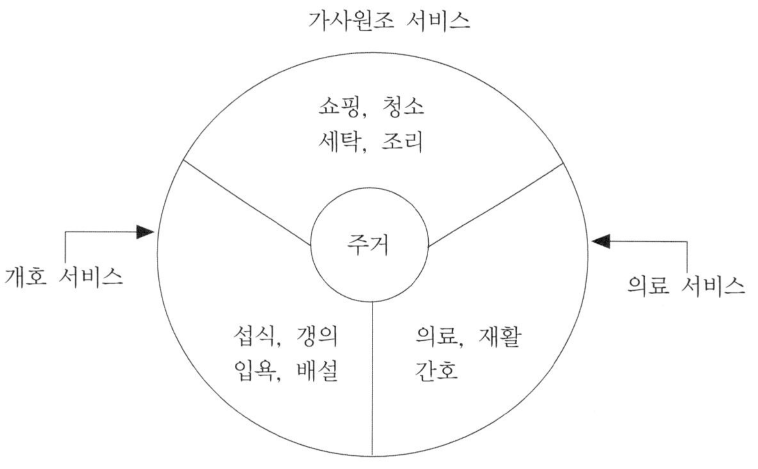

그림 7-13
고령자 주거의 케어서비스

우리 나라의 경우 현재, 고령자의 보살핌은 가족에 의해 행해지는 경우가 많은데 핵가족화나 가족구성원의 감소, 여성의 사회진출 등으로 인해 그것을 곤란하게 하고 있다. 고령자가 계속 살아 온 자택에서 지속적인 생활을 하기 위해서는 보살핌이 공적으로 행해질 필요가 있다. 따라서 고령자 주거는 케어서비스를 받는 장소가 되므로 이러한 서비스를 원활하게 받기 위하여 주거내에 공간적 배려가 필요하다.

(4) 교류

노인문제의 포인트를 어떤 학자는 경제, 건강, 주택으로 들고 어떤 학자는 경제, 건강, 가족을 든다. 경제와 건강은 공통적이나 주택과 가족은 달리 보는데 이는 노인에 있어서 어느 쪽이 더 중요한 것이 아니라 이 둘은 서로 강한 관계를 가지고 있으므로 한쪽만 생각해도 다른 한쪽은 자연스럽게 고려해야 함을 의미하는 것이다.

노인과 가족의 관계를 만드는데는 각각의 가족관계에 적합한 주거방식을 실현시키는 것이 필요하고, 그것이 가능하지 않으면 동거해도 좋은 관계를 유지할 수 없으므로 각 가족에게 적합한 주거방식을 채택하는 것이 좋다. 즉 "적당히 가까이, 적당히 멀리"라는 감각으로 세대간의 완충공간을 두는 것이 필요하다.

교류의 장소는 활동의 장소이기도 하다. 그러므로 노인실에도 취침공간(침대 이용의 요구가 높다)과 활동공간(접객과 생활지원자의 취침공간도 됨)이 분리되어 있는 것이 바람직하다. 또한 교류장소로서 지역시설도 중요하다. 안전하고 매력적인 지역환경은 고령자의 생활권을 확대하기 때문이다.

우리 나라에 있어서는 노인세대와 자식세대의 동거가 당분간 기본적인 생활방법으로 계속되리라고 보여진다. 그러나 그 내용은 변화할 것이다. 즉 의식변화에 의해 동거라는 생활방법을 취하고 있어도고령자 가족과 그 자녀 가족과는 다른 단위라는 의식이 서서히 강해지고 있는 것이다. 이러한 의식으로 인해 각 세대별로 전용설비를 설치하기도 하고 거리를 두기도 하는, 동거도 별거도 아닌 중간적인 주거형태가 여러 가지로 전개되고 자녀가 결혼 후 부모와 일시 별거하여 각각 독립된 생활을 하다가 어느 한쪽의 부모가 돌아가시거나 노화 또

그림 7-14
동거와 별거
출처 : 住生活論, 室崎生子 1993.

는 집의 신축 등을 계기로 동거를 시작하거나 하는 등 다양한 대책을 수립해야 할 것이다.

(5) 편안함

이상의 사항이 기능적으로 충족된다고 해도 지내기 좋고, 마음이 편안한 주거가 된다고는 할 수 없으나 산 적이 있는 마을, 살고 있는 마을에서는 편안함을 느끼는 것이 보통이다. 그러나 현재의 도시와 주택은 특히, 고령자에게 그러한 평온을 주지 못하는 경향이 있다.

노인에게 주거내에서 편안함을 주기 위해서는 노인의 추억의 물건을 둘 만큼의 수납공간을 확보하는 것이 중요하다. 특히 새롭게 옮긴 주거에는 그곳에 가능한 한 빨리 적응하기 위해서라도 추억이나 과거의 시간이 느껴지도록 하는 배려가 필요한데 사용에 익숙해진 가구 등을 그대로 사용하는 것도 그 조건의 하나이다. 또한 노후의 주거는 가족만이 아닌 친구, 친척과의 교류가 활발하게 행해지도록 교통편이 좋은 장소에 만들고 지역의 사람들과의 교류를 위해서는 쇼핑센터나 단지의 집회소에 가까운 곳도 좋은 위치일 것이다. 그리고 의료기관을 이용하는 기회가 아무래도 많아지므로 병원, 진료소 등에 가까운 것이 바람직하다. 이러한 조건들이 갖추어지면 노인은 그들의 주거에서 편안함을 느끼게 되어 공간으로부터의 스트레스를 적게 받게 될 것이다.

3) 고령자 주거의 계획방향

고령자 주거계획의 외부적 사항을 보면, 고령자 주택의 위치는 크게 도시형, 도시 근교형, 휴양지형, 전원형으로 나눌 수 있다.

도시형은 일반적으로 교통이나 의료기관, 쇼핑시설 등의 이용이 편한 대신 가격이 비싸서 좁은 공간밖에 확보하기 어렵다. 반대로 전원형은 교통이 불편하여 고령자의 생활이 그 속에 한정되는 단점이 있으나 주변의 맑은 공기와 여유로운 생활을 원할 때는 이쪽이 바람직하다. 도시 근교형과 휴양지형은 위 두 형의 공통적인 장·단점을 가지며, 도시형을 원하나 너무 번잡하게 느껴지며 경제적으로 여의치 않은 고령자는 도시근교형, 전원형이 너무 갑갑하게 느껴지는 사람은 휴양지형을 선택할 수 있다.

가장 바람직한 형태는 도심으로서 전용주거 지역에 속하여 소음 공해에 시달리지 않는 곳이다. 주변에 산이나 고궁, 공원 등의 넓은 녹지대가 있어서 산책이나 운동이 용이하며, 도보나 대중교통으로 쉽게 병원, 쇼핑센터, 관공서, 은행, 문화센터, 노인정, 종교기관, 여가시설 등에 가기 쉬운 곳이다.

주택에는 개별정원이나 공용정원이 있어 자연을 느끼고 정원 손질 등의 소일거리가 있으면 더욱 좋다. 이런 측면에서는 단독주택이 유리하나 유지관리가 쉽지 않다. 또 가사노동 보조지원, 탁노소, 친지, 가족 등이 가까운 곳에 있어 생활 서비스를 보조받을 수 있으면 편리하므로 이 점을 감안하여 위치를 선정하는 것도 좋은 방법이다.

고령자 주택의 대지는 휠체어 등에 의존하게 될 경우를 생각하여 평지를 택하는 것이 좋으며, 동서로 긴 형태로 주택이 남향으로 배치되는 곳이 좋다. 또 응급 시 구급차나 소방차 등이 쉽게 접할 수 있어야 하므로 시장 안 등은 피하고 일정 폭의 도로에 면해야 한다. 그리고 고령자 주택은 각종 학교의 운동장 근처, 소방서 · 경찰서 · 병원 등 비상 경보음을 발하는 시설, 공항, 교통왕래가 빈번한 4차선 이상 도로, 젊은이들이 집단으로 거주하는 기숙사, 시장 주변, 악취를 발하는 공장, 석유집배소 · 주유소 등의 화재나 폭발위험이 있는 시설 등이 주변에 있으면 안 된다.

고령자 주거계획의 내부사항은 동일 주택에서 누구와 함께 생활하는지에 따라 달라진다. 즉 고령자의 주생활이 젊은 세대(자식세대)와의 동거인 경우에는 한 처마에서 어떻게 생활을 분리해야 하느냐가 중요한 과제이다. 이 때 현관, 화장실, 부엌의 위치 결정이 중요한데 고령자 거실의 독립성이 보장되고 화장실이 가까운 위치에 있어야 한다는 것은 최저 조건이며, 될 수 있는 한 전용 화장실이 있는 것이 바람직하다. 또 잠자는 시간대의 차이가 크기 때문에 젊은 세대의 침실과 떨어진 곳에 노인실이 있는 것이 이상적이다.

고령자가 자식가족과 사는 경우, 생활의 독립성과 함께 가족생활의 중심적인 방과 개인방과의 거리가 문제이다. 주간에는 가족 중심의 방과 야간에는 다른 가족원 방과의 거리가 잘 조절된 거실에 연결된 방을 노부부의 침실로 사용하는 것이 좋다. 이 주거방식은 노부부 침실의 독립성을 약화시키는 것이지만 가족생활의 중심인 방에 개인방의 요소를 첨가함으로써 가족의 존재감을 더욱 강화시킬 수 있다.

고령자와 자식가족의 공간구별에는 우선적으로 부엌의 구별, 다음으로 출입구의 구별을 생각하고, 고령자와 자식가족을 각각 다른 세대로 생각한다면 부엌보다도 출입구의 구별을 먼저 생각하여 사회 관계의 자립이 보장되어야 한다.

세대간의 독립성을 한층 더 높이고 문단속이나 불의 뒤처리 등 각 세대가 책임을 지고 생활하기 위해서는 현관, 수도, 가스, 전기의 계량기나 전화를 분리하는 것이 좋다. 이와 같이 독립된 두 집이 가깝게 생활하는 형태는 소위 말하는 "국(soup)이 식지 않는 거리"라 하여 예로부터 부모-자식세대간의 이상적인 주거로 생각하였다.

고령자는 건강한 사람이더라도 일반적으로 육체적 기능이 쇠약하므로 운동감각의 모든 기능이 둔해진다. 따라서 그 쇠퇴한 기능을 보완하도록 계획해야 한다. 특히, 수족이 부자유스러운 고령자가 많으므로 지팡이나 휠체어를 사용하는 경우가 많아진다. 이동 가능한 사람은 물론이고, 휠체어를 사용하는 고령자에게 있어서도 혼자 힘으로 주택 전체를 이용 가능하도록 계획하는 것이 이상적이다. 적어도 침실(자신의 방), 화장실, 욕실, 세면실, 식사실, 거실에서의 자립화가 가능하면 좋다. 휠체어 사용자가 식사를 준비하는 경우는 여기에 부엌이 포함된다. 그밖에 시력, 후각 등이 쇠약해지므로 가스, 전기(조명도 포함시켜)설비를 시설할 때에는 사고가 없도록 유의하지 않으면 안 된다.

한 사람의 다양한 노화의 진행에 대응하기 위해서는 최소한의 배리어프리(barrier-free)뿐만 아니라 앞으로 있을지도 모르는 개조나 복지 기기의 이용을 가능하게 하기 위한 공간의 여유가 필요하다. 그러므로 주택 대책에 있어서는 전문가에게 개별의 상담, 지도, 원조의 시스템이 필요하다. 고령자 주거의 계획시 유의점은 표 7-8과 같다.

표 7-8 고령자 주거계획시 유의점

조건	장소		계획시 유의점
외부조건	입지조건, 위치, 넓이		일조가 좋고 소음이 적다. 기복이 적고 경관이 좋다. 생활시설이 가깝다(상점, 병원, 우체국, 은행, 집회소, 공원). 교통이 편리하고 적당한 크기이다.
내부조건	개인공간	침실	1층의 남향으로 일조, 통풍이 좋고 소음이 적은 곳. 화장실과 마당이 가깝다. 설비(인터폰, 비상벨, 점화스위치)가 사용하기 쉽다. 휠체어 사용할 때에는 마룻바닥에 침대 사용이 좋다. 상야등 · 저광등을 설치하고 피난하기 쉬운 곳.
	공동공간	거실 식사실	노인실에 가까운 곳이 좋으나 이곳의 소음이 침실에 들어오지 않게 한다. 의자식이 좋으며 가구의 손잡이, 서랍 등이 편리하다. 고령자가 참여하기 쉬운 위치일 것. 최소의 가구배치를 할 것.
	가사노동공간	부엌	미끄럽지 않은 소재일 것. 불, 물, 각종기구의 사용이 쉽고 안전할 것. 작업면의 높이, 손이 닿는 범위를 낮게 계획하고 기대어 작업할 수 있게 할 것. 수납이 용이할 것.
	위생공간	화장실	침실 가까운 곳. 춥지 않은 실온(국부난방, 보온변기), 양식변기가 좋으며 미끄럽지 않은 재질. 안열기문으로 하지 말 것. 손잡이 부착, 물소리가 울리지 않게 하고 휠체어 사용할 때에는 변기 높이를 고려할 것.
		욕실	미끄럽지 않은 재질. 별로 깊지 않은 욕조. 손잡이 부착. 돌기(비누곽, 유리)와 단차가 없을 것. 사용하기 쉬울 것. 문은 밖열기로 하고 탈의실과 욕실의 단차가 없을 것.
	그 외	바닥	미끄럽지 않고 단차가 없을 것. 발끝이 어둡지 않게 조명을 설치할 것. 벽면에 난간을 부착하고 너무 부드럽지 않게 할 것.
		복도	미끄럽지 않고 단차가 없을 것. 마감재는 요철이 없을 것. 시야가 가리지 않게 하고 코너부분 처리에 주의할 것. 난간을 설치(35~35cm)할 것.
		계단	될 수 있는 한 계단이 없는 것이 좋으나 어쩔 수 없는 경우에는 디딤판은 30~35cm 이상, 높이는 15~16cm 이하로 할 것. 미끄럽지 않은 재료. 채광을 할 것. 양측에 난간을 설치할 것. 계단참을 넓게 하고 경사를 완만하게 할 것.
		수납	수납용적을 크게 할 것. 선반의 높이, 깊이 선정에 주의하고 출입이 쉽게 한다.
설비조건	가구		손이 닿기 쉽고 서랍이 가벼울 것. 손잡이 높이 선정에 주의할 것.
	냉난방		적정온도를 사계절 동안 유지할 것. 조작이 간단하고 위험성이 없을 것. 공기오염이 없을 것. 크린히터, 중앙공급방식, 전기카펫 등이 좋다.
	조명		눈부심이 없고 밝을 것. 백열등이 좋다. 콘센트, 스위치는 닿기 쉽고 조작이 쉬울 것. 음영이 생기지 않아야 하고 난색이 좋다.
	전기 · 가스		가스는 될 수 있는 한 사용하지 않으며 안전성을 생각한다.
	급수 · 수도		급수전은 레버식, 버튼식, 차광식이 좋다.
	전화 인터폰		전화, 인터폰, 비상벨을 설치한다. 전화는 단축기능을 사용하여 조작이 간단하게 한다.
	환기		환기를 잘하고 특히 냉난방시에 주의한다. 환기선을 설치한다.
	문		안열기를 하지 않는다. 손잡이는 조작하기 쉬운 것. 여닫기 쉬운 것.

출처 : 現代の住まい, 住田昌二, 1990.

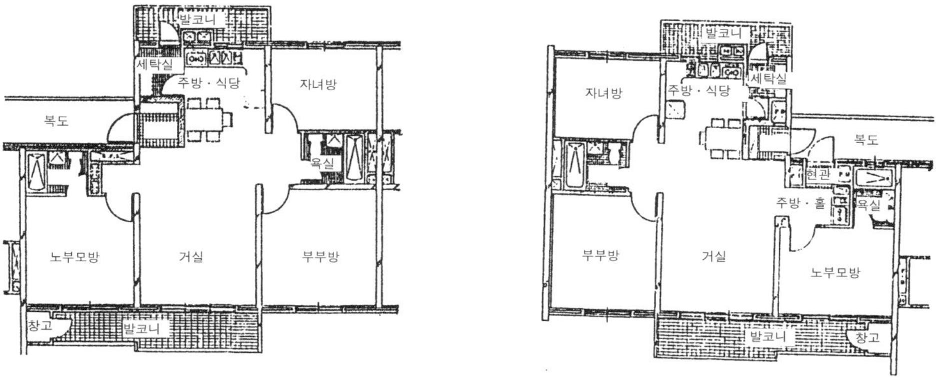

그림 7-15
동거형과 인거형 계획의 예
출처 : 3대 가족형 공동주택개발 연구, 대한주택공사, 1987.

4) 고령자를 위한 실내공간계획

(1) 실내 각 부의 계획

바닥은 실생활에서 직접 신체가 접하는 부분이므로 바람직한 계획이 되어 있지 않으면 바로 사고가 발생하든지 행동범위를 제한하게 된다. 그러므로 무릎, 발목에 대한 부담을 가볍게 하고 넘어졌을 때의 충격을 완화시키는 탄력성이 있는 재료를 선택하고 미끄럽지 않은 바닥재를 택한다. 그리고 약간의 파손이 사고로 이어지는 경우가 있으므로 벗겨지거나 깨지지 않는 내구성이 좋은 재료를 택해야 한다. 또한 지팡이 사용이나 휠체어를 타고 이동할 경우 딱딱한 재료는 소리가 울리므로 이를 고려하고 단차를 없애 발이 걸려 넘어지거나 휠체어의 통과가 곤란하지 않도록 한다. 그리고 실내바닥의 요철을 없애고 러그를 깔 경우는 바닥 전체에 깔아 단차를 없게 해야 한다.

고령자는 보행이 자유롭지 못해 난간과 벽을 의지하고 이동하는 일이 많다. 그러므로 넘어질 때 부딪쳐서 위험하지 않게 튀어나온 모서리에는 안전장치를 하거나 면을 크게 한다. 그리고 가구류나 선반 등은 통행에 방해가 되지 않은 위치에 설치하여 돌출부를 만들지 않게 주의한다. 또한 고령자는 벽에 기대거나 하여 다른 가족원보다 벽면의 접촉이 많으므로 더러움이 덜 타는 재료를 택하는 것이 바람직하다.

출입구는 고령자의 행동과 보조 기구류의 이동을 고려하여 계획해야 한다. 문지방은 바닥면과 같은 레벨로 하는 것을 원칙으로 하고 외부 출입구나 욕실 등에도 단차를 최소한으로 한다. 휠체어가 통과하는 곳은 폭 900mm 이상(최저 폭 800mm)이 바람직하며 회전시켜

서 들어가는 곳은 폭 1,200mmy 이상이 필요하다. 그리고 문은 내구성이 있으면서 중량이 가벼운 것이 좋다. 여닫이문은 휠체어에 앉아 있는 사람에게 사용하기 어렵고 특히, 안여닫이문은 내부로 열리는 문에 기댄 경우는 열 수 없게 되어버리므로 미닫이문으로 하는 것이 바람직하다. 또한 바닥면 레벨을 고려하지 않고 처리할 수 있으며 가벼운 행거 도어가 좋고, 화장실 등 좁아서 미닫이문을 설치할 수 없을 때에는 아코디언 도어로 한다. 그리고 화장실 문의 자물쇠는 반드시 외부에서 열 수 있게 해야 한다.

기거(起居)가 부자유한 고령자에게 있어서는 창으로 바깥 경치를 바라보는 것은 큰 즐거움이다. 그러므로 창을 통하여 충분한 일조·통풍이 잘 되도록 계획한다. 침대에 누운 상태나 바닥에 앉은 상태로 외부를 볼 수 있는 창 높이로 하며 전락(轉落)의 위험성이 있는 창에는 난간, 선반 등을 설치한다. 그리고 기거가 부자유한 고령자는 침대 위에서 언제나 천장에 시선이 머물고 있으므로 조명은 불빛이 직접 눈에 비추지 않게 배치한다.

난간은 고령자가 행동하는 범위에서는 되도록 연속해서 설치한다. 높이 750~800mm로 하며 부드러운 촉감의 목재가 좋다. 모서리는 원형으로 하며 난간에 의지하면서 걷는 고령자도 있으므로 단단히 고정시킨다.

그림 7-16
창과 침대의 높이

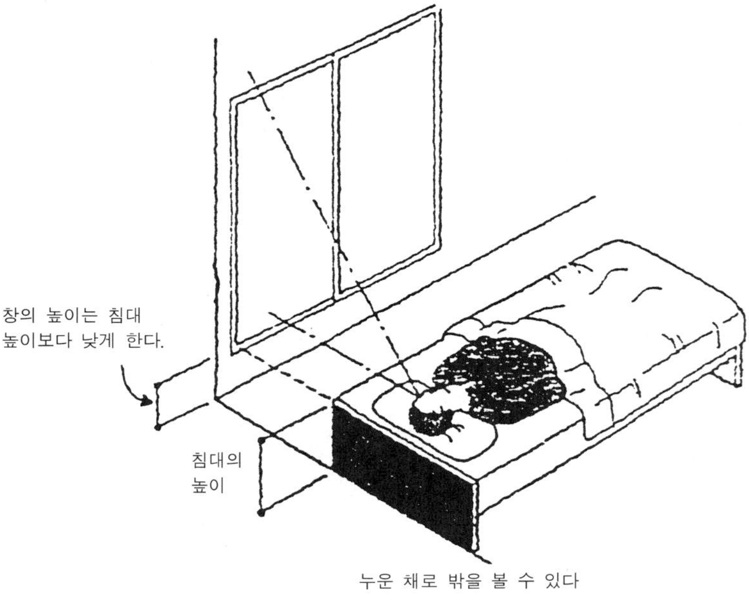

카운트는 높이 800mm 정도로 하여 허리가 굽은 고령자나 휠체어를 사용하는 고령자가 닿도록 하며 모서리에는 반드시 면을 크게 하여 부딪치지 않게 한다.

내부의 분위기가 침침해지기 쉬우므로 색채는 밝고 차분한 것을 사용하고, 적당한 자극을 주는 것이 정신활동을 활발하게 해주므로 화려한 색을 일부에 사용한다.

(2) 노인실

노인실은 가능하면 남향(차선책은 남동향이나 동향)으로 하여 일조시간을 길게 하며, 통풍이 잘 되면서 전망이 좋고 조용한 장소에 위치시킨다. 그러면서도 거실, 식당 등의 가족 공동공간과 연결이 쉬운 곳이어야 한다. 이상적으로는 화장실을 노인실 안에 두며, 욕실이나 샤워실도 함께 계획한다. 이것이 어려울 경우에는 화장실 인접 방을 노인실로 하거나 이동식 변기를 방안에 두도록 한다.

노인실의 크기는 독신노인의 경우 최소 $8m^2$, 부부 노인실의 경우 최소 $11m^2$가 필요한데 여기에 동작공간과 가구면적을 포함시키면 12～$15m^2$가 적당하다. 가족과 동거시에는 노인실의 크기가 가족내에서의 노인의 지위와 연계되므로 작은 방에 거주하면 위축감을 느끼므로 이러한 노인심리의 이해도 필요하다.

노인실의 가구는 옷장과 이불장(침대 사용시 불필요), 서랍장, 장식장이 기본적으로 필요하며 의자, 탁자, 화창대와 TV, 전화, 침대도 필요하다. 특히 신체적 기능이 쇠퇴된 고령자는 이불을 펴고 개기가 쉽지 않으므로 침대를 사용하면 고령자와 생활 지원자 모두가 편하다.

고령자의 잠자리 가까이에 탁자를 두고 그 위에 스탠드, 전화, 시계 등을 두며, TV는 침대 맞은편 벽쪽으로 설치하면 누워서 보기 편하다. 이 경우는 리모콘이 필요하다. 눕거나 일어날 때 보조 손잡이는 베개 위 50cm 지점에 설치하며, 베개는 너무 높지 않은 것을 사용하게 한다.

고령자는 소지품이 많으므로 노인실에는 충분한 수납가구가 필수적이다. 따라서 반침이나 장롱 등 상당히 많은 수납공간이 필요하며 젊은이의 방과는 달리 낮은 위치에 늘어놓게 되므로 수납공간은 더욱 더 충분한 넓이를 갖고 있어야 한다. 수납가구의 깊이는 노인의 동작치수를 감안하여 60cm 전후로 하며, 높이는 휠체어를 탄 노인도 옷

그림 7-17

고령자 사용의 침대 종류

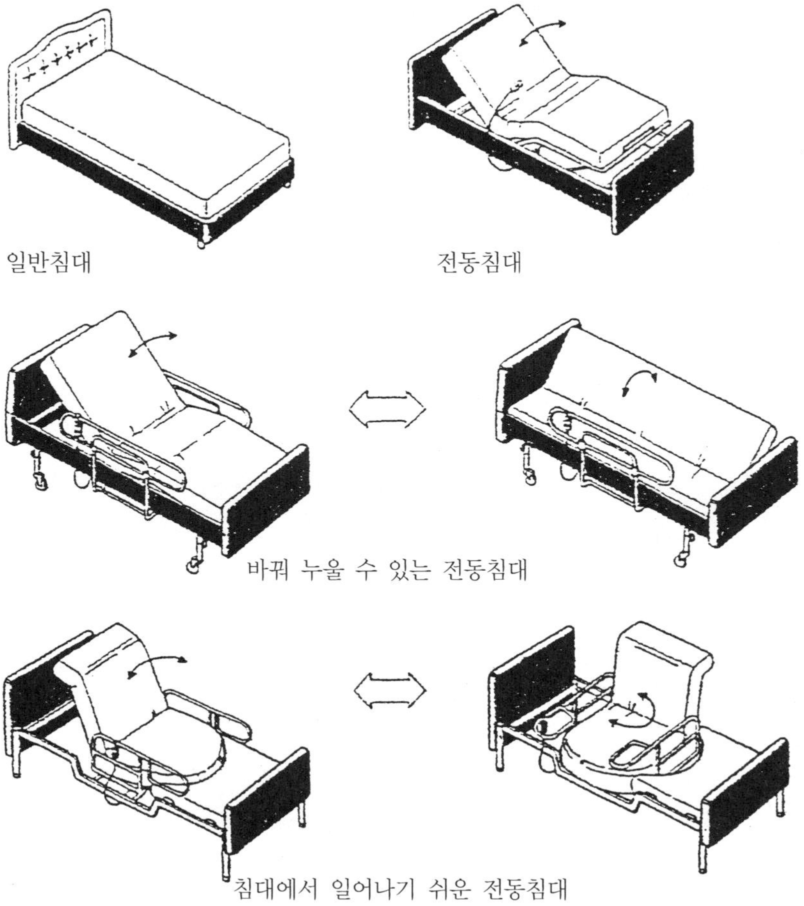

그림 7-18

수납의 범위

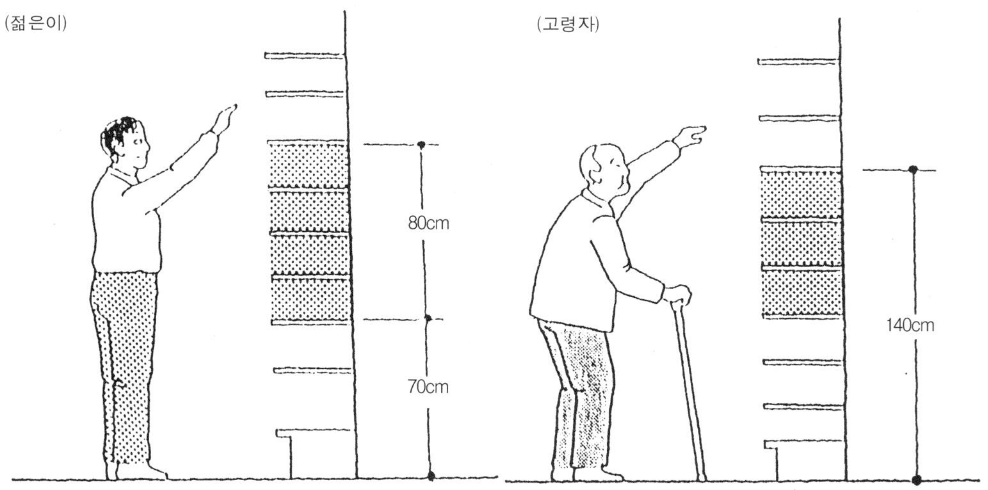

고령자는 눈높이 정도가 수납하기 쉽다.
수납높이의 상한은 140cm로 하는 것이 좋다.

을 걸 수 있게 145cm 정도에 옷걸이를 둔다. 수납가구의 선반은 고정식으로 하되 일부는 이동식으로 하여 공간에 융통성을 준다. 수납장의 문은 여닫이식이 힘이 덜 들며, 문고리는 레버식이 손이 둔한 고령자의 경우도 사용하기 쉽다. 서랍은 너무 크거나 깊으면 꺼내기 힘들므로 무리없이 계획하며, 서랍 크기에 따라 손잡이 형태를 정한다. 또 손잡이나 스위치 등이 너무 작아서 잡기 힘든 경우는 보조봉이나 연결막대를 사용하면 쉽게 조작이 가능하다.

노인실의 난방은 바닥난방방식이 바람직하다. 바닥에는 카펫 등을 깔아서 보행성이 좋고 넘어져도 다치지 않도록 배려한다. 또한 고령자는 특유의 냄새가 있으므로 여름에는 통풍이 잘 되어야 한다. 이러한 측면에서도 노인실에는 창문이 꼭 필요하다. 고령이 되면 시력이 감퇴하므로 조명은 일반 조명기준보다 좀더 밝게 한다. 그러나 고령자는 누워 있는 시간이 길므로 천장 부착등보다는 스탠드를 사용하는 편이 눈부심을 줄일 수 있다.

(3) 욕실과 화장실

고령자용 욕실은 문을 열어도 현관, 거실 등의 공동생활공간에서 들여다 보이지 않게 해야 하며, 최소 3.3m^2(220cm×150cm) 이상으로 하여 욕실까지 방해물 없이 접근하기 쉽게 배치한다. 욕실 문은 900mm의 폭은 있어야 출입이 자유로우며, 안에서 잠글 수 없게 한다. 그렇지 않으면 노인이 욕실 안에서 사고를 당한 경우 접근이 불가능하다. 또 바닥에 높이차가 없어야 한다. 특히 노인을 위한 욕실은 개조할 일이 생겼을 때를 위해 넓게 확보하고 목욕을 도와주는 사람을 생각하여 욕조 삼면에 사람이 설 수 있는 여유공간이 필요하다.

욕실의 조명은 입구에서 쉽게 전등을 켜고 끌 수 있게 스위치 판에 불이 들어오는 파일럿 램프 부착형의 스위치를 설치한다. 욕실내의 조명기구는 방습형으로 하며, 백열등을 사용하여 잦은 점멸에 유리하게 한다. 거울이나 문 등에 유리를 사용할 때는 그 부착위치에 주의하여 실수로 넘어져 부딪쳐서 깨어질 위험이 없는 곳에 배치한다.

욕조는 일반 욕조보다 낮아야 고령자가 넘어 들어가기 편하며 이것이 곤란한 경우는 깊이가 깊은 욕조보다는 샤워가 사용하기 편하다. 욕조의 벽과 바닥 사이가 둥근형은 미끄러지기 쉬우므로 피하며 욕실 및 욕조바닥이 미끄러지지 않도록 바닥재의 선택에 주의한다. 요즈음은 욕조바닥에 요철을 만들거나 거친 표면을 만들어서 미끄러운 비눗물을 사용할 때에도 안전하게 하고 있다. 거울도 휠체어에 앉아서 볼 수 있게 다소 낮게 부착한다. 와상노인(臥床老人)의 경우는 이동 개호용 리프트를 사용하기도 한다.

세면기는 고령자의 신장에 맞추어 그 높이를 정하는데 보통 신장×0.4로 산정 한다.

화장실은 침실에서 가까운 곳에 설치한다. 변기는 일반은 380mm, 휠체어 사용자용은 420mm가 적당하다. 변기 옆에도 안전 손잡이가 있어야 하며, 휴지걸이는 돌출식보다 매립식이 좋고, 그 높이는 500mm 이하에 둔다.

화장실에서 안전사고가 많이 일어나므로 고령자의 움직임 감지기를 설치하여 일정 시간 이상 동작이 정지되면 자동 비상 호출기가 작동하도록 하면 바람직하다.

그림 7-19

고령자 주택의 욕실 설계포인터

출처 : 松下電工, A & I Report, 住宅設計 68, 1994.

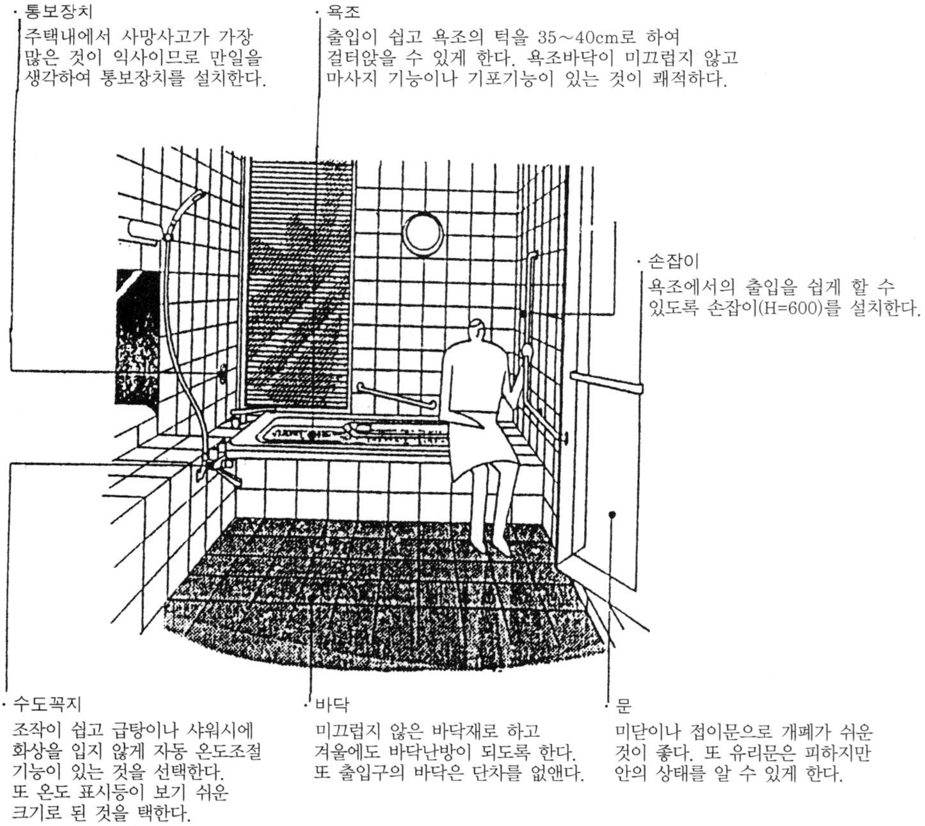

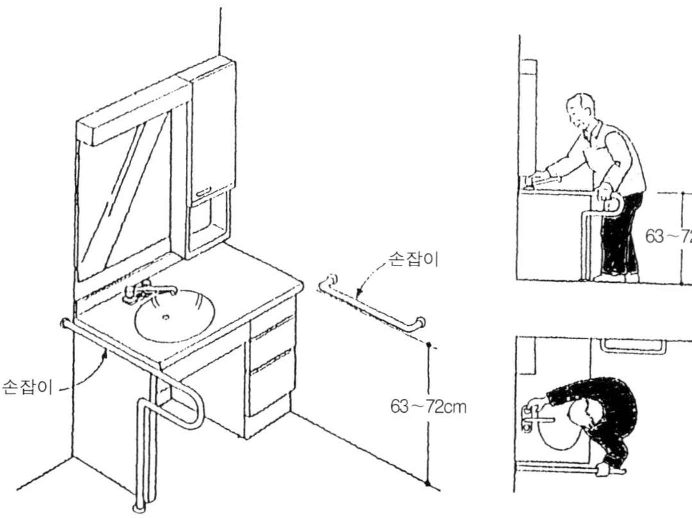

그림 7-20
세면대 계획

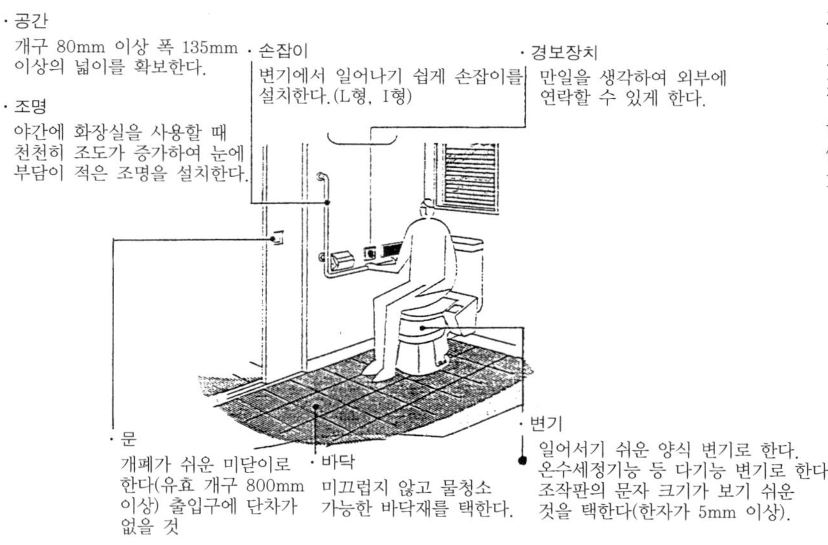

그림 7-21
고령자 주택의 화장실 설계 포인터
출처 : A & I Report, 住宅設計 68, 松下電工, 1994.

(4) 부엌

가족과 함께 동거시에는 노인실 한쪽 모퉁이에 간이식 부엌을 두거나 공간의 여유가 있으면 노인실 옆에 조리대와 싱크대가 있는 소규모 부엌을 둔다. 단독노인세대의 부엌은 기대거나 의자에 앉아서 작업할 수 있도록 충분한 넓이를 확보하도록 한다.

오븐의 위치는 레인지면보다 낮으면 안쪽이 잘 보이지 않기 때문에 위험하므로 레인지면보다 높은 위치에 두어야 하며 부엌에서 사용하는 기구는 안전하고 사용이 간단한 것을 택하도록 해야 한다. 또한 수납계획을 잘 하여 어수선하지 않도록 해야 한다.

그림 7-22
고령자 주택의 부엌 설계포인터
출처 : 高齢者にやさしい家づくり, 佐藤平 외, 1993.

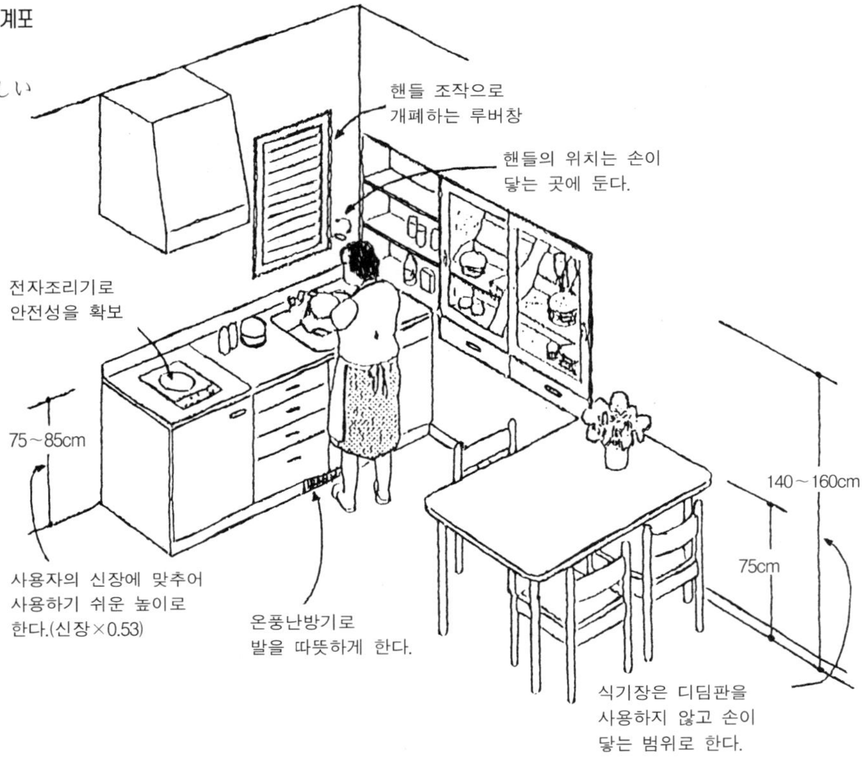

3. 장애인을 위한 주거

1) 장애인과 주거

주거나 마을의 조성은 건강한 성인을 기준으로 하고 있는 경우가 많다. 이 때문에 살아가는 기본조건의 하나인 공간환경의 조건을 많은 사람이 제약받고 있으므로 주공간을 만드는 데 있어서 신체나 정신면에서 장애를 가진 사람에 대한 배려는 대단히 중요하다. 장애를 가진 사람은 소위 불구자나 노인뿐만 아니라, 어떠한 지병이 있는 사람과 아이, 임부도 포함된다. 또 예를 들면 골절치료중인 사람, 유모차를 밀고 있는 사람, 큰 가방을 들고 있는 사람, 이들 모두 그 시점에서는 장애를 가진 사람인 것이다. 따라서 누구라도 일생에서 상당한 기간과 많은 기회에 장애를 가진 사람으로서의 생활을 보내게 되는 것이다. 특히 아무리 튼튼한 사람이라도 언젠가는 노인이 되며 심신의 기능이 약화되는 것은 자연의 법칙이다. 그리고 교통사고나 산업 공해가 많은 현대 사회에서는 불의의 재해로 인해 언제 장애인이 될지도 모를 일이다. 전세계 인구의 약 10% 정도가 장애인으로 분류될 수 있으며 매년 약 300만 명 정도가 증가되고 있는 것이 현실이다. 우리 나라의 경우는 전체 인구의 약 2.5% 정도가 장애인으로 추정되는데 이는 국제수준과 비교해서 상당히 낮은 수치로서, 그 이유는 장애인의 정의를 사회보장이 필요할 만큼의 사람으로 한정하여 장애가 가벼운 사람이나 지팡이를 사용하는 고령자 등은 포함시키지 않았기 때문이다.

일반적으로 "장애"는 기능장애(impairment), 장애(disability), 핸디캡(handicap)의 세 가지 의미를 지니게 되는데 장애인에 있어서 불편이 없는 환경을 만든다는 것은 "장애가 핸디캡이 되지 않는 환경"을 만든다는 것을 의미한다.

기능장애는 의학적 개념에 있어서 어떤 기능을 일시적 또는 영구적으로 잃게 되는 상태를 말한다. 장애는 일상생활을 하는데 필요한 기능적 능력이 감소된 상태이며, 기능적 장애 후에 치료를 받은 결과이기도 하고 그 상태에서 적응하는 개인의 결과이기도 하다. 여기서 장애란 신체장애를 가리키는 협의의 의미를 지니고 있다. 핸디캡은 생활환경의 미비와 사회전반의 이해 및 원조의 부족으로 장애인이 받는 불편, 부자유, 손해, 차별 등 일체의 불이익을 의미한다.

이러한 장애를 가진 사람을 장애인이라 하는데 장애인은 단순히 의학적으로 이상이 있는 사람을 뜻하는 것이 아니라 신체적, 정신적 이상으로 인하여 일상생활에서 2차적, 3차적 부자유, 불이익을 겪는 자를 말한다.

장애인의 분류방법은 나라에 따라 차이가 있다. 미국 건축기준에서는 신체장애인을 보행장애, 준보행장애, 시각장애, 청각장애, 운동조절장애로 분류하며 영국 건축기준에서는 신체장애인을 지각장애인(시작장애, 청각장애)와 이동교치장애인(보행곤란자, 보행불능자)으로 분류하고 있다. ICTA(International Commission Technical Aids Housing & Transportation)에서는 보행기능장애인(순환기 질환자, 폐기능장애인, 시각장애인, 청각장애인), 보행에 어느 정도 장애가 있는 자(지팡이 · 겨드랑이 목발 · 전박목발 등 보조기구를 사용하지 않으면 걸을 수 없는 자, 혼자서기 · 앉기 · 앉은 자세에서 일어서기 등이 매우 어려운 자), 혼자 보행이 거의 불가능한 자(휠체어 · 전동차 사용자)로 분류하고 있다. 일본에서는 신체장애인을 정보기능장애(감각기관의 장애, 학습 · 정신장애), 이동장애(하지장애, 시각장애), 동작장애(산지장애, 감각기관장애, 학습 · 정신장애)로 구분하고 있다.

한편, 우리 나라에서는 심신장애인 복지법에서 신체에 결함이 있는 자(지체부자유자, 시각장애인, 청각장애인, 음성언어기능 장애인), 정신에 결함이 있는 자, 사회적 장애인으로 구분하고 있다. 특히 지체부자유자란 선천적 · 후천적 요인으로 상 · 하지, 척추, 전신의 절단, 마비, 기형 및 변형, 관절운동장애, 동통이 있어 일상생활에 불편이 있는 자를 말한다.

공간계획시 특히 문제가 되는 장애인은 지체장애인, 시각장애인, 청각장애인이다. 지체장애는 골격, 근육, 신경 중 그 어느 하나의 일부에 질병이나 외상 또는 선천적으로 기능에 장애가 생겨 대체로 운동장애(감각장애를 동반할 때도 있음)의 상태를 말하는데 그 증상이 영구히 나타나는 자를 지체장애인 또는 지체부자유자라고 한다. 근래에 와서 소아마비는 급격히 감소하고 주로 뇌성마비나 산업재해, 각종 사고 등으로 인한 후천성 장애가 대부분을 차지하고 있다. 시각장애는 시력의 상실 또는 감소로 인해 물체의 인식이 곤란한 상태를 말하는데 그 정도에 따라 전맹, 광각, 수동, 약시 등으로 분류한다. 일반적으로 점자(點子)로서만 교육이 가능한 자를 전맹, 특수 조명이나 보조기구를 통해 문자를 인지할 수 있는 자를 약시라 한다. 청각장애는 청각기능 또는 중추기관에 이상이 생겨 소리를 이용한 의사소통에 장애가 있는 상태를 말하며 보청기 등의 도움을 받아 일상생활에 활용할 수 있는 정도의 청각상태를 난청(hard hearing), 활용이 불가능한 상태를 농(deaf)이라 한다.

전국 심신장애인 실태조사 보고에 의하면 신체장애인 중 지체부자유자는 58.8%로 가장 많은 비율을 차지하고 있으며 장애인 중 58.7%가 가족과 함께 집에서 살고 있다. 즉 이들 지체부자유자는 보조기구의 사용과 공간에 적응할 수 있는 특별한 배려가 절실히 요구됨에도 불구하고 일반주택에서 살고 있는 것이다. 따라서 여기에서는 지체장애인이 사는 일반주거를 중심으로 공간계획시의 인간공학적 배려에 대하여 서술하고자 한다.

장애인이 함께 생활하는 일반주거에는 공간계획시에 반드시 장애인을 위한 배려를 해야 한다. 주택에 대해서는 배리어프리(barrier-free : 장애인에게 있어서 장벽이 아닌 상태) 건축의 선구자인 영국의 골드 스미스(S. Gold Smith)가 모빌하우징에서 모든 주거가 갖추어야 할 조건으로 다음 세 가지를 제창하고 있다.

① 평탄부 또는 경사면(구배 1/12 이하)에서 주호에 접근하도록 할 것.
② 주요한 방으로의 통로 및 입구를 표준 휠체어가 쉽게 움직일 수 있는 폭으로 할 것.
③ 욕실, 화장실, 하나의 침실, 부엌이 입구(현관)와 동일 레벨에 있을 것

이외에도 이동하기 쉽고, 정보를 얻기 쉬우며, 교치성이 저하해도 쓸 수 있는 것 등에 대한 배려는 여러 가지 있다. 보기 쉽고 듣기 쉬운 신호와 누르기 쉬운 스위치와 버튼, 작동하기 쉬운 꼭지나 손잡이, 사용하기 쉬운 공간구성, 또한 가정자동화(home automation) 등이 장애인의 자립을 도울 것이다.

2) 장애인 주거의 계획방향

지체장애인을 위해서는 공간의 아주 세밀한 곳까지 인간공학적인 배려가 필요하므로 선진국에서는 이에 대한 건축기준이 마련되어 있다. 우리 나라에서는 장애인복지법, 건축법, 도시계획법, 주차장법, 주택건설촉진법, 도시공원법, 도로법 등에서 언급하고 있으나 아직까지는 구체적인 기준이 마련되어 있지 못하다. 또 한 신체장애인의 신체치수에 대한 자료도 별로 없다. 따라서 여기에서는 장애인 주거의 계획시에 기본적으로 알아야 하는 신체장애인용 보조기구의 규격에

대하여 살펴보기로 한다. 신체장애인은 이들 기구를 자신의 신체와 동일시하여 사용하고 있으므로 공간계획시에는 이 기구를 신체장애인의 신체의 일부라는 생각을 항상 가지고 있어야 한다.

신체장애인용 보조기구는 크게 휠체어와 클러치로 구분된다. 휠체어는 하지장애인에게는 없어서는 안될 보조기구로 평면계획 및 공간구성에 가장 큰 영향을 미치는 것이다. 그리고 신체상의 장애로 인해 보행에 지장이 있으나 휠체어를 탈만큼의 심각한 상태는 아닌 경우에 사용하는 보조기구는 클러치이다. 클러치는 일반적으로 목발이라 하는데 구체적으로는 가장 간단한 보조기구로서 비교적 보행장애가 심한 장애인이 사용하는 보행 클러치, 주로 한발밖에 사용할 수 없을 때 사용하는 전박 클러치, 겨드랑이와 손을 받쳐주어 두 곳에서 체중이 클러치에 전달되는 겨드랑이 클러치, 보행 클러치를 사용할 수 없을 때 바닥 지대가 많아 넘어질 위험이 적은 2각 및 4각 클러치, 안전성이 높아 주로 보행훈련시 사용하는 보행 스텐드 · 보행 프래임 · 보행 왜건(wagon) 등으로 구분된다.

휠체어 사용자의 행동반경은 표 7-9와 같다.

표 7-9
휠체어 사용자의 행동반경

구분	행동반경
바닥에서 휠체어 좌면까지의 높이	40~45cm 정도(일반인의 보통의 사무책상에 앉은 때와 높이가 같다)
손의 하위 도달범위	바닥 위 40cm, 상위 도달범위는 160cm 정도, (상지장애가 없는 남자의 경우) 전방 수평범위는 약 60cm 정도
휠체어 통과 최소 폭	80cm 정도, 휠체어 2대 통과 최소 폭은 180cm
휠체어와 보행자가 교차	보행자가 옆으로 비켜 선 경우에는 120cm, 보행자가 지나갈 경우에는 135cm 정도
휠체어와 클러치 장애인이 교차	180cm 정도의 폭
휠체어 자체 회전시 최소 폭	150cm×150cm, 또는 135cm×160cm 정도
양측 클러치 사용자의 수평이동 폭	90cm 정도

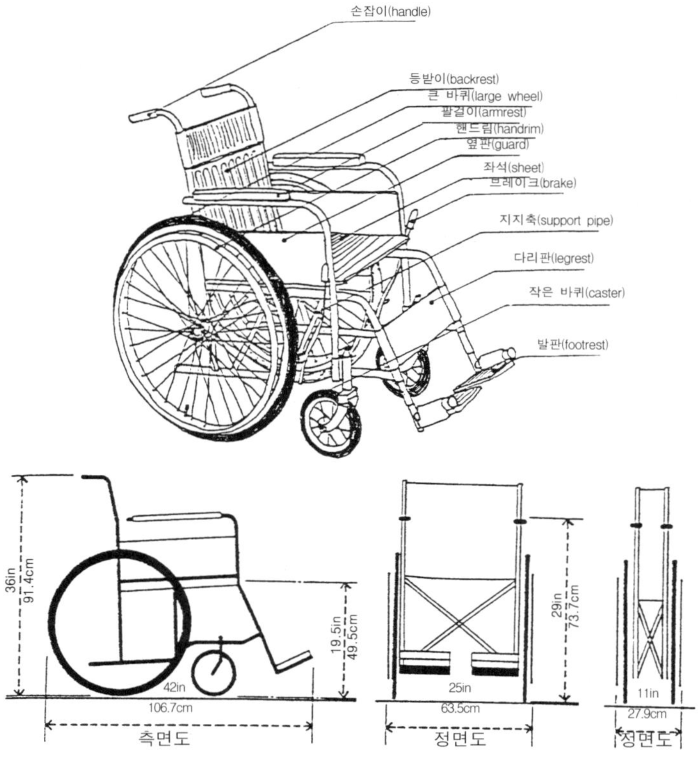

그림 7-23
휠체어의 각 부 명칭과 치수

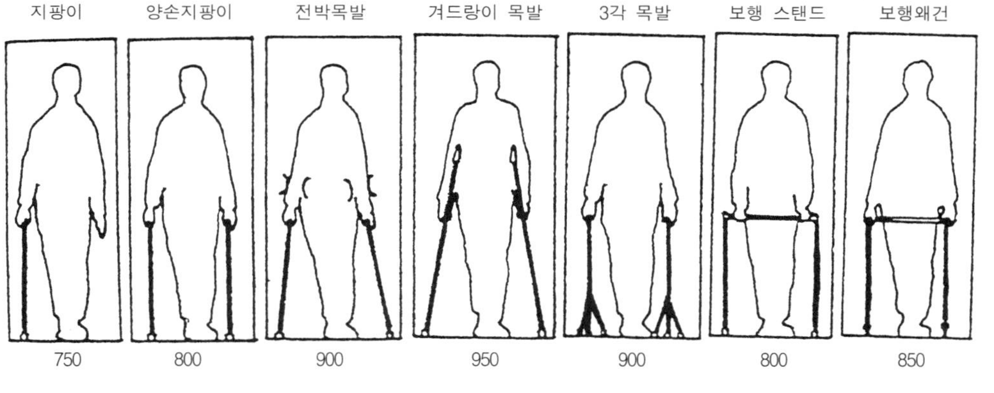

출처 : Designing for the disabled, Selwyn Goldsmith, 1976.

그림 7-24
클러치 사용시의 소요 폭 (단위 : mm)

그림 7-25

휠체어 사용자의 동작공간

출처 : 身體障碍者 · 老人建築計劃, 木下茂德, 1977.

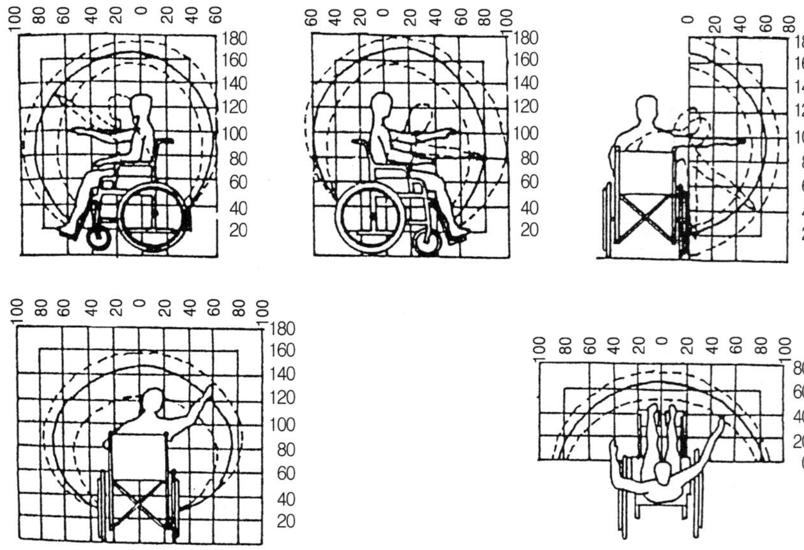

그림 7-26

휠체어 회전상태의 동작공간

출처 : バリアフリーの建築設計, 荒木兵郎 외, 1981.

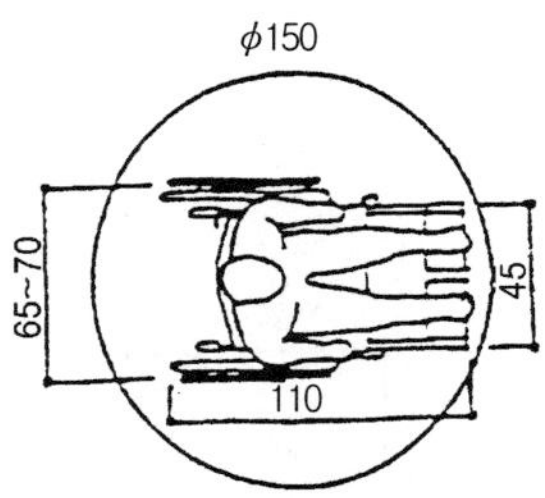

① 회전

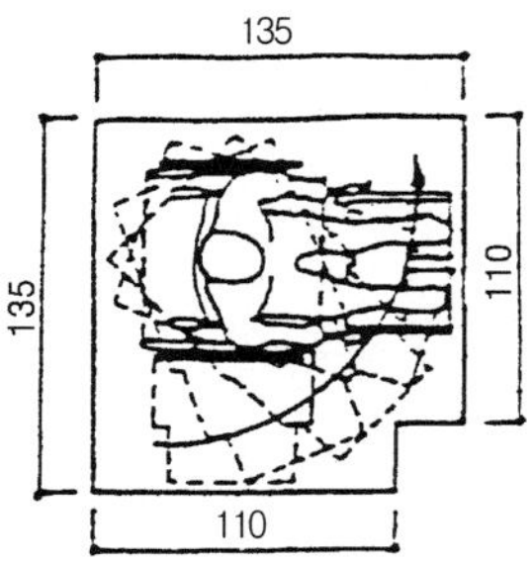

② 90° 방향 전환

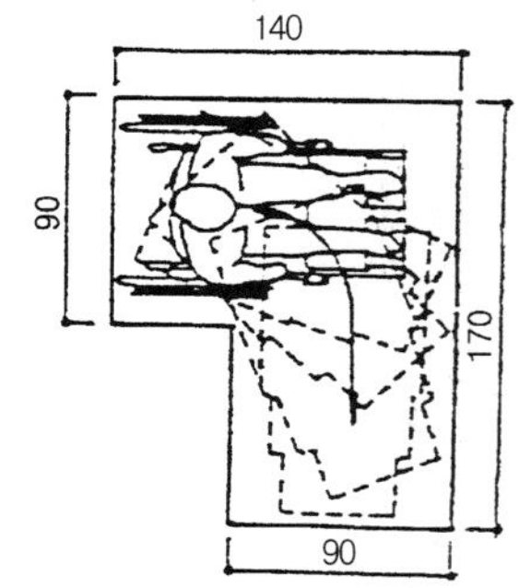

③ 90° 각 통과

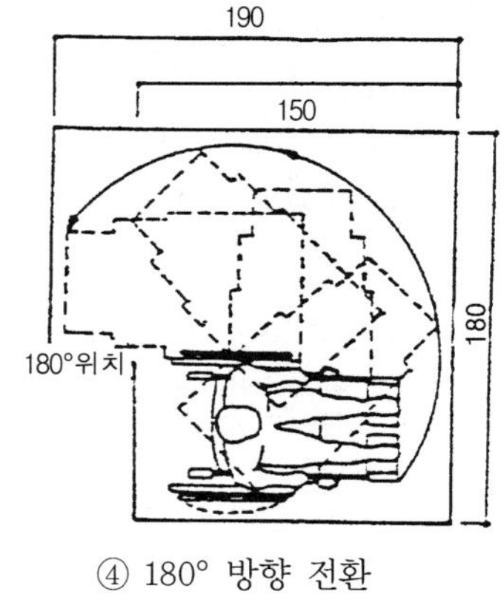

④ 180° 방향 전환

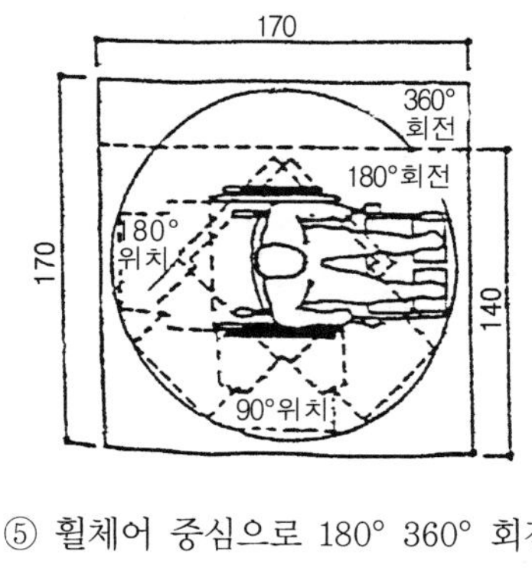

⑤ 휠체어 중심으로 180° 360° 회전

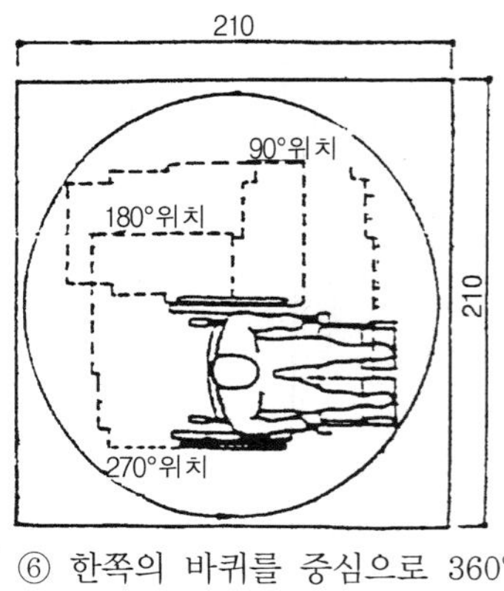

⑥ 한쪽의 바퀴를 중심으로 360° 회전

장애인을 위한 주거공간 계획시에 고려해야 할 기본사항을 표 7-10에 정리하였다. 여기에서 항목들의 기준을 살펴보면, 기준항목의 경사로(내 · 외부)는 수직이동의 가장 기본적인 편의시설로 설계시 우선적으로 고려해야 한다. 외부 경사로는 햇빛, 눈, 비 등을 피할 수 있고 안전을 위한 배수시설이 필요하다. 복도는 휠체어의 크기와 물리적 특성을 고려하여 폭과 세부지침을 정해야 한다. 계단은 디딤판의 폭과 단 높이가 우선적으로 고려되어야 하고 계단 바닥면, 난간 등을 정한다. 접근로는 외부와 내부시설을 연결하는 매개공간으로 이것과 건축물의 이용빈도와는 밀접한 관련이 있다. 보도는 사회적 이동의 대표적 시설이므로 세심한 고려가 필요하다. 횡단보도는 특히 신호의 감지와 조작에 관련된 조치가 필요하다. 위생시설 중 화장실은 실내외를 막론하고 일반 화장실에 부설하여 꼭 설치하도록 한다.

세부항목의 기준으로 유효 폭은 휠체어 한 대의 통과 폭과 두 대의 통과 폭을 고려하고 이동상의 시설의 기본자료가 된다. 전면 유효공간은 공간이용에 필요한 자료로 휠체어의 크기에 의해 결정된다. 하부 여유공간은 바닥에서 무릎 이하의 높이와 무릎이 들어갈 수 있는 이용시설의 하부 여유공간의 확보 또는 시설물의 설치높이를 의미한다. 손잡이 및 난간은 휠체어와 목발 그리고 그 이용자의 행동범위에 의해 설정된다. 또한 단차, 틈, 바닥마감, 경사 등의 기본적인 사항이 먼저 파악되어야 한다. 조명은 일반적인 조도보다 높게 하고 부드러운 분위기를 연출하도록 한다.

표 7-10 장애인을 위한 주거공간 계획시 고려항목

대분류	소분류	기준항목	세부항목
건축시설	내부	경사로(내부)	· 경사도, 유효폭, 참, 여유공간, 손잡이 · 바닥마감, 추락방지턱, 보호벽, 표시 · 조명 및 채광
		복도	· 유효폭, 바닥마감, 유도표시, 손잡이 · 보호벽, 조명, 코너부처리
		계단	· 단형식, 유효폭, 단높이, 챌판, 계단코 · 손잡이, 계단참, 바닥마감, 추락방지턱, 표시, 조명 및 채광
		출입구	· 여유공간, 유효폭, 닫힘시간, 문턱, 개폐방향, 연속된 출입문, 손잡이, 개폐형식, 킥플레이트, 표시, 유리끼움(투명유리), 감지기, 조작기
	매개	주차장	· 위치, 대수, 크기, 경사도, 바닥마감 · 통로 유효폭, 유도 및 표시, 높이, 승강대 · 지붕
		접근로	· 유도블록, 단차, 폭, 머리위 여유공간 · 바닥마감 경사, 여유공간, 표시 및 안내 · 캐노피
	외부	보도	· 유효폭, 경사도, 경계석, 바닥마감, 단차 · 연석, 유도로, 머리위 여유공간, 배수시설 · 안내 및 표시, 볼라드
		횡단보도	· 위치, 단차, 연석, 조명, 음향신호기 · 신호조작기, 배수구
		경사로(외부)	· 경사도, 폭, 참, 여유공간, 손잡이 · 바닥마감, 턱, 추락방지턱, 보호벽, 표시 · 조명, 경계석, 지붕 및 차양
위생시설	화장실	대변기	· 입구폭, 크기, 형식, 변기 높이, 손잡이 · 세정장치, 호출버튼, 휴지걸이, 휴지통 · 바닥마감, 전면 유효공간, 표시
		소변기	· 위치, 형식, 높이, 손잡이, 세정장치 · 전면 유효공간
		세면대	· 전면유효공간, 높이, 하부 여유공간, 손잡이 · 수도꼭지, 거울, 바닥마감, 노출배관
	욕실	욕조	· 접근방식, 욕조 크기, 손잡이, 수도꼭지 · 비상벨, 바닥마감, 의자, 출입구
		샤워실	· 입구폭, 개폐방식, 부스의 크기, 손잡이 · 바닥마감, 샤워기 및 수도꼭지, 의자, 경사도
		탈의실	· 의자, 수납공간, 옷걸이, 실의 크기, 문 · 거울, 손잡이

출처 : 장애인 편의시설 설계지침 항목개발에 관한 연구, 대한건축학회지 13(9), 조철호 외, 1997에서 부분적으로 발췌.

3) 장애인을 위한 실내공간계획

(1) 이동공간

주택내부에서 장애인이 불편없이 생활하기 위해서는 원활한 순환기능이 있어야 하므로 출입구, 홀, 복도 등의 수평통로와 계단, 경사로 등의 수직통로가 잘 계획되어야 한다. 일반적으로 주택은 도로→대문→마당→현관→마루의 순으로 그 높이가 높아지는 것이 보통이다. 이러한 단차를 없애기 위해서는 낮은 단차는 단의 전면을 경사지게 하여(최대 경사 1/10) 휠체어를 진입시킬 수 있게 하고 큰 단차일 경우에는 경사로(경사 1/12)를 두는 것이 좋다. 이 때 일반가죽이나 목발 등을 사용하는 사람은 계단을 이용하는 것이 오히려 좋으므로 계단과 경사로를 병용하여 설치하는 것이 바람직하다.

모든 공간 및 동선은 휠체어의 이동과 회전공간을 고려하여 결정해야 하며 특히 이동을 위한 동선은 최소거리로 하는 것이 좋다. 그리고 일반인과 비교하여 지체장애인은 주로 수직이동공간에서 활동에 지장을 받으므로 단차(단 실내외 연결부분은 단차를 2.5cm 이하로 허용함)나 문턱, 바닥 돌출물 등은 반드시 없애도록 한다.

바닥은 미끄럽지 않은 재료로 하며 물을 사용하는 공간에서는 특별히 유의한다. 폭이 152cm 이하인 이동공간에서는 최소한 한 방향에 전환지점이나 교차공간이 있어야 하며 계단의 첫단은 가능한 통로에서 최소한 76cm 후퇴하여 시작한다.

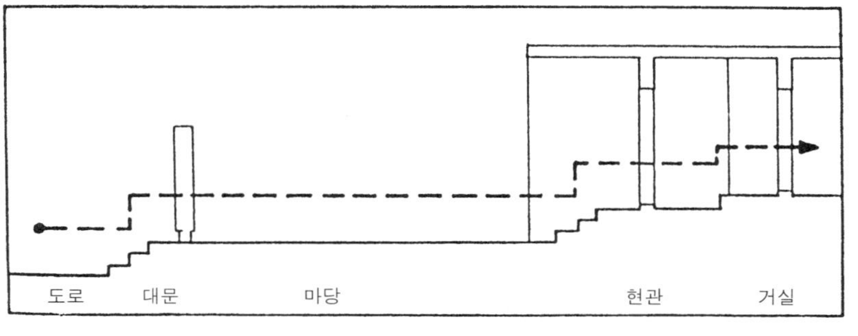

그림 7-27
주택의 이동공간의 단차

표 7-11 휠체어와 이동공간의 폭

폭	통행	그림	회전
180cm 이상	· 휠체어 2대 교차 가능	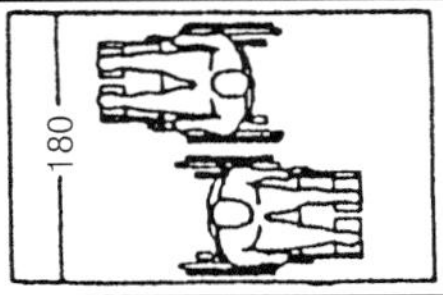	가능
150cm	· 때에 따라 한쪽이 멈추어 서야 함	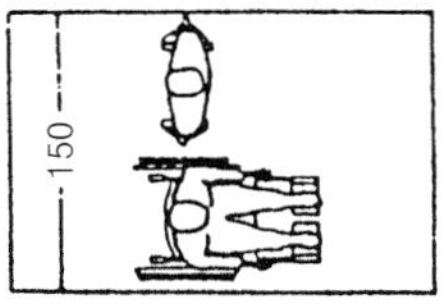	가능
130cm	· 휠체어와 사람의 교차 최저 폭	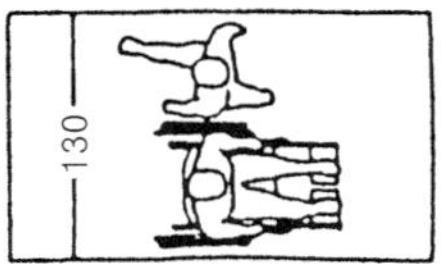	겨우 가능
120cm	· 휠체어와 옆으로 서서 지나가는 최저 폭	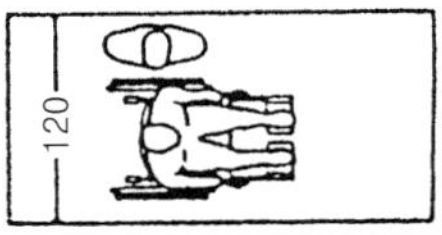	어려움
110cm	· 휠체어 1대의 적정 통행 폭 · 통로에 면한 개구부에서 돌릴 수 있는 최저치	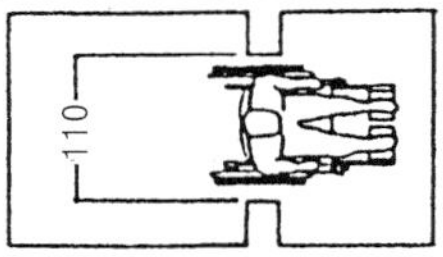	불가능
90cm	· 통행 최저치	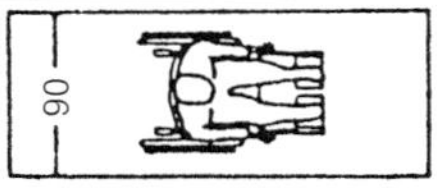	
80cm	· 일시적으로 통과할 때만 통행 가능		
78cm	· 휠체어 사용자의 정지상태		
65cm	· 휠체어의 규격 폭		

문 계획시의 인간공학적 고려 점은 다음과 같다.

① 문의 안과 밖, 좌우측에 41~61cm(최소 30.5cm)의 여유공간을 둔다.

② 최소의 문 폭은 81cm +2.5cm +문 두께이다.

③ 폐쇄기를 사용할 경우에는 안여닫이문이 좋고 폐쇄기는 최소한 5초간은 완전히 열린 상태를 유지해야 한다.

④ 둥근 손잡이와 레버식 손잡이를 함께 사용하지 않도록 하며 손잡이의 수평면은 편편하고 옷이 손잡이에 걸리지 않게 끝부분을 안으로 굽힌다.

⑤ 미세기문이 완전히 열렸을 때 81cm의 안목치수를 유지해야 한다.

이동공간은 그 크기 뿐만 아니라 문의 형태에 따라서 사용이 달라진다. 문의 형태는 표 7-12와 같다.

표 7-12 장애인 주택의 문의 형태

종류	특징
미닫이	· 조작이 간단하여 장애인이 사용하기 쉬운 타입이다. · 문에는 막대 모양의 손잡이를 부착하고 그 반대편에 보조 손잡이를 부착한다. 문손잡이와 벽면 사이에는 최소한 30.5cm의 간격이 필요하다. · 휠체어 사용을 고려하여 킥 플레이트를 문 하부에 설치한다. · 문은 가능한 한 작은 힘으로 개폐할 수 있도록 한다. · 바닥면의 단차는 최대한 제거한다. · 자동식 미닫이문이 이상적이다.
여닫이	· 미닫이보다 사용하기 어려운 타입이다. · 문 전후에 알코브 등 개폐동작에 필요한 공간을 고려한다. · 복도에서 실내측으로 열리는 것을 원칙으로 한다. · 문 반대측에 있는 사람의 움직임을 알 수 있도록 유리를 끼운다. · 도어체크는 가능한 완만하게 작동하도록 조정한다.
아코디언	· 여닫이문이나 미닫이문의 조작이 불가능할 때나 또는 미닫이문 설치공간이 없을 때 설치한다. · 기밀성이나 프라이버시를 충분히 보장하기 힘들다. · 접이문의 깊이에 여유를 둔다. 만약 길이가 짧으면 문을 닫을 때 힘이 든다. · 청결하게 유지하도록 한다. · 잠금장치에 유의한다. 예를 들어 화장실에는 자석만으로 잠금이 약하므로 별도의 장치를 하는 것이 좋다.
자동문	· 장애인의 이용이 가장 편리하나 설치비, 유지관리비가 비싸다. · 바닥면 감지장치(바닥에 고무매트 스위치나 하드 알루미늄 스위치를 설치하여 하중에 의해 감지, 작동함)의 감지 평면은 폭 100cm, 길이 100cm 이상으로 한다. · 공간 감지장치(천장 · 벽 · 바닥 등에 초음파 스위치나 전기파 스위치를 설치하여 초음파의 음파 반사나 전기장의 통과물체와의 전도율 차로 감지 또는 전자파의 반사량을 강도차로 감지, 작동함)의 경우는 폭은 개폐부 이상, 길이는 70cm 이상으로 한다. · 선 감지장치(광선 스위치에 의해 광선을 발사하고 이의 단절로 인해 감지, 작동함)는 작동용을 문 앞 80~100cm 앞에서 바닥 위 50cm, 안정용을 문 중심선 10cm 앞, 바닥 위 20cm에 설치한다. · 점 감지장치(스위치의 접촉에 의해 감지, 작동하는 방식으로 문이나 벽에 터치 스위치나 누름 스위치를 설치)의 경우는 스위치 위치를 바닥 위 70~90cm로 하며 문 앞 30~100cm의 양벽에 특별히 안정용으로 방 중심선 100cm 이내에 광선 스위치를 병용한다.

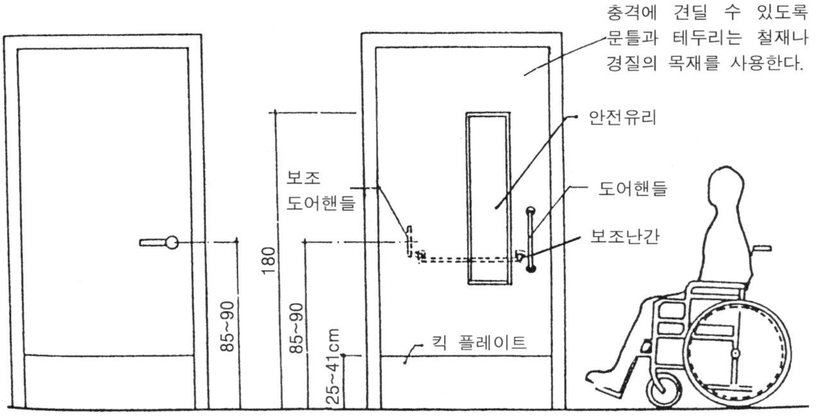

그림 7-28
장애인 주택의 문 계획
출처 : バリアフリーの建築設計, 荒木兵郎 외, 1981.

장애인을 위한 주택에서는 기본적으로 계단 설치를 하지 않는 것이 원칙이나 불가피한 경우에는 꺾임계단이 가장 편리하다. 그리고 계단 양쪽에 벽이 있고 챌판이 붙어 있는 계단이 가장 안전하다.

장애인을 위한 계단 계획시에는 다음과 같은 점을 고려해야 한다.

① 계단의 형태는 꺾임계단이 좋다.
② 클러치 이용자를 고려하여 폭은 120cm 이상으로 하는 것이 좋다.
③ 계단의 단높이는 15～16cm(10cm 이하는 오히려 좋지 않다), 단너비는 30～32cm 정도가 적당하다. 일 방향의 계단 최대 높이는 122cm이며 이를 초과할 때에는 중간에 참을 설치한다.
④ 계단 길이는 중간 지점에 반드시 계단참(깊이 120cm 이상)을 두어야 한다.
⑤ 디딤면의 단부는 발끝이 걸리지 않도록 유의해야 한다.
⑥ 계단의 측면은 양쪽을 벽면으로 하는 것이 바람직하나 벽이 아닌 경우에는 클러치 끝이 난간 사이로 미끄러져 떨어지지 않도록 5cm 정도 높이의 턱을 만들 것.
⑦ 반드시 챌판을 붙이고 논슬립은 경질 고무류를 사용하는 것이 좋다.

복도나 계단 외에 이동공간으로 엘리베이터나 에스컬레이터, 리프트 등을 생각할 수 있으나 이들은 설치비나 유지비가 많이 들므로 일반주거에 설치하기에는 부담이 되며 장애인용 시설이나 공공시설에서 많이 설치하고 있다. 따라서 여기에서는 장애인만이 생활하는 주거공간이 아니라 일반 가족과 함께 생활하는 공간의 경우를 생각하여

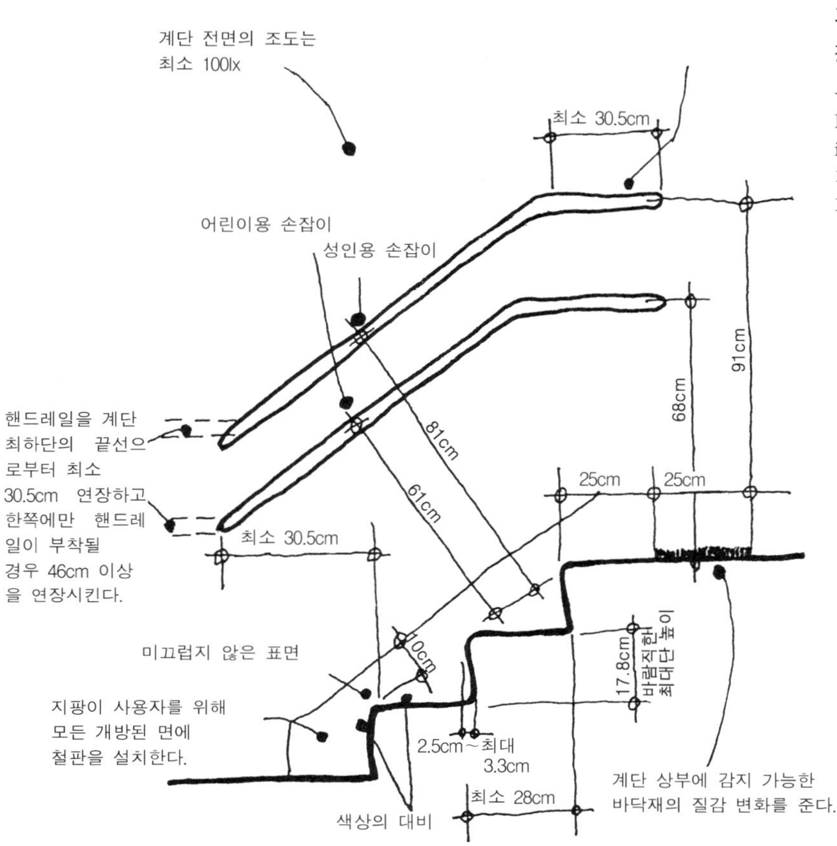

최대 단높이는 17.8m가 바람직하고 챌판과 디딤판의 색상은 대비가 크게 한다. 1~2단의 계단 대신에 경사로를 설치한다.(휠체어 사용자가 1단 이상의 계단을 오르는 것은 불가능하다)

그림 7-29
장애인 주택의 계단계획

출처 : 강겸근 외 역, Design for Accessibility, 장애인을 위한 건축계획, R. J. Sorensen, 1988.

이를 생략하기로 한다.

장애인 주택의 이동공간 계획시에는 다음과 같은 점에 유의해야 한다.

① 이동공간의 유효 폭은 최소 150cm 이상이 바람직하다.

② 건물 내부 통로에 단차가 있어서는 안 된다. 증축 등으로 인해 부득이한 경우는 경사로로 연결한다.

③ 바닥면 재질은 넘어져도 크게 충격이 가지 않는 재료(예를 들면 목재)로 한다. 측벽의 표면은 시각 장애인이 손을 상하지 않도록 평활하게 마무리한다.

④ 문이 복도로 열리는 부분에는 알코브를 두어 보호하는 것이 이상적이다.

⑤ 이동공간에 돌출부분이 생기지 않도록 해야 한다. 그리고 기둥이나 벽면의 모서리 부분은 곡면으로 처리해야 한다.

⑥ 핸드레일은 같은 높이(85cm 정도, 이중 설치시에는 65cm 높이에 추가)로 설치하되 도중에 끊어지는 부분이 없도록 연속적으로 설치해야 하며, 끝부분은 벽쪽으로 둥글게 굽혀 충돌시 위험을 방지해야 한다. 벽과의 간격은 5cm 정도, 굵기는 3.2~3.8cm가 손에 잡기 쉽다. 핸드레일은 벽면보다 들어가게 설치하지 않고 바닥과 수직이거나 수평으로 설치한다. 만약 경사진 손잡이를 사용할 경우에는 반드시 양쪽에 설치하도록 한다.

⑦ 휠체어의 발디딤판이 도어나 벽에 부딪치기 쉬우므로 킥 플레이트(kick plate, 바닥면에서 35cm 정도의 높이까지)설치한다. 이 대신에 충격에 강한 마감재료를 사용해도 좋다.

⑧ 건물 바닥높이와 같은 수평면상으로 나갈 수 있는 출입구를 최소한 1개 이상 설치해야 한다.

그림 7-30
장애인 주택의 핸드레일 계획
출처 : Design for Accessibility, 장애인을 위한 건축계획, R. J. Sorensen, 강겸근 외 역, 1988.

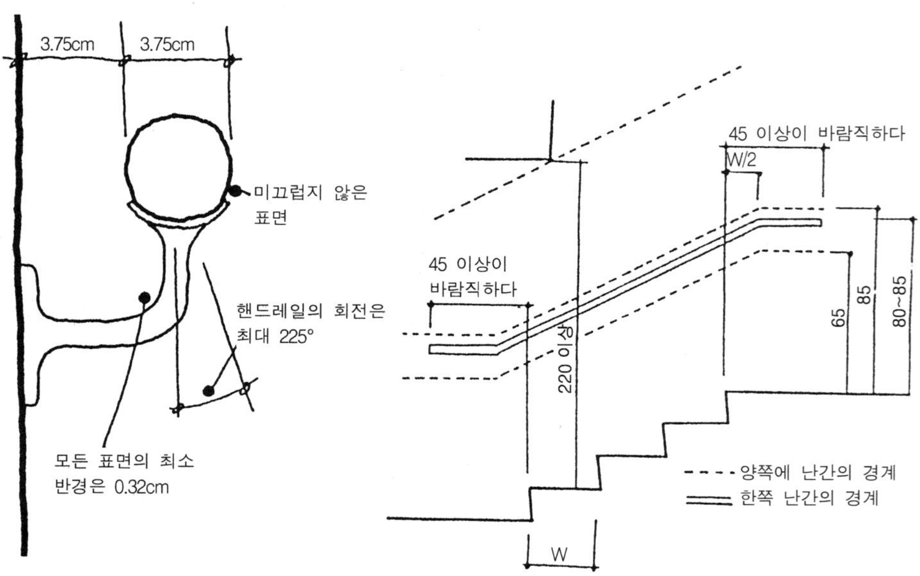

(2) 휴식공간

주택에서의 장애인 휴식공간은 침실과 거실로 나눌 수 있다. 그곳의 계획시 고려점은 표 7-13과 같다.

장애인은 침실에서 침대 사용이 좋으며 중도의 장애인일 경우에는 침대 머리쪽만을 벽에 붙여 3면에서 돌봐줄 수 있도록 배치하는 것이 좋다. 침대 옆은 110cm 이상의 간격을 두고 침대와 가구 주위에서 회전시에는 150cm 정도 확보하는 것이 좋다.

거실은 휴식공간이면서도 침실과는 달리 동적 행위를 많이 하는 곳이다. 따라서 거실 양쪽에 위치이동을 위하여 회전할 수 있는 150cm ×150cm의 공간을 마련하는 것이 좋다. 또한 휠체어에 앉아서 밖을 볼 수 있는 창이 있는 것이 바람직하다

표 7-13
주택의 휴식공간 계획시 고려사항

공간	계획시의 고려사항
침실	· 휠체어의 회전공간(직경 150cm), 실내통로의 폭(140cm), 출입문의 유효 폭(90cm)을 확보한다. · 위치는 거실로부터 독립시키는 것이 좋으나 주부가 지체장애인이면 침실이 거실이 될 수 있다. · 출입이나 실내에서의 이동이 용이하도록 가구배치를 하고 면적을 확보한다. · 모든 가구는 이용하기 편리한 위치에 적당한 높이와 구조로 설치한다. 특히 침대의 매트리스 높이는 휠체어의 좌석높이(약 48cm)로 하여 이동이 편리하게 한다. · 붙박이장 전면에 최소한 122cm의 여유공간을 둔다. · 취침이나 갱의시에 보조자가 필요한 자에 따라 넓이를 확보한다. · 화장실까지의 거리는 최대 9m로 한다. · 모든 부분에 필요에 따라 손잡이 등을 부착한다. · 조명 스위치나 온도조절기는 누워서도 조작할 수 있는 위치와 형태로 설치한다.
거실	· 휠체어 이동의 경우에는 침실과 마찬가지의 필요공간을 확보한다. · 소파를 사용할 때에는 휠체어를 접어서 보관할 수 있는 공간을 고려한다. · 모든 물품은 직접 조작이 용이한 구조와 모양으로 적당한 곳에 위치한다. · 필요에 따라 손잡이 등을 부착한다.

출처 : 個人住宅の新增改築, 心身障碍者指導技術, 東京心身障碍者福祉センター, 1977에 저자가 부분적으로 첨가하였음.

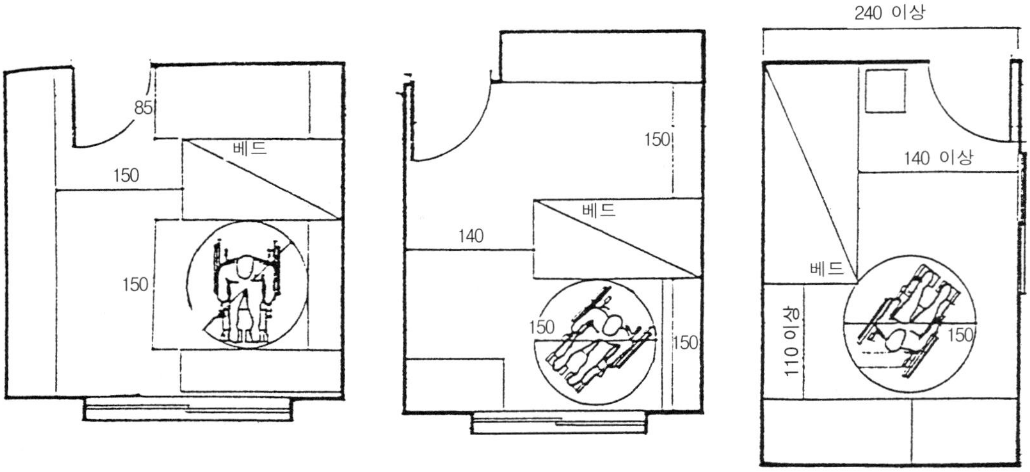

그림 7-31
장애인 주택의 침실계획

출처 : バリアフリ-の建築設計, 荒木兵郎 외, 1981.

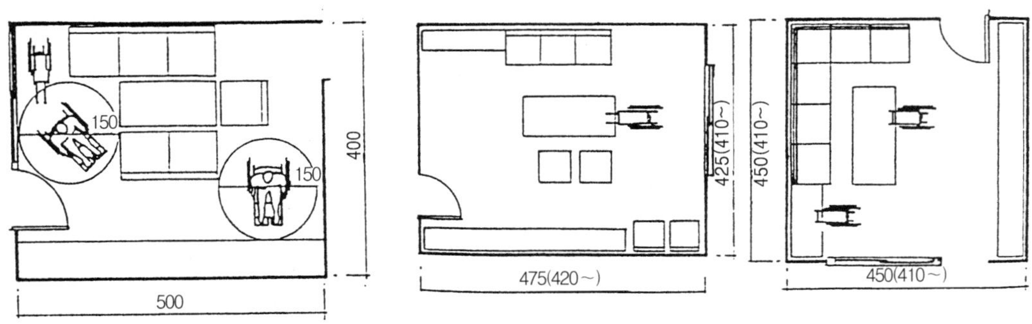

그림 7-32
장애인 주택의 거실계획

출처 : バリアフリ-の建築設計, 1981와 木下茂德, 身體障碍者 · 老人建築計劃, 荒木兵郎 외, 1977.

(3) 가사공간

주택에서 가사노동의 대표적인 공간은 부엌인데 부엌작업에 있어 일의 순서는 장애인과 일반인 사이에 차이가 없으나 작업시간에는 상당한 차이가 생긴다. 휠체어 사용자는 손이 닿는 범위가 좁으므로 너무 높거나 낮은 작업대는 사용하기 힘들다. 그러므로 작업대의 높이는 75~85cm가 적당하다. 또한 휠체어 사용자는 카운터나 책상면 아래에 무릎이 들어갈 만큼의 여유(clearance)가 필요하므로 바닥에서 작업면 밑까지의 높이가 60~65cm는 되어야 한다. 평면 작업영역의 최대치는 80cm이나 작업의 효율과 능률을 고려하여 60cm으로 하는 것이 좋다. 수납장의 높이는 60~110cm가 적당하며 코너부분은 팔 동작에 한계가 있으므로 회전식 서랍으로 하는 것이 좋다. 그리고 상판의 앞 가장자리는 둥글게 하여 피부를 손상하지 않게 하며 상부 수납장의 문은 미닫이식이 좋다.

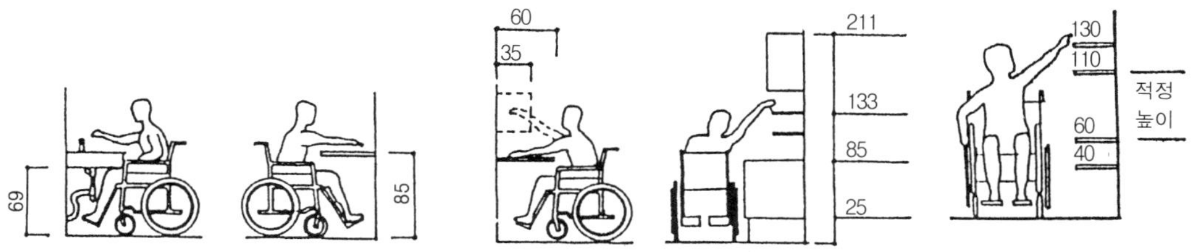

그림 7-33
휠체어 사용자의 수평·수직 동작공간

출처: 身體障碍者 · 老人建築計劃, 木下茂德, 1977와 Selwyn Goldsmith, Designing for the disabled, 1976.

휠체어는 옆으로 움직일 수 없다는 사실을 고려하여 작업대를 배치해야 하므로 부엌의 평면계획은 작업대의 배치유형에 따라 그 특징이 달라진다.

표 7-14 장애인 주택의 부엌 유형과 특징

유형	그림	특징
일자형 (I자형)	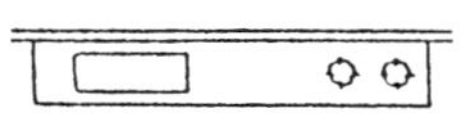	· 부엌면적을 최소화할 수 있으나 휠체어 사용자의 요구 수평면적이 부족할 우려가 있다. · 100cm 정도의 폭으로 회전 및 이동이 가능하므로 소규모 부엌에 적당하다.
병렬형	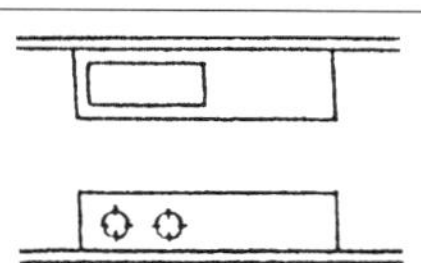	· 부엌의 폭은 최저 260cm이어야 한다. · 창과 문을 여닫기 쉽다.
L자형	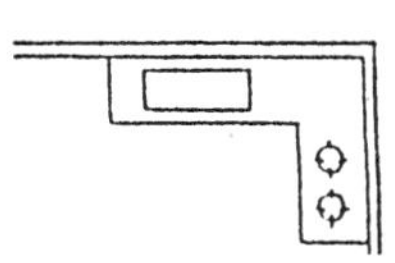	· 바닥면적이 병렬형보다 15~18% 넓어진다. · 부엌 내부에 식사공간을 설치할 때 유리하다. · 싱크대 및 조리대 부분의 오픈스페이스를 고려하면 접근이 가능하다.
R자형	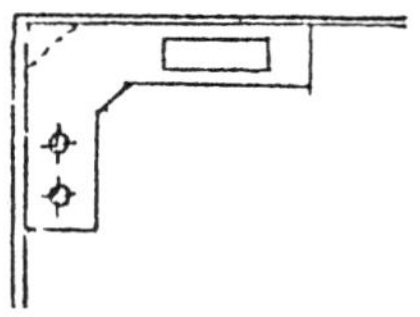	· 라운드형 조리유닛으로 유닛의 모서리 부분을 이용하여 중요한 작업을 배치하고, 휠체어의 방향을 조금만 바꾸거나 손을 뻗으면 작업이 가능하여 이동동작이 생략된다. · 필요에 따라 잡아끄는 간이작업대를 사용하면 편리하다.
U자형	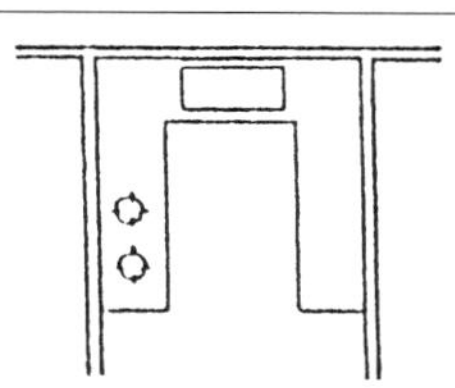	· 장애인 주택의 부엌유형으로 가장 단점이 적다. · 바닥면적이 병렬형보다 17% 정도, L자형보다 28% 정도 절약된다. · 휠체어 사용자에게는 창을 개폐하기 위한 보조장치가 필요하다.

그림 7-34

장애인 주택의 부엌계획

출처 : 신체장애인을 위한 Kitchen System Design연구, 김원호, 1987.

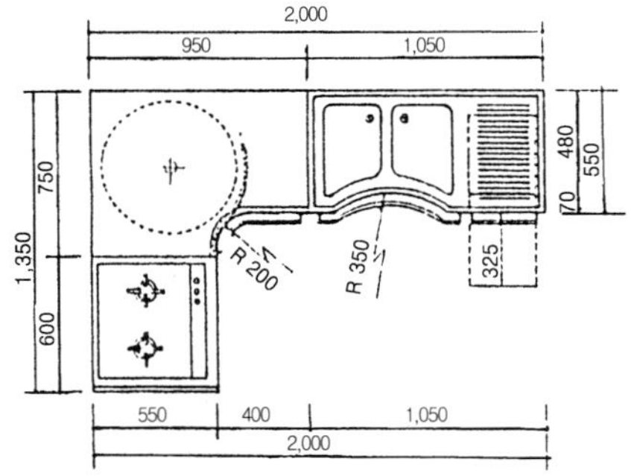

평면도

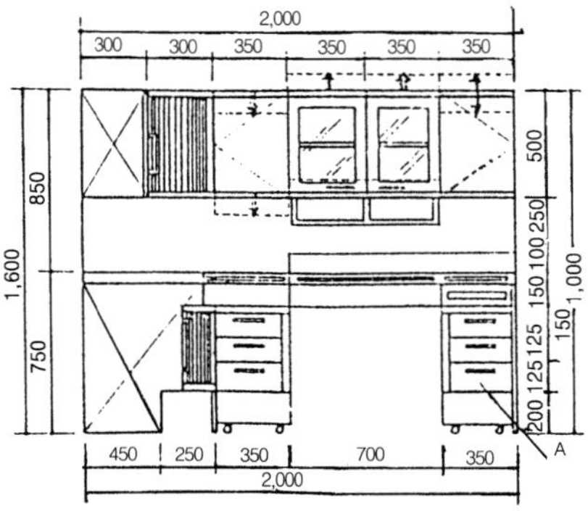

정면도

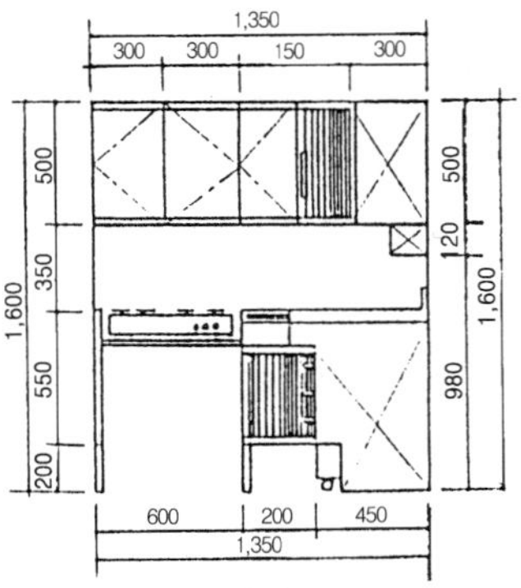

측면도

주부가 지체장애인일 경우에는 가사작업공간에서의 동선의 연결이 단절되지 않도록 계획해야 한다. 그리고 부엌 설치물에는 휠체어의 통행을 위해 충분히 높고 깊은 발끝 공간(toe recess)을 두어야 한다. 대체로 20cm 높이에 15cm 깊이의 공간이 제공되는 것이 좋다.

장애인 주택의 부엌계획시 고려점은 다음과 같다.

① 수도꼭지는 싱글레버식을 사용하고 좌우회전식, 분무식 호스, 높고 긴 수도꼭지를 택한다.

② 작업대는 높이조절이 가능하도록 하고, 이 때 작업대 아래는 이동식 하부 수납장을 설치한다.

③ 싱크대 전면에서 뒤로 25cm까지는 66cm의 유효높이를 유지하여 휠체어가 접근할 수 있도록 한다.

④ 부엌 가운데에 싱크대를 설치하고 싱크대 아래에는 무릎을 움직이는데 불편이 없도록 여유공간(107cm)을 둔다.

⑤ 상부 수납공간은 휠체어 사용자에게 부적합하나 설치시에는 C

자형 긴 손잡이를 낮은 위치에 수직으로 설치한다.

⑥ 조리대 아래에는 휠체어가 들어가지 않게 하고 가열면은 편편하거나 약간 들어간 것이 바람직하다.

(4) 위생공간

주택의 위생공간은 크게 욕실과 화장실을 들 수 있다. 이들 위생공간은 장애인에게 자립도를 높인다는 점에서 중요한 의미를 가지고 있다. 주택에서는 욕조, 변기, 세면화장대를 1실에 모아 설치하는 것이 공간 확보에 좋다.

욕실은 140cm×140cm보다 넓어야 휠체어를 회전할 수 있다. 또한 보조자를 위하여 욕조 측면에 폭 120cm 이상의 공간을 두어야 한다.

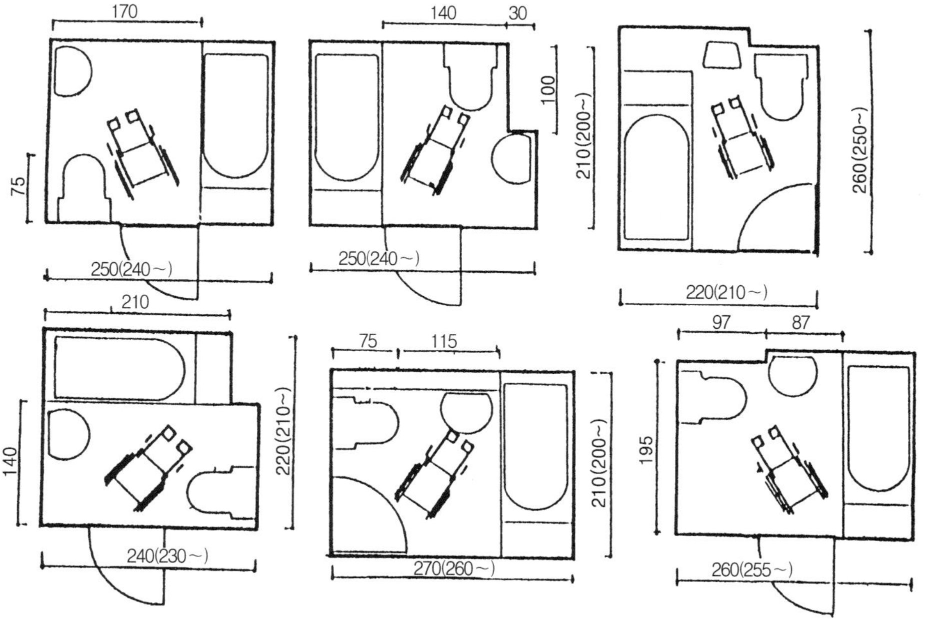

그림 7-35
입욕대의 세면기의 치수
출처 : Designing for the disabled, Selwyn Goldsmith, 1976.

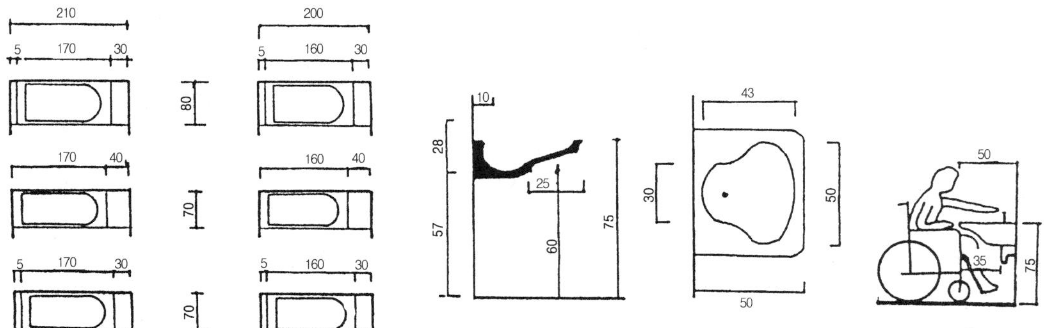

①　②　③

그림 7-36

입욕대의 세면기의 치수

출처 : Designing for the disabled, Selwyn Goldsmith, 1976.

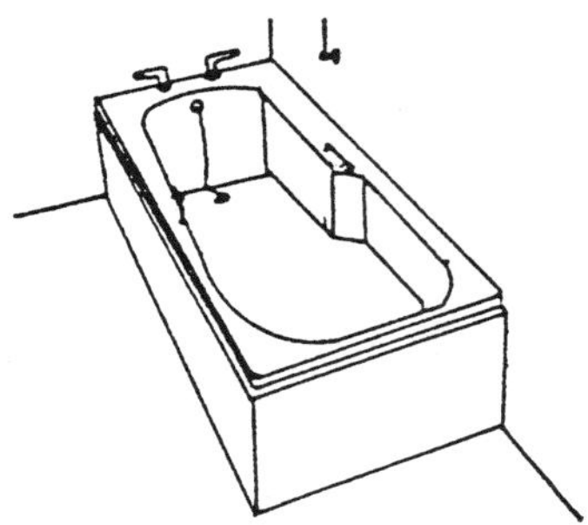

① 욕조 자체에 난간이 설치된 예

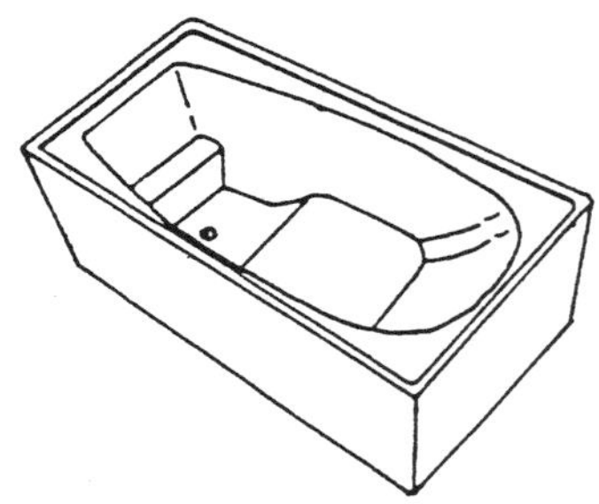

② 욕조의 일부가 얕고, 욕조 내에서의 신체 유지를 용이하게 한다. 또 샤워를 서서 하는데도 편리하게 만들어져 있다.

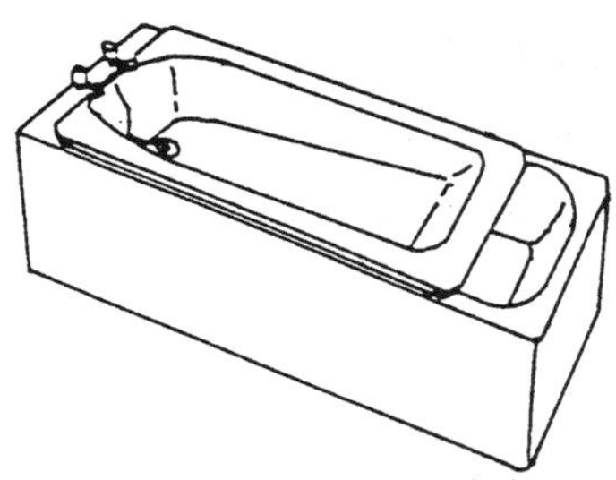

③ 원래의 욕조가 너무 길기 때문에 다른 욕조 부품을 정자시킴으로써 욕조의 깊이를 조정하고 있다.

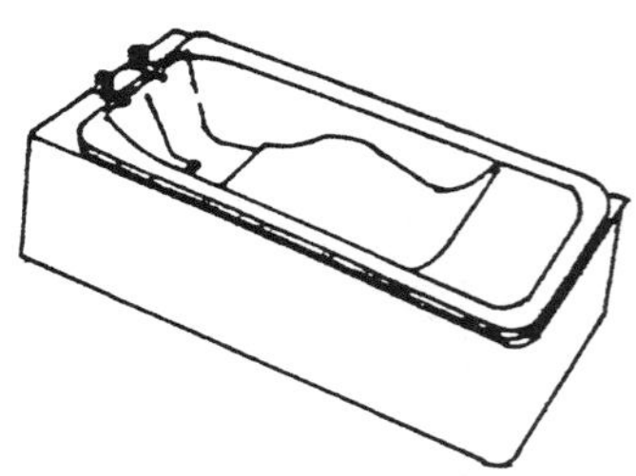

④ 휠체어로부터 옮겨가는 것을 용이하도록 하는 플랫폼이 있고 여기에서 욕조로 들어갈 수 있도록 하고, 다시 욕조 내에서 신체의 안정을 도와주는 장장구

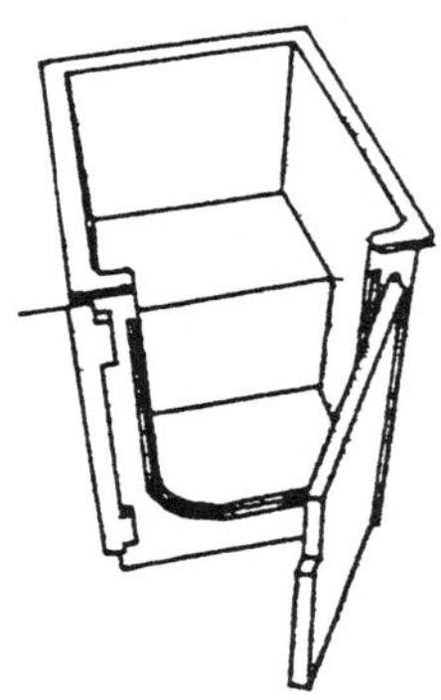

⑤ 욕조의 틀을 넘어 넘어가지 못하는 사람을 위한 욕조이다. 욕조의 옆을 열어서 신체를 욕조 속의 의자로 옮긴 다음 측면을 닫고 온수를 주입하여 입욕한다.

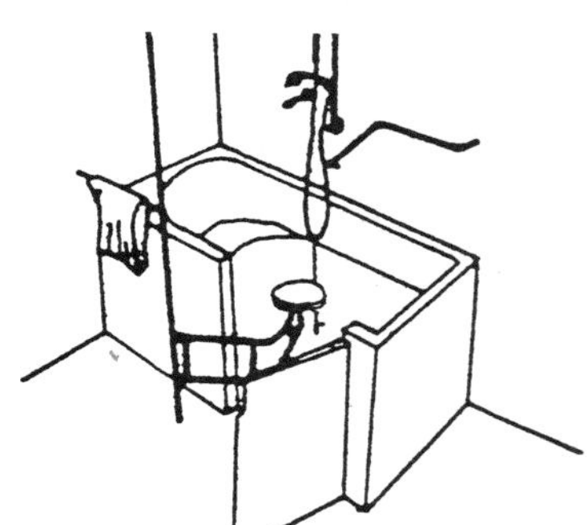

⑥ 앞의 예와 취지는 비슷하지만 다시 욕조 안으로 몸을 넣기 위해 그림과 같은 회전의자를 사용하는 것이 있다.

그림 7-37

욕조의 형태

출처 : 신체장애인의 주거생활 환경과 그 건축적 해결에 관한 연구, 조철호, 1982.

표 7-15 장애인 주택의 욕실계획시 고려사항

구분	특 징
욕조	· 욕조의 크기는 165~175cm×75cm가 적당하며 안폭은 팔로 몸을 지탱하여 욕조 밖으로 나올 수 있도록 어깨폭에 가까운 것이 좋으며 60cm 이상은 곤란하다. 안길이는 140~150cm가 적당하다. · 욕조의 형태는 머리부분을 약간 경사지게 올리면서 좁게 하여 출입에 이용할 수 있게 한다. · 욕조 옆면 높이는 휠체어의 좌석 높이와 동일하게 한다. · 욕조 옆면에 몸을 지탱하여 잡을 수 있는 지지구가 필요하다. · 욕조는 벽에 L자형으로 설치하여 나머지 2면은 개방되도록 한다. · 급수 콕크는 욕조의 안벽으로부터 5cm 정도 나오게 해야 기구에 쉽게 손이 닿을 수 있다. · 욕조 바닥이 미끄럽지 않아야 한다.
입욕대	· 욕조 머리맡에 휠체어로부터 이동하는데 도움을 주는 40cm 폭의 입욕대나 욕조의 옆쪽으로 100cm×75cm의 입욕대가 필요하다. · 입욕대는 붙박이로 된 것과 떼어낼 수 있는 것이 있는데 떼어낼 수 있는 것은 그 장소에 샤워를 설치할 수 있고 보조가 용이한 장점이 있다.
세면대	· 손이 닿는 범위가 한정되어 있다. · 눈높이가 낮으므로 거울은 바닥에서 100cm 정도에 설치한다. · 세면기의 높이는 하지가 들어갈 수 있도록 바닥에서 하단 75cm, 상단 85cm 이내가 적당하며 벽까지의 안길이는 55~60cm가 편리하다. · 휠체어 팔거리가 세면기의 앞면에 닿지 않도록 한다. · 세면기의 전면이 벽에서 50cm 이상의 위치에 오도록 설치하고 휠체어의 발판이 벽에 닿지 않게 배려한다. · 무릎이나 정강이가 배수관에 닿지 않도록 한다. · 변기와 같은 장소에 있는 세면대는 변기에 앉아 손이 닿도록 세면대와 변기를 30cm 이상 떨어지지 않도록 한다.
기타 설치물	· 거울은 경사지게 하여 잘 볼 수 있게 한다. 경사식 거울은 세면기에서 약 55cm 위에 단다. 경사식이 아닌 거울은 세면기 위로부터 약 20cm 정도에 단다. · 손잡이와 핸드레일 등의 지지구는 체중의 세 배 하중에도 견딜 수 있어야 한다. 핸드레일은 벽에서 4cm의 간격을 두고 충분한 길이로 설치하고 욕조의 머리맡과 발부분에서 25cm, 욕조의 벽쪽에는 10cm 정도를 욕조의 옆면보다 높게 설치하는 것이 좋다. 또, 욕조 중앙 부근의 벽에 길이 70cm 정도의 핸드레일을 수직으로 설치한다. · 입욕시에 손잡이가 붙은 줄사다리가 있으면 도움이 된다. 사다리는 욕조 위에 튼튼한 레일에 설치하고 높이를 조절할 수 있게 하며 손잡이 간격은 10~15cm 정도가 좋다. 줄사다리는 수평유지가 되어야 한다.

화장실의 계획은 휠체어 사용자의 경우는 출입구, 변기, 핸드레일, 변기내 설치물을 고려해야 한다. 화장실 크기는 150×200cm 정도가 확보되어야 하며 폭이 150~160cm 정도 되어야 한다.

표 7-16 장애인 주택의 화장실 계획시 고려사항

구분	특 징
출입구	· 유효폭은 100cm(최소한 85cm 이상)으로 하는 것이 바람직하다. · 부스의 문은 미닫이문이 바람직하다. · 아코디언 도어를 사용할 경우 열었을 때의 유효폭에 주의하고 문 안쪽에 커튼을 달거나 잠금장치를 완전하게 하도록 한다. · 단차를 없앤다. · 비상시를 고려하여 외부에서 잠금장치를 열 수 있게 한다. · 미닫이문이 좋지만 여닫이문일 경우는 바깥 열림으로 한다.
변기	· 원칙적으로 양식변기(좌식변기)를 사용하는 것이 바람직하다. · 변기의 높이는 휠체어의 좌면 높이와 같아야 옮겨 앉기가 편리하며 대개 42~45cm(46~50cm) 정도가 편리하다. · 옮겨 앉을 때의 충격을 고려하여 바닥에 견고하게 설치한다. · 소변기의 바닥에 닿는 스툴형이 사용하기 편리하다.
핸드레일	· 재질은 스테인리스 스틸이나 황동제가 좋다. · 파이프의 굵기는 3.8~3.3cm 정도가 좋다. · 벽에서 5cm 정도의 간격을 두며 휠체어의 팔걸이와 같은 높이인 60~70cm로 한다. 길이는 50cm 이상이 되어야 하나 변기 앞으로 20cm 이상 튀어나오지 않도록 한다. · 바닥에 고정시킬 경우는 휠체어의 발 디딤판이 부딪치지 않도록 형태 선택에 유의한다. · 핸드레일이 회전식일 경우는 한 손으로 회전 가능하도록 하고 사용 위치에서 완전히 고정될 수 있도록 한다. · 수직 핸드레일은 주로 일어설 때 사용하는 것으로 60~150cm 정도의 높이에 설치한다. · 양쪽 핸드레일은 간격 60cm, 높이 80cm 정도로 견고하게 설치한다. · 소변기 전면의 핸드레일은 가슴을 받혀주므로 소변기에 접근해서 설치하며 높이는 110~120cm 정도가 좋다.
기타설치물	· 바닥은 물로 씻어낼 수 있는 마무리로 하고 수평물배나 배수구 등 을 고려할 필요가 있다. · 미끄러운 바닥재는 피하도록 한다. · 세정장치의 플러시 벨브는 변기에 앉은 자세에서 손이 닿도록 설치하고 발로 밟는 것을 병설하는 것이 좋다. · 비상벨은 변기에 앉은 상태에서 닿도록 바닥면에서 50cm 정도가 좋으며 바른 버튼과 색이나 모양을 달리하여 명백히 구별되도록 한다. · 휴지걸이는 변기에 앉은 채로 사용할 수 있도록 하고 한 손으로 종이를 자를 수 있는 형을 택한다. · 수건걸이는 바닥에서 약 80cm 높이가 좋다.

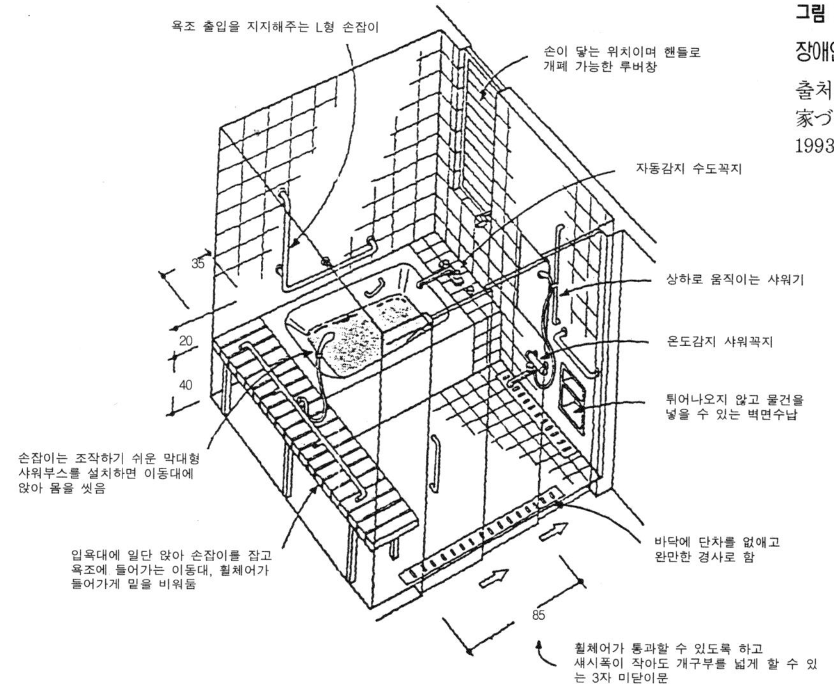

그림 7-38

장애인 주택의 욕실계획

출처 : 高齢者にやさしい家づくり, 佐藤平 외, 1993.

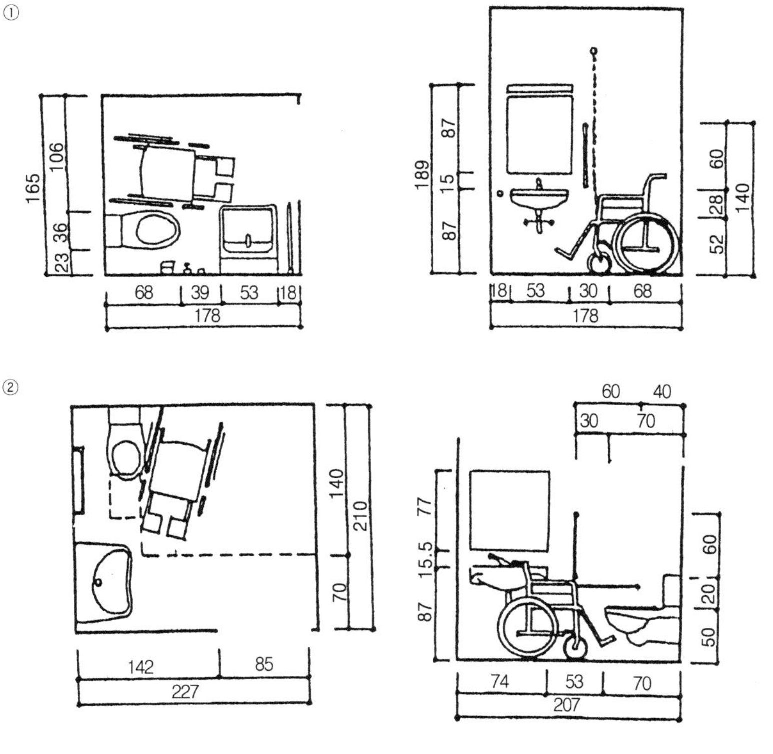

그림 7-39

장애인 주택의 화장실계획

출처 : 身體障碍者 · 老人建築計劃, 木下茂德, 1977와 Selwyn Goldsmith, Designing for the disabled, 1976.

4) 장애인을 위한 실외공간계획

장애인들은 일상생활을 보다 원활하게 영위할 수 있게 하기 위해서는 건물과 건물, 또는 집과 목적지를 연결하는 도로(보도, 횡단보도), 교통시설 등에 대하여 상호 순환이 어느 지점에서도 단절되지 않고 연속적으로 이루어져야 한다. 그러나 대부분의 기존 도시공간은 주로 정상인을 위주로 계획되었기 때문에 장애인들의 이용이 쉽지 않다. 보도, 횡단보도상의 단차, 통로 폭의 부족, 유도 안내의 미비는 물론 도로상의 불법주차, 입간판 등의 설치는 장애인의 불편을 가중시켜 보조자가 없는 휠체어 사용자의 통행은 실제로 거의 불가능한 실정이다.

여기에서는 주택과 관련지어 특히 문제가 되는 보도와 주차장에 대하여 살펴보도록 하자.

(1) 보도

보도는 휠체어 사용자나 시각장애인이 자유롭게 통행할 수 있도록 계획되어야 하며 그러기 위해서는 보도의 폭, 바닥의 재질, 마감 등에 세심한 주의를 요한다.

① 휠체어 사용자가 통행하기 위해서는 135cm(최소 120cm) 정도의 폭이 필요하며, 휠체어 사용자와 휠체어 사용자, 휠체어 사용자와 유모차를 미는 사람 등이 서로 통행하기 위해서는 180cm(최소 165cm) 이상의 폭이 필요하다.

② 보도의 구배는 1/12 이하로 하는 것이 바람직하다. 횡방향 구배는 1/20 이하로 해야 하며 적정구배는 1/50 정도이다. 그리고 돌이나 자갈과 같이 고정되지 않은 바닥재료는 피하도록 한다.

③ 보도와 차도의 단차는 가능한 없도록 한다. 단, 단차가 있을 경우에는 2cm 이하로 하거나 사로를 설치하여 휠체어가 부드럽게 승강할 수 있는 형상으로 한다.

④ 보도와 횡단보도에는 유도 블록과 음향신호기를 시각장애인을 위하여 반드시 설치한다.

⑤ 추락할 위험이 있는 부분에는 반드시 덮개를 설치하고, 그 표면은 보도와 동일한 레벨로 한다. 격자덮개의 격자 크기는 2cm×2cm 각 이하로 한다.

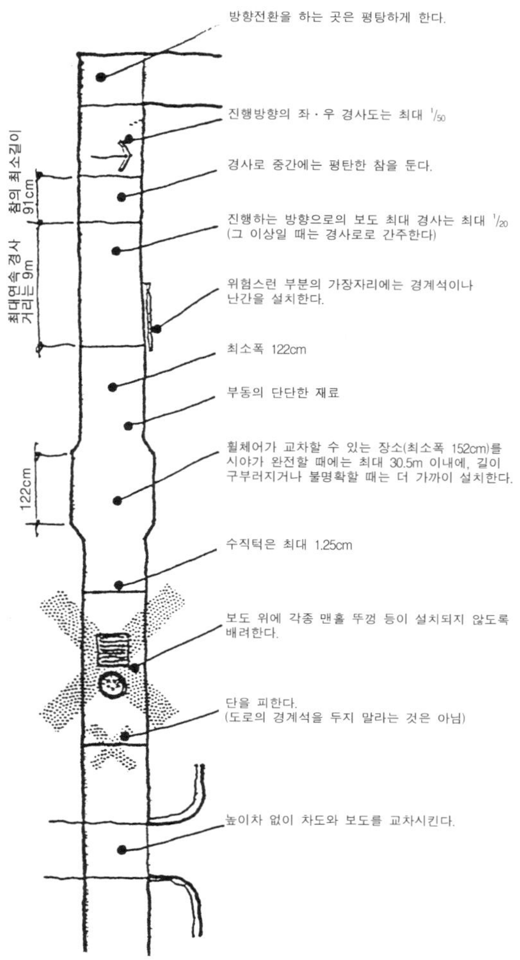

그림 7-40
보도계획
출처 : Design for Accessibility, 장애인을 위한 건축계획, R. J. Sorensen, 강겸근 외 역, 1988.

⑥ 보행로의 측면 경계로 체인 사용은 피한다. 그리고 측면 경계의 지지대가 가변성이 너무 많으면 시각장애인에게 위험을 줄 수 있다.

(2) 주차장

주요 출입구에서 되도록 가까운 위치에 장애인 전용 주차장이 위치하는 것이 좋으며 부득이한 경우에는 일반 주차장내에 전용구획을 설치하는 것이 바람직하다. 장애인 전용 주차장은 엘리베이터가 있는 입구 부근에 설치하고 엘리베이터 정지층에 전용 주차장(건물 또는 입구로부터 61m 이내)을 설치하도록 한다.

① 휠체어 사용자를 위해 차 1대당 330cm×500cm 이상의 주차면

적이 필요하다.

② 주차공간에는 단차가 없어야 하며 바닥면의 구배는 1/50 이하의 수평면으로 하는 것이 바람직하다.

③ 장애인의 안전을 위해 안전통로를 설치하는 것이 필요하다.

④ 장애인 전용주차장에는 바닥면이나 벽면 등에 장애인 심벌마크를 부착한다.

⑤ 차고의 유효 폭은 330cm 이상, 깊이 500cm 이상이 필요하다.

⑥ 차고까지 가는 통로에 단차가 있어서는 안 되고 차고의 셔터는 자동식으로 하는 것이 좋다.

⑦ 주차중인 차의 뒤를 장애인이 지나가지 않도록 주차장에도 보도를 설치하여야 한다.

그림 7-41
주차장 계획

출처 : バリアフリーの建築設計, 荒木兵郎 외, 1981.

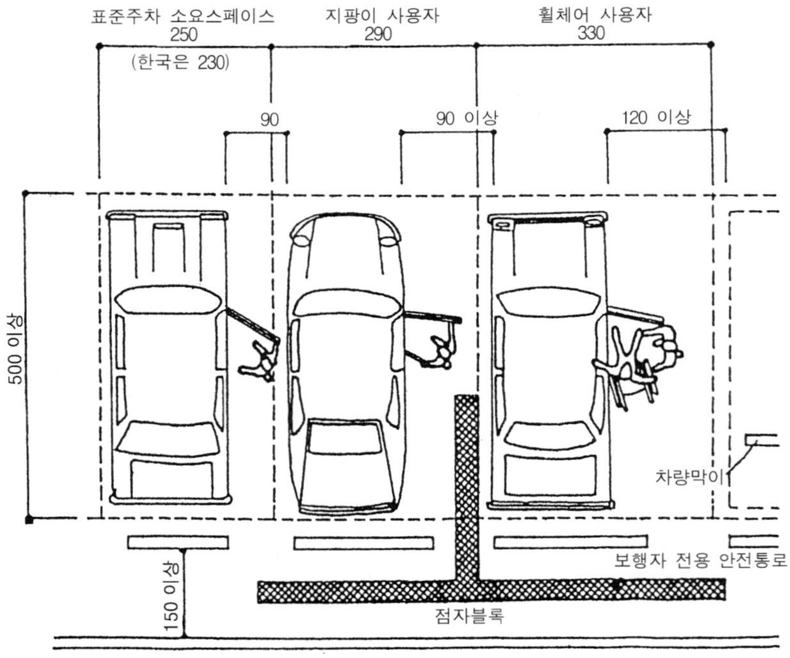

참고문헌

1. 강승모, 신체장애자를 위한 주거공간계획에 관한 연구, 고려대 석사학위논문, 1980.
2. 국립기술품질원, 산업제품의 표준치 설정을 위한 국민표준체위조사보고서, 1997.
3. 권영국, 산업인간공학, 형설출판사, 1997.
4. 김광웅 · 박인전 · 방은령, 영 · 유아보육론, 중앙적성출판사, 1997.
5. 김광웅 · 방은령, 아동발달, 형설출판사, 1992.
6. 김성구, 주거실내 공간에 있어서 지체장애자를 위한 Design Factor에 관한 연구, 홍익대 석사학위논문, 1983.
7. 김영철 외, 공간과 생활, 계명대학교 출판부,1993
8. 김원호, 신체장애자를 위한 Kitchen System Design 연구, 영남대 석사학위논문, 1987.
9. 김정애, 어린이 다목적가구에 관한 연구, 홍익대 산업미술대학원 석사학위논문, 1981.
10. 김주건, 유아교육기관의 경영관리, 창지사, 1992.
11. 대한건축학회, 건축환경계획, 기문당, 1995.
12. 대한건축학회, 주거론, 기문당, 1997.
13. 대한주택공사, 3대 가족형 공동주택개발 연구, 건우사, 1987.
14. 디자인 연구회, 인체공학, 도서출판 보원, 1983.
15. 박경수, 인간공학, 상조사, 1997.
16. 박돈서 편역, 최신 건축설계자료집성, 국제, 1988.
17. 박상근 · 김홍재 편저, 인간공학, 청문각, 1997.
18. 박인전 · 안지연 · 안옥희, 아동실의 주거환경 및 이용에 대한 실태, 한국주거학회지 5(1), 1994.
19. 박재간 외 편, 고령화 사회의 위기와 도전, 나남출판, 1995.
20. 방정민, 신체장애자를 위한 주거건축계획에 관한 연구, 연세대 석사학위논문, 1981.
21. 석주영, 아동의 놀이장소와 놀이시설 이용실태 및 실외 어린이놀이터에 대한 인식과 만족도, 영남대학교 대학원 석사학위논문, 1997.
22. 심부자, 피복인간공학, 교문사, 1996.
23. 아산사회복지사업재단, 노인복지편람, 1985.
24. 안옥희 · 박인전 · 안지연, 보육자의 눈으로 본 어린이 놀이공간, 형설출판사, 1995.
25. 안옥희 · 윤재웅 · 배정인, 주거학의 이해, 기문당, 1997
26. 오공표, 신체장애자를 위한 주거공간계획에 관한 연구, 연세대 석사학위논문, 1982.
27. 유안진, 인간발달신강, 문음사, 1987.
28. 윤복자 · 정경자 · 김기연 · 지순, 어린이의 주생활, 연세대출판부, 1987.
29. 윤정숙, 주거환경학, 문운당, 1995.
30. 윤정애, 청년기의 주거관에 관한 연구, 영남대학교 교육대학원 석사학위논문, 1993.
31. 이근희, 인간공학-이론과 실제-, 상조사, 1996.

32. 이순요, 미래지향적인 인간공학, 양영각, 1994.
33. 이가옥 외, 노인생활실태 분석 및 정책과제, 한국보건사회연구원, 1994.
34. 임연웅, 디자인 인간공학, 미진사, 1994.
35. 장인협 · 최재성, 노인복지학, 서울대출판사, 1987.
36. 전경배 · 윤충렬, 주택계획론, 산업도서출판공사, 1993.
37. 정영태 · 정여야, 최신 인체해부생리학, 청구문화사, 1997.
38. 조철호, 신체장애자의 주거생활환경과 그 건축 해결에 관한 연구, 홍익대 석사학위논문, 1982.
39. 조철호 · 전명현, 장애인 편의시설 설계지침 항목개발에 관한 연구, 대한건축학회지 13(9), 1997.
40. 주정일 · 이소희, 아동복지학, 교문사, 1994.
41. 통계청, 장래인구추계, 1991.
42. 한국과학기술청, 한국평균체위조사서, 1980.
43. 한국실내디자인학회 도서출판위원회, 개정 실내디자인총설, 기문당, 1996.
44. 한국표준연구소, 국민표준체위조사보고서, 1986.
45. 한국표준과학연구소, 산업제품의 표준치 설정을 위한 국민 표준체위 조사보고서, 1992.
46. 한석우, 디자이너를 위한 인간공학, 조형사, 1991.
47. Duncan, Linda L.(ed.), Toward Health Aging, 3rd, ed., The C. V. Mosby Co., St. Louis, 1990.
48. Francis D.K.Ching, Form, Space, and Order, 황연숙 역, 건축의 형태공간, 도서출판 국제, 1997.
49. H. A. Rusk, Rehabilitation Medicine, Mosby, 1972.
50. Industrial Ergonomics, A Practioner's Guide, 1985.
51. J. Panero and M. Zelnik, 이춘섭 역, 인체공학과 실내공간, 미진사, 1993.
52. R. J. Sorensen, 강겸근 외 역, Design for Accessibility, 장애자를 위한 건축계획, 기문당, 1988.
53. R. McMullan, Environmental science in building, 이언구 · 김광우 역, 건축환경과학, 태림문화사, 1995.
54. Richard Dattnter 저, 김정태 역, design for play, 어린이 놀이환경 디자인, 기문당, 1995.
55. Rob Krier, 진경돈 · 박종호 역, 건축의 구성론, 미건사, 1993
56. Selwyn Goldsmith, Designing for the disabled, 3rd. ED., RIRA, 1976.
57. 加藤一郎, 人間工學-工學的人間學-, 放送大學教育振興會, 1989.
58. 岡田光正, 김한수 역, 공간디자인의 원점, 기문당, 1996.
59. 居垣千尋 · 太田頼敏, 生活工學, 光生館, 1983.
60. 高阪謙次 외, 老人と生活環境, ミネルウァ書房, 1959.
61. 橋本邦衛, 疲勞と安全-企業における人間工學-, 金原出版, 1965.
62. 今井与藏, 繪とき建築環境工學, オーム社, 1987.
63. 東京都心身障碍者福祉センター, 個人住宅の新增改築, 心身障碍者指導技術, 1977.

64. 木下茂德, 身體障碍者・老人建築計劃, 鹿島出版會, 1977.
65. 寺田手夫, 디자인수법 세미나, 도서출판 국제, 1988.
66. 山根千鶴子・後藤義明, 高齡・障害にいたわりの住宅改善プラン, 講談社, 1994.
67. 小原二郎 編著, 許東國 譯, 人體・動作치수圖集, 기문당, 1984.
68. 小原二郎・內田祥哉・宇野英隆, 建築・室內・人間工學, 鹿島出版會, 1980.
69. 小林重順, 연제진 역, 建築心理入門, 산업도서출판공사, 1977.
70. 松下電工, A & I Report(住宅設計 68), 松下電工, 1994.
71. 室崎生子, 住生活論, 建帛社, 1993.
72. 梁頼度子・長澤由喜子・國嶋道子, 住環境科學, 朝倉書店, 1995.
73. 人間工學教育]研究會, 人間工學入門, 日刊工業新聞社, 1983.
74. 日本家政學會, 住まいと住環境, 朝倉書店, 1991.
75. 日本本建築學會, 高齡者のための建築環境, 彰國社, 1994.
76. 日本建築學會, 建築人間工學事典, 彰國社, 1999.
77. 日本照明學會, 照明における心理效果, 照明普及會, 1984.
78. 佐藤方彥・關邦博, 住環境と人間, 井上書院, 1988.
79. 佐藤平・小滰一正・三宅貴夫・大和ハウス工業高齡者住宅問題研究會, 高齡者に やさしい家づくり, ニューハウス, 1993.
80. 住田昌二, 現代の住まい, 光生館, 1990.
81. 住宅都市整備公團, 住宅都市公團年報, 1986.
82. 湯川利和・相島裕子 譯, 老人のための居住空間, 學藝出版社, 1981.
83. 荒木兵一郎 외, バリアフリーの建築計劃, 彰國社, 1981.
84. 戸沼幸市, 人間尺度論, 彰國社, 1978.

저자소개

안옥희

영남대학교 가정관리학과 졸업
일본 奈良女子大學 대학원 주거학과 졸업(석사)
동 대학원 인간문화연구과 졸업(학술박사)
일본 생명공학연구소 인간공학시스템부 STA펠로 연구원
미국 하와이주립대학교 건축대학 방문교수
현재, 영남대학교 생활과학대학 가정관리학과 교수

정준현

계명대학교 건축공학과 졸업
동 대학교 대학원 건축공학과 졸업(석사)
동 대학교 대학원 건축공학과 졸업(공학박사)
미국 아이오하 대학교 방문교수
현재, 대구대학교 생활과학대학 주거환경학과 교수

김순경

계명대학교 가정관리학과 졸업
동 대학교 대학원 가정관리학과 졸업(석사)
동 대학교 대학원 건축공학과 졸업(공학박사)
종합건축사사무소 동우건축 근무
현재, 안동과학대학 실내건축디자인과 조교수

주거인간공학

2015년 2월 10일 인쇄
2015년 2월 15일 발행

저 자 안옥희 정준현 김순경
발행인 강해작
발행처 기문당
주 소 서울특별시 성동구 무학봉28길 4-1
(왕십리동 966-22)
전 화 02)2295-6171(代)~5
팩 스 02)2296-8188
출판등록 1976. 10. 7 (1-44)
홈페이지 http : // 기문당
http : // www.kimoondang.com
ISBN 978-89-7086-232-3 93540
정 가 16,000원